Adobe After Effects 2022
经典教程 彩色版

[美] 布里·根希尔德（Brie Gyncild） 丽莎·弗里斯玛（Lisa Fridsma）◎ 著

武传海 ◎ 译

人民邮电出版社

北京

图书在版编目（CIP）数据

Adobe After Effects 2022经典教程：彩色版 / （美）布里·根希尔德（Brie Gyncild），（美）丽莎·弗里斯玛（Lisa Fridsma）著；武传海译. -- 北京：人民邮电出版社，2023.5
ISBN 978-7-115-60394-4

Ⅰ. ①A… Ⅱ. ①布… ②丽… ③武… Ⅲ. ①图像处理软件-教材 Ⅳ. ①TP391.413

中国版本图书馆CIP数据核字（2022）第210217号

版 权 声 明

Authorized translation from the English language edition, entitled Adobe After Effects Classroom in a Book (2022 release) 1e Brie Gyncild / Lisa Fridsma, published by Pearson Education, Inc, publishing as Adobe, Copyright © 2022 Adobe Systems Incorporated and its licensors.

All rights reserved. No part of this book may be reproduced or transmitted in any form or by any means, electronic or mechanical, including photocopying, recording or by any information storage retrieval system, without permission from Pearson Education, Inc.

CHINESE SIMPLIFIED language edition published by POSTS AND TELECOM PRESS CO., LTD., Copyright ©2023.

本书中文简体字版由 Pearson Education（培生教育出版集团）授权人民邮电出版社出版。未经出版者书面许可，不得以任何方式复制或抄袭本书内容。

本书封面贴有 Pearson Education 激光防伪标签，无标签者不得销售。

版权所有，侵权必究。

◆ 著 　　　　［美］布里·根希尔德（Brie Gyncild）
　　　　　　　［美］丽莎·弗里斯玛（Lisa Fridsma）
　　译 　　　　武传海
　　责任编辑 　罗 芬
　　责任印制 　王 郁 胡 南
◆ 人民邮电出版社出版发行　　北京市丰台区成寿寺路 11 号
　　邮编　100164　　电子邮件　315@ptpress.com.cn
　　网址　https://www.ptpress.com.cn
　　临西县阅读时光印刷有限公司印刷
◆ 开本：787×1092　1/16
　　印张：19.25　　　　　　　　　　2023 年 5 月第 1 版
　　字数：515 千字　　　　　　　　2023 年 5 月河北第 1 次印刷
　　　　著作权合同登记号　图字：01-2022-2648 号

定价：129.90 元

读者服务热线：(010)81055410　印装质量热线：(010)81055316
反盗版热线：(010)81055315
广告经营许可证：京东市监广登字 20170147 号

内容提要

本书由 Adobe 专家编写，是 Adobe After Effects 2022 的经典学习用书。

本书共 15 课，每一课首先介绍重要的知识点，然后借助具体的示例进行讲解，步骤详细，重点明确，能帮助读者尽快学会 Adobe After Effects 2022 的操作。本书主要包含了解工作流程、使用效果和预设创建基本动画、制作文本动画、使用形状图层、制作多媒体演示动画、制作图层动画、使用蒙版、使用人偶工具对对象变形、使用 Roto 笔刷工具、颜色校正、创建动态图形模板、使用 3D 功能、使用 3D 摄像机跟踪器、高级编辑技术，以及渲染和输出等内容。

本书语言通俗易懂，配有大量的图示，特别适合新手学习，有一定使用经验的读者也可从本书中学到 Adobe After Effects 2022 的大量高级功能和新增的功能。本书还可作为高校相关专业和相关培训班的教材。

前　言

Adobe After Effects（以下简称 After Effects）为动态影像设计师、视觉艺术家、网页设计师、影视专业人员提供了一套完整的 2D 与 3D 工具，被用来制作影像合成、动画及各种动态效果。After Effects 被广泛应用于电影、视频作品的后期制作过程中。借助该软件，你可以使用不同方式合成图层，应用和合成复杂的视觉、声音效果，以及让对象与效果动起来。

关于本书

本书是 Adobe 图形图像与排版软件官方培训教程之一，由 Adobe 产品专家编写。本书在内容组织上做了精心安排，你可以灵活地使用本书自学。如果你是初次接触 After Effects，那么你将会在本书中学到各种基础知识、概念，为掌握这款软件打下坚实的基础。如果你已经用过 After Effects 一段时间，那么通过本书，你将学到软件的许多高级功能，包括新版本的使用提示与技巧。

书中每课在讲解相关项目时，都有详细的操作步骤。尽管如此，本书仍然留出一些空间供你去探索与尝试。学习本书时，你既可以从头一直学到尾，也可以只学习自己感兴趣的部分，请根据自身情况灵活安排。本书每一课末尾都安排了一个复习部分，以便对前面学习的内容进行回顾，巩固所学知识。

学习环境

学习本书之前，要保证你的系统设置正确，并且安装了所需软件与硬件。你应该对自己的计算机和操作系统有一定的了解，会使用鼠标、标准菜单与命令，知道如何打开、保存、关闭文件。如果你还没有掌握这些知识，请阅读有关如何使用 Microsoft Windows 和 Apple macOS 的说明文档。

学习本书内容之前，你需要先安装好 After Effects、Adobe Bridge（简称 Bridge）、Adobe Media Encoder（简称 Media Encoder）这 3 款软件。做附加练习时，还需要在系统中安装 Adobe Premiere Pro（简称 Premiere Pro）、Adobe Audition（简称 Audition）、Adobe Character Animator（简称 Character Animator）。书中练习全部基于 After Effects 2022。

安装 After Effects、Bridge、Media Encoder

本书不提供 After Effects 软件，它是 Adobe Creative Cloud（简称 Creative Cloud）的一部分，必

须另行购买。关于安装 After Effects 的系统要求与说明，请访问 Adobe 官网。

请注意，After Effects 需要安装在 64 位操作系统下。为了观看 QuickTime 影片，你还需要在自己的计算机中安装 Apple QuickTime 7.6.6 或更新版本。

学习本书部分课程时，需要用到 Bridge 与 Media Encoder 两款软件。After Effects、Bridge、Media Encoder 这 3 款软件是独立的，需要分别安装。你必须通过 Creative Cloud，把它们安装到你的计算机中。只要根据软件提示一步步执行即可顺利完成软件的安装。

 激活字体

本书部分课程会用到几款特殊字体，你的系统中可能没有安装它们。你可以使用 Adobe Fonts 激活这些字体，或者选用系统中的类似字体进行替换。请注意：如果你选用类似字体进行替换，那最终得到的效果很可能和本书给出的效果不一样。

Adobe Fonts 许可证也包含在 Creative Cloud 订阅计划之中。

为了激活这些字体，你可以在 After Effects 中依次选择【文件】>【从 Adobe 添加字体】，或者在【字符】面板的字体列表中，单击【添加 Adobe 字体】旁边的 Creative Cloud 图标，进入 Adobe 字体页面，找到相应字体并进行激活。

优化性能

使用桌面计算机制作影片非常消耗内存。After Effects 2022 正常运行至少需要 16GB 内存。After Effects 运行时可用的内存越多，其运行速度会越快。与 After Effects 内存优化、缓存使用以及其他设置相关的内容，请阅读 After Effects 帮助文档中的"提升性能"部分。

恢复默认配置文件

配置文件控制着 After Effects 用户界面在屏幕上的呈现方式。本书在讲解与工具、选项、窗口、面板等外观有关的内容时都假定你使用的是默认用户界面。因此，建议你为 After Effects 恢复默认配置文件，尤其是当你初次接触 After Effects 时，强烈建议你这样做。

每次退出时，After Effects 都会把面板位置、某些命令设置保存在配置文件中。启动 After Effects 时，按 Ctrl+Alt+Shift（Windows）或 Command+Option+Shift（macOS）组合键即可恢复默认配置文件（启动 After Effects 时，若配置文件不存在，则 After Effects 会自动新建配置文件）。

如果有人在你的计算机上用过 After Effects 并做了个性化设置，那么恢复默认配置文件将会非常有用，这个操作可以把 After Effects 恢复成原来的样子。如果你安装好 After Effects 软件之后还未启动过它，此时配置文件不存在，也就不需要执行恢复默认配置文件这个操作了。

> ♀ 注意 如果你想保存当前设置，建议你不要把现有配置文件删除，而是将其改成其他名字，并且确保配置文件位于正确的配置文件夹中。这样，当你想恢复原来的设置时，可以把配置文件名改回去。

❶ 在计算机中找到 After Effects 配置文件夹。

· Windows 操作系统：.../Users/<user name>/AppData/Roaming/Adobe/After Effects/22.0。

· macOS：.../Users/<user name>/Library/Preferences/Adobe/After Effects/22.0。

❷ 把希望保留的配置文件重命名，然后重启 After Effects。

> ♀ 注意 在 macOS 下，Library 文件夹默认是隐藏的。要在【访达】中查看它，请依次选择【前往】>【前往文件夹】，然后在【前往文件夹】对话框中输入 "~/Library"，再单击【前往】按钮。

 ## 课程文件

在学习本书的过程中，为了跟做示例项目，你需要先下载课程文件。下载时，你既可以按课分别下载，也可以一次性下载所有文件。

本书课程文件以 ZIP 文档形式提供，这不仅可以加快下载速度，还可以防止文件在传输过程中损坏。使用课程文件之前，必须先对下载的文件进行解压缩，恢复其原来的大小和格式。在 macOS 和 Windows 操作系统中，双击即可打开 ZIP 文档。

❶ 在你的硬盘上，找一个合适的位置，新建一个文件夹，将其命名为 Lessons。具体操作方法如下。

· 在 Windows 操作系统中，单击鼠标右键，在弹出的快捷菜单中依次选择【新建】>【文件夹】，然后输入文件夹名称。

· 在 macOS 中，在【访达】中依次选择【文件】>【新建文件夹】，为新建的文件夹指定名称，再将其拖曳到你指定的位置。

❷ 把解压缩后的课程文件夹（里面包含一系列名为 Lesson01、Lesson02 等的文件夹）拖曳到你刚刚创建的 Lessons 文件夹中。开始学习时，进入与课程对应的文件夹，在其中可以找到学习所需的资源。

> ♀ 注意 出于某些原因，你可能需要重新下载课程文件。这种情况下，你可以随时登录自己的账户再次下载它们。

 ## 复制示例影片和项目文件

在本书部分课程的学习过程中，你需要创建与渲染一个或多个影片。Sample_Movies 文件夹中包含每一课的最终效果文件，你可以通过这些文件了解最终制作效果，并把它们与自己制作的效果进行比较。

End_Project_File 文件夹中包含每一课完整的项目文件，上面提到的最终效果文件就是由这些项目文件输出的。你可以将这些项目文件作为参考，把自己制作的项目文件与这些文件进行比较，分析产生差异的原因。

这些示例影片与项目文件大小不一，有的很小，有的较大。如果有足够的存储空间，你可以把它们一次性全部下载下来。当然，你也可以学一课下载一课的文件，并把之前用过的文件删除，这样可以大大节省存储空间。

如何学习本书课程

　　本书中的每一课都提供了详细的操作步骤，这些步骤用来创建真实项目中的一个或多个特定元素。这些课程在概念和技巧上是相辅相成的，所以学习本书最好的方法是按照顺序学习。请注意，在这本书中，有些技术和方法只在第一次使用时做详细讲解。

　　After Effects 应用程序的许多功能都有多种操控方法，如菜单命令、按钮、鼠标拖曳和键盘快捷键。在某个项目的制作过程中，同一种功能用到的操控方法可能不止一种，所以即使你以前做过这个项目，仍然可以从中学到不同的操控方法。

　　请注意，本书课程的组织以设计而非软件功能为导向。也就是说，你将在几节课而非一节课中处理真实设计项目中的图层和效果。

更多学习资源

　　本书的写作目的并非取代软件的说明文档，因此不会详细讲解软件的每个功能，而只讲解课程中用到的命令和菜单。

　　After Effects 软件中自带的教程可以带你入门。在 After Effects 中，依次选择【窗口】>【学习】，打开 Leam 面板，其中包含一系列教程。

资源与支持

本书由"数艺设"出品,"数艺设"社区平台(www.shuyishe.com)为您提供后续服务。

配套资源

扫描下方二维码,关注"数艺设"公众号,回复本书第 51 页左下角的五位数字,即可得到本书配套资源的获取方式。

"数艺设"公众号

"数艺设"社区平台,为艺术设计从业者提供专业的教育产品。

与我们联系

我们的联系邮箱是 luofen@ptpress.com.cn。如果您对本书有任何疑问或建议,请您发邮件给我们,并请在邮件标题中注明本书的书名,以便我们更高效地做出反馈。如果您有兴趣出版图书、录制教学课程,或者参与技术审校等工作,可以发邮件给我们;如果学校、培训机构或企业想批量购买本书或"数艺设"的其他图书,也可以发邮件联系我们(邮箱:luofen@ptpress.com.cn)。

如果您在网上发现针对"数艺设"图书的各种形式的盗版行为,包括对图书全部或部分内容的非授权传播,请您将怀疑有侵权行为的链接通过邮件发给我们。您的这一举动是对作者权益的保护,也是我们持续为您提供有价值的内容的动力之源。

关于"数艺设"

人民邮电出版社有限公司旗下品牌"数艺设",专注于专业艺术设计类图书出版,为艺术设计从业者提供专业的图书、课程等教育产品。出版领域涉及平面、三维、影视、摄影与后期等数字艺术门类,字体设计、品牌设计、色彩设计等设计理论与应用门类,UI 设计、电商设计、新媒体设计、游戏设计、交互设计、原型设计等互联网设计门类,环艺设计手绘、插画设计手绘、工业设计手绘等设计手绘门类。更多服务请访问"数艺设"社区平台www.shuyishe.com。我们将提供及时、准确、专业的学习服务。

目　录

第 8 课　使用人偶工具对对象变形 …… 149

第 9 课　使用 Roto 笔刷工具 …… 165

第 10 课　颜色校正 …………… 181

第 11 课　创建动态图形模板 …… 204

了解工作流程

本课概览

本课主要讲解以下内容。

- 创建项目与导入素材
- After Effects 的用户界面
- 更改图层属性
- 创建关键帧
- 自定义工作区
- 寻找更多 After Effects 资源

- 创建合成与排列图层
- 使用【项目】【合成】【时间轴】面板
- 应用基本效果
- 预览作品
- 调整用户界面亮度

学习本课大约需要 1 小时

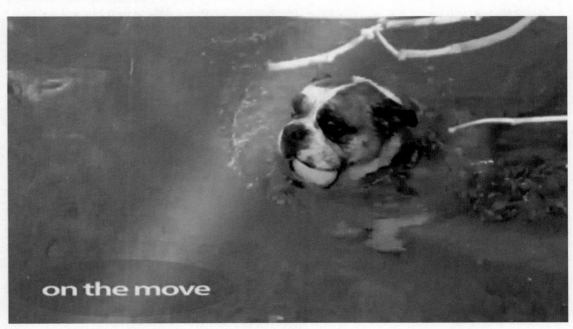

项目：字幕动画

　　无论是使用 After Effects 制作简单的视频字幕动画，还是创建复杂的特效，所遵循的基本工作流程通常都是一样的。After Effects 出色的用户界面为用户创作作品提供了极大的便利，在制作作品的各个阶段，用户都能深切体会到这一点。

1

After Effects 工作区

After Effects 的工作区用起来非常灵活，用户可以根据自身情况自定义工作区。After Effects 主窗口称为"应用程序窗口"，其中排列着各种面板，形成了"工作区"。默认工作区中既有堆叠面板，也有独立面板，如图 1-1 所示。

A 应用程序窗口　B【合成】面板　C 工作区菜单条　D 堆叠面板　E 工具栏　F【项目】面板　G【时间轴】面板

图 1-1

你可以根据自己的工作习惯通过拖曳面板的方式来定制工作区。可以把面板拖放到新位置，更改面板堆叠顺序；把面板拖入或拖离某个面板组，将面板并排或堆叠在一起；或把面板拖出，让其成为一个新窗口浮动在应用程序窗口之上。当你重排某些面板时，其他面板会自动调整大小，以适应窗口尺寸。

你可以通过面板标题条将面板拖曳到指定的位置，此时，停放面板的区域（称为拖放区）会高亮显示。拖放区决定面板在工作区中的插入位置与方式。把一个面板拖曳到一个拖放区可以实现面板的停靠、分组、堆叠。

当把一个面板拖曳到另一个面板、面板组或窗口的边缘时，它会紧挨着现有组停靠，并且所有组的尺寸会做相应调整，以便容纳新面板。

当把一个面板拖曳到另一个面板、面板组中，或拖至某个面板的标题区时，该面板将被添加到现有面板组，并且位于最顶层。对一个面板进行分组不会引起其他分组尺寸的变化。

你还可以在浮动窗口中打开一个面板。为此，需要先选择面板，然后在面板菜单中选择【浮动面板】或【浮动框架】，也可以把面板或面板组拖离应用程序窗口。

1.1 准备工作

在 After Effects 中，一个基本的工作流程包含 6 个步骤：导入与组织素材、创建合成与排列图层、添加效果、制作合成动画、预览作品、渲染与输出最终作品。本课将根据上述工作流程制作一个简单的视频动画，制作过程中会介绍 After Effects 用户界面相关的内容。

首先，请你预览一下最终效果，明确本课要创建的效果。

❶ 检查你硬盘上的 Lessons/Lesson01 文件夹中是否包含以下文件，若没有，先下载它们。

• Assets 文件夹：movement.mp3、swimming_dog.mp4、title.psd。

• Sample_Movies 文件夹：Lesson01.mp4。

❷ 在 Windows Movies & TV 或 QuickTime Player 中打开并播放 Lesson01.mp4 示例影片，了解本课要创建的效果。观看完之后，关闭 Windows Movies & TV 或 QuickTime Player。如果存储空间有限，你可以把示例影片从硬盘中删除。

1.2　创建项目与导入素材

学习每课之前，最好先把 After Effects 恢复成默认设置，这样可以保证你看到的界面与本书给出的界面一样（参见前言"恢复默认配置文件"中的内容）。你可以使用以下快捷键完成这个操作。

❶ 启动 After Effects 时，立即按 Ctrl+Alt+Shift（Windows）或 Command+Option+Shift（macOS），组合键，弹出一个消息框，询问【是否确实要删除您的首选项文件？】，单击【确定】按钮，即可删除你的首选项文件，恢复默认设置。

After Effects 启动后，会首先打开【主页】窗口。在这个窗口中，你可以轻松地访问最近的 After Effects 项目、教程，以及关于 After Effects 的更多信息。

> ♀ 提示　在 Windows 操作系统下恢复默认设置可能会比较棘手，尤其是当你使用的是一个运行速度极快的操作系统时。你需要在双击应用程序图标之后，在 After Effects 列出项目文件之前按下组合键。或者，你可以在 After Effects 启动完成后，依次选择【编辑】>【你的 Creative Cloud 账户名】>【清除设置】，然后重启 After Effects。

❷ 在【主页】窗口中，单击【新建项目】按钮，如图 1-2 所示。

此时，After Effects 会打开一个未命名的空项目，如图 1-3 所示。

After Effects 项目是单个文件，其中保存了对项目所有素材的引用。项目文件中还包含合成（composition），合成是一个容器，用来组合素材、应用特效，以及生成输出。

新建项目后，首先要做的是向其中添加素材。

> ♀ 提示　双击面板名，可以快速把一个面板最大化。再次双击面板名，可以将面板恢复成原来的大小。

❸ 在菜单栏中，依次选择【文件】>【导入】>【文件】，打开【导入文件】对话框。

图 1-2

❹ 在【导入文件】对话框中，转到 Lessons/Lesson01/Assets 文件夹下，按住 Shift 键，同时选择 movement.mp3 与 swimming_dog.mp4 两个文件，然后单击【导入】按钮，如图 1-4 所示。

图 1-3

图 1-4

素材是 After Effects 项目的基本组成部分。After Effects 支持多种类型的素材，包括动态图像文件、静态图像文件、静态图像序列、音频文件、Photoshop 与 Illustrator 产生的图层文件、其他 After Effects 项目、Premiere Pro 项目等，并且支持随时导入素材。

制作本项目时会用到一个包含多个图层的 Photoshop 文件，需要将其作为一个合成单独导入。

> 💡 **提示** 你还可以从菜单栏中依次选择【文件】>【导入】>【多个文件】，导入不同文件夹中的文件。或者从 Explorer 或 Finder 中拖放多个文件。此外，你也可以使用 Bridge 搜索、管理、预览、导入素材。

⑤ 在【项目】面板素材列表下的空白区域中双击，如图 1-5 所示，打开【导入文件】对话框。

⑥ 转到 Lesson01/Assets 文件夹，选择 title.psd 文件。在【导入为】下拉列表中选择【合成】（在 macOS 下，可能需要单击【选项】才能看到【导入为】下拉列表）。然后，单击【导入】按钮，如图 1-6 所示。

After Effects 将打开另外一个对话框，显示当前导入文件的多个选项。

⑦ 在 title.psd 对话框中，在【导入种类】下拉列表中选择【合成】，把包含图层的 Photoshop 文件导入为合成。在【图层选项】中，选择【可编辑的图层样式】，然后单击【确定】按钮，如图 1-7 所示。

图 1-5

图 1-6

图 1-7

此时，在【项目】面板中即可看到所导入的素材。

⑧ 在【项目】面板中选择不同素材。此时，你会在【项目】面板的顶部区域看到相应的预览缩略图，而且缩略图右侧还显示着各个素材文件的类型、大小等信息，如图 1-8 所示。

请注意，导入文件时，After Effects 并不会把视频、音频本身复制到项目中。【项目】面板中列出的素材项包含的只是相应源文件的引用链接。当 After Effects 需要获取图像或音频时，它会直接从相应的源文件读取。这样做可以使项目文件较小，并且允许你在其他应用程序中修改源文件，而无须修改项目文件。

如果你移走了源文件，或者 After Effects 无法访问到源文件，After Effects 就会显示文件缺失警告。

此时，可以选择【文件】>【整理工程】>【查找缺失的素材】，查找缺失的素材。你还可以在【项目】面板的搜索框中输入"缺失素材"查找缺失的素材。

图 1-8

> 💡 提示　你可以使用同样的方法查找缺失的字体与效果。选择【文件】>【整理工程】，然后选择【查找缺失的字体】或【查找缺失的效果】。或者，在【项目】面板的搜索框中，直接输入"缺失字体"或"缺失效果"。

为了节省时间、最大限度地减小项目尺寸和降低复杂度，即使某个素材在一个合成中多次用到，通常也只导入一次。但是，在某些情况下，你可能需要多次导入同一个素材文件，例如当你需要以不同的帧速率使用这个素材文件时。

素材导入完成后，接下来该保存项目了。

⑨ 选择【文件】>【保存】，在弹出的【另存为】对话框中，进入 Lessons/Lesson01/Finished_Project 文件夹，把项目命名为 Lesson01_Finished.aep，然后单击【保存】按钮。

▌1.3　创建合成与排列图层

工作流程的下一步是创建合成。在合成中，你可以创建动画、图层、效果。After Effects 中的合成同时具有空间大小（宽度和高度）和时间长短（持续时间）两种属性。

合成包含一个或多个图层，它们排列在【合成】面板和【时间轴】面板中。添加到合成中的任何一个素材（例如静态图像、动态图像、音频文件、灯光图层、摄像机图层，甚至另一个合成）都是一个新图层。简单项目可能只包含一个合成，而复杂项目可能包含若干个合成，用来组织大量素材或复杂的视觉效果。

创建合成时，你只需把素材拖曳到【时间轴】面板中，After Effects 就会自动为其创建图层。

> 💡 提示　导入素材时，在【导入文件】对话框中选择待导入的文件，然后在【导入选项】下勾选【创建合成】，即可用选中的素材创建合成。

❶ 在【项目】面板中，按住 Shift 键，同时选中 movement.mp3、swimming_dog.mp4、title 这 3 个素材。请注意，不要选择 title 图层文件夹。

❷ 把选中的素材拖曳到【时间轴】面板中，如图 1-9 所示。此时，弹出【基于所选项新建合成】对话框。

After Effects 会根据所选素材确定新合成的尺寸。本例中，所有素材尺寸相同，因此你可以采用对话框中默认的合成设置。

③ 在【使用尺寸来自】中选择【swimming_dog.mp4】，然后单击【确定】按钮新建合成，如图 1-10 所示。

图 1-9

图 1-10

素材以图层形式出现在【时间轴】面板中，【合成】面板中出现名为 swimming_dog 的合成，如图 1-11 所示。

图 1-11

当向某个合成添加素材时，After Effects 即以所添加的素材为源新建图层。一个合成可以包含任意多个图层，并且你可以把一个合成作为图层放入另一个合成中，这称为合成的嵌套。

有些素材的时长比其他素材长，但如果希望它们与小狗视频一样长，可以把整个合成的持续时间更改为 7 秒。

④ 选择【合成】>【合成设置】，打开【合成设置】对话框。

⑤ 在【合成设置】对话框中，把合成重命名为 movement，设置【持续时间】为 7 秒，然后单击【确定】按钮，如图 1-12 所示。

在【时间轴】面板中，各个图层的持续时间相同。

这个合成中有 3 个素材，因此在【时间轴】面板中显示为 3 个图层。图层的堆叠顺序取决于导入素材时选择素材的顺序，所以最终你得到的图层堆叠顺序可能与之前的不同。在添加效果与动画时，需要图层按特定的顺序堆叠，因此，接下来我们对图层的堆叠顺序进行调整。

图 1-12

关于图层

　　图层是用来创建合成的组件。添加到合成的任何素材（例如静态图像、动态图像、音频文件、灯光图层、摄像机图层、其他合成）都以图层形式存在。若没有图层，则合成只包含一个空帧。

　　图层用于把一种素材与另一种素材分开，这样当你处理这个素材时就不会影响到另一个素材了。例如，你可以移动、旋转一个图层，或者在这个图层上绘制蒙版，这些操作不会对合成中的其他图层产生影响。当然，你还可以把同一个素材放到多个图层上，每个图层具有不同的用途。一般而言，【时间轴】面板中图层的顺序与【合成】面板中图层的堆叠顺序相对应。

⑥ 在【时间轴】面板中，单击空白区域，取消图层的选择。如果 title 图层不在最顶层，将其拖曳到最顶层。把 movement.mp3 图层拖曳到最底层，如图 1-13 所示。

图 1-13

💡 提示　在【时间轴】面板中单击空白区域，或者按 F2 键，可以取消对所有图层的选择。

⑦ 选择【文件】>【保存】，保存当前项目。

1.4 更改图层属性与添加效果

前面我们已经创建好了合成，接下来就该添加效果、做变换，以及添加动画了，这会是一个有趣的过程。你可以添加、组合任意效果，更改图层的属性，如尺寸、位置、不透明度等。使用效果，你可以改变图层的外观，甚至可以从零开始创建视觉元素。After Effects 为我们提供了几百种效果，为项目添加效果最简单的方式就是应用这些效果。

> 💡**提示** 本节展示的仅是冰山一角，在第 2 课"使用效果和预设创建基本动画"及本书其他课程中，我们将介绍更多有关效果和动画预设的内容。

1.4.1 更改图层属性

title 图层位于屏幕的中央位置，播放小狗视频时它会遮挡住小狗，也很容易分散观看者的注意力。为此，我们需要把它移动到画面的左下角，使 title 图层仍然可见，但不会影响整个画面的视觉表达。

①在【时间轴】面板中，选择 title 图层（第 1 个图层）。此时，在【合成】面板中，图层的周围出现多个控制点，如图 1-14 所示。

图 1-14

②单击图层编号左侧的三角箭头，展开图层，再展开【变换】属性，显示其下的【锚点】【位置】【缩放】【旋转】【不透明度】属性。

③如果你看不到这些属性，请向下拖曳【时间轴】面板右侧的滚动条。不过，更好的做法是使用快捷键。再次选中 title 图层，按 P 键，显示【位置】属性，如图 1-15 所示。

展开【变换】属性，显示其下所有属性　　　　　　按 P 键，仅显示【位置】属性

图 1-15

本小节只修改这个属性，把 title 图层移动到画面左下角。

④在【位置】属性中，把坐标修改为（265，635）。或者使用【选取工具】（▶）把 title 图层拖曳到画面的左下角，如图 1-16 所示。

图 1-16

⑤ 按 P 键，隐藏【位置】属性，或者再次单击图层编号左侧的三角箭头，隐藏所有属性。

1.4.2　添加效果校正颜色

After Effects 提供了多种效果用来校正与调整画面颜色。本小节将使用【自动对比度】效果调整画面的对比度。

① 在【时间轴】面板中，选择 swimming_dog.mp4 图层。

> 💡 提示　在【时间轴】面板中，双击某个图层，After Effects 会在【图层】面板中打开它。此时单击合成标题，即可返回到【合成】面板。

② 在应用程序窗口右侧的堆叠面板中，单击【效果和预设】面板，将其展开。在搜索框中输入"对比度"，如图 1-17 所示，再按 Enter 键，After Effects 会搜索包含"对比度"关键字的效果和预设，并把搜索结果显示出来。其实，在你输入"对比度"这个词的时候，【自动对比度】（在【颜色校正】组下）效果就已经在面板中显示了出来。

图 1-17

③ 把【自动对比度】效果拖曳到【时间轴】面板中的 swimming_dog.mp4 图层上，如图 1-18 所示。

图 1-18

After Effects 会把【自动对比度】效果应用到 swimming_dog.mp4 图层，并在工作区的左上角自动打开【效果控件】面板，如图 1-19 所示。

【自动对比度】效果大大增强了画面的对比度，并且有些"过头"了。此时，你可以自己调整【自动对比度】效果的各个参数，使画面更协调。

④ 在【效果控件】面板中，单击【与原始图像混合】右侧的数字，输入"20%"，按 Enter 或 Return 键，使输入的值生效，如图 1-20 所示。

图 1-19

图 1-20

1.4.3 添加风格化效果

After Effects 提供了大量风格化效果。借助这些效果，你可以轻松地把一束光线添加到影片剪辑中，再通过控制参数调整光线的角度与明亮度，以此增强影片本身的艺术效果。

❶ 在【效果和预设】面板中，单击搜索框右侧的 ×，将其清空。然后根据以下步骤找到 CC Light Sweep 效果，如图 1-21 所示。

· 在搜索框中输入 "CC Light"。

· 单击【生成】左侧的三角箭头，将其展开，找到 CC Light Sweep 效果。

❷ 把 CC Light Sweep 效果拖曳到【时间轴】面板中的 swimming_dog.mp4 图层上。此

图 1-21

时，在【效果控件】面板中，你可以看到刚刚添加的 CC Light Sweep 效果，它就在【自动对比度】效果下方。

❸ 在【效果控件】面板中，单击【自动对比度】效果左侧的三角箭头，将其设置参数收起。这样可以更方便地查看 CC Light Sweep 效果的设置参数，如图 1-22 所示。

图 1-22

④ 改变光线照射的方向，在 Direction 中输入"37°"。

⑤ 在 Shape 中选择 Smooth，把光束变宽、变柔和。

⑥ 在 Width 中输入"68"，让光束更宽一些。

⑦ 在 Sweep Intensity 中输入"20"，让光束更柔和，如图 1-23 所示。

图 1-23

⑧ 选择【文件】>【保存】，保存当前项目。

1.5　制作合成动画

到目前为止，你已经建好了一个项目，创建了合成，导入了素材，还应用了一些效果。整个画面看起来挺不错的，接下来，再来点动态效果怎么样？你前面添加的效果都是静态效果。

在 After Effects 中，你可以使用传统的关键帧、表达式、关键帧辅助让图层的多个属性随时间的变化而变化。在学习本书的过程中，你会接触到这些方法。本项目中，我们将应用一个动画预设，把指定文本在画面中逐渐显示出来，并且让文本颜色随着时间发生变化。

1.5.1　准备文本合成

在这个练习中，我们将使用一个已有的 title 合成，它是在导入包含图层的 Photoshop 文件时创建的。

① 单击【项目】选项卡，显示【项目】面板，然后双击 title 合成，将其在【时间轴】面板中单独打开，如图 1-24 所示。

图 1-24

💡 提示　如果【项目】选项卡未显示，请选择【窗口】>【项目】打开【项目】面板。

title 合成是在导入包含图层的 Photoshop 文件时创建的，它包含 Title Here、Ellipse 1 两个图层，显示在【时间轴】面板中。Title Here 图层包含着占位文本，它是在 Photoshop 中创建的。

【合成】面板顶部是合成导航条，它显示了主合成（movement）与当前合成（title，嵌套于主合成之中）之间的关系，如图 1-25 所示。

图 1-25

你可以把多个合成嵌套在一起，合成导航条将显示整个合成路径，合成名称之间的箭头表示信息流动的方向。

在替换文本之前，需要先把图层转换为可编辑状态。

② 在【时间轴】面板中，选择 Title Here 图层（第 1 个图层），然后在菜单栏中依次选择【图层】>【创建】>【转换为可编辑文字】，效果如图 1-26 所示。

> 💡 提示　如果 After Effects 警告字体缺失或图层依赖关系出现问题，单击【确定】按钮。若打开 Adobe Fonts，激活缺失字体即可。

图 1-26

在【时间轴】面板中，Title Here 图层左侧出现"T"图标，表示当前图层为可编辑文本图层。此时在【合成】面板中，title here 文本处于选中状态，等待编辑。

【合成】面板的上下左右出现一些蓝色线条，它们代表字幕安全区和动作安全区。电视机播放视频影像时会将其放大，导致屏幕边缘把视频影像的部分外边缘切割掉，这就是所谓的"过扫描"（overscan）。不同电视机的过扫描值各不相同，所以我们必须把视频图像的重要部分（例如动作或字幕）放在安全区内。本例中，我们要把文本置于内侧蓝线内，确保其位于字幕安全区内，同时还要把重要的场景元素放在外侧蓝线内，保证其位于动作安全区内。

1.5.2 编辑文本

首先把占位文本替换为需要的文本，然后调整文本格式，使其呈现出最好的显示效果。

❶ 在工具栏中，选择【横排文字工具】（ **T** ），在【合成】面板中，拖选占位文本，输入"on the move"，如图 1-27 所示。

💡 提示　After Effects 提供了灵活的字符和段落格式控制，本项目使用 After Effects 的默认设置（不论你使用哪种字体输入文本）即可。第 3 课"制作文本动画"将讲解更多有关文本的内容。

图 1-27

关于工具栏

在 After Effects 中，工具栏位于应用程序窗口的左上角。一旦创建好合成，工具栏中的工具就进入可用状态。After Effects 提供了多种工具帮助我们调整合成中的元素，如图 1-28 所示。如果你使用过 Adobe 的其他软件（例如 Photoshop），相信你会对其中某些工具很熟悉，例如【选取工具】和【手形工具】（ 🖐 ）。而另外一些工具则是 After Effects 特有的，对你而言，这些工具可能是全新的。

A 主页　B 选取工具　C 手形工具　D 缩放工具　E 绕光标旋转工具　F 在光标下移动工具　G 向光标方向推拉镜头工具
H 旋转工具　I 向后平移（锚点）工具　J 矩形工具　K 钢笔工具　L 横排文字工具　M 画笔工具　N 仿制图章工具
O 橡皮擦工具　P Roto 笔刷工具　Q 人偶位置控点工具

图 1-28

当把鼠标指针放到某个工具上时，After Effects 将显示工具名称及其快捷键。有些工具的右下角有一个三角形图标，这表示该工具之下包含多个工具。此时，在工具图标上按住鼠标左键不放，将显示其下所有工具，然后从中选择所需工具使用即可。

❷ 再次选中文本，在【字符】面板（该面板位于屏幕右侧）中，设置字体大小为 100 像素，字符间距为 −50，如图 1-29 所示。

图 1-29

1.5.3 使用动画预设制作文本动画

上面我们已经设置好了文本格式，接下来就可以对其应用动画预设了。这里，我们将对文本应用【单词淡化上升】预设，让文本依次出现在画面中。

❶ 在【时间轴】面板中，选中 Title Here 图层，使用以下方法之一确保其当前位于动画的第一帧，如图 1-30 所示。

* 把【当前时间指示器】沿着时间标尺向左拖曳到 0:00 位置。
* 按 Home 键。

图 1-30

❷ 单击【效果和预设】选项卡，展开面板。在搜索框中输入"单词淡化上升"。

💡 提示　若【效果和预设】选项卡未显示，请选择【窗口】>【效果和预设】打开【效果和预设】面板。

❸ 在 Animate In 中，选中【单词淡化上升】预设，将其拖曳到【合成】面板中的 on the move 文本上，如图 1-31 所示。

图 1-31

这样就把【单词淡化上升】预设应用到了 on the move 文本上。【单词淡化上升】预设很简单，因此，【效果控件】面板中没有显示出任何相关设置参数。

❹ 把【当前时间指示器】从 0:00 拖曳到 1:00，预览文本淡入效果，可以看到随着时间的推移，组成文本的各个字母从左到右依次显示出来，到 1:00 时，字母全部显示出来，如图 1-32 所示。

图 1-32

关于持续时间与时间码

　　一个与时间相关的重要概念是持续时间，或称时长。项目中的每个素材、图层、合成都有相应的持续时间，它在合成、图层和【时间轴】面板中的时间标尺上表现为开始时间与结束时间。

　　在 After Effects 中查看和指定时间的方式取决于所采用的显示样式或度量单位（即用来描

述时间的单位）。默认情况下，After Effects 采用电影和电视工程师协会（Society of Motion Picture and Television Engineers，SMPTE）时间码显示时间，其标准格式：小时，分钟，秒，帧。请注意：After Effects 界面中以分号分隔的时间数字为【丢帧】时间码（调整实时帧率），以冒号分隔的时间数字为【非丢帧】时间码。

如果你想了解何时以及如何切换到另一种时间显示系统，例如以帧、英尺或胶片帧为计时单位等，请阅读 After Effects 帮助文档中的相关内容。

关于【时间轴】面板

使用【时间轴】面板可以动态改变图层属性，为图层设置入点与出点（入点和出点指的是图层在合成中的开始点和结束点）。【时间轴】面板中的许多控件都是按功能分栏组织的。默认情况下，【时间轴】面板包含若干栏和控件，如图 1-33 所示。

A 当前时间　B 合成名称　C【时间轴】面板菜单　D 音频 / 视频开关栏　E 源文件名 / 图层名称栏
F 图层开关　G 时间曲线 / 曲线编辑区域

图 1-33

理解时间曲线

【时间轴】面板中的时间曲线图部分（位于右侧）包含一个时间标尺、【当前时间指示器】、图层持续时间条，如图 1-34 所示。

A 时间导航器开始与时间导航器结束
B 工作区域开头与工作区域结尾
C 时间缩放滑块
D 时间标尺
E 合成标记素材箱
F 合成按钮

图 1-34

在深入讲解动画之前，有必要先了解一下其中一些控件。合成、图层、素材的持续时间都在时间曲线中直观地显示出来。在时间标尺上，【当前时间指示器】指示当前正在查看或编辑的帧，该帧会同时显示在【合成】面板中。

工作区域开头和工作区域结尾指示要渲染合成哪部分，用作预览或最终输出。处理合成时，你可能只想渲染其中一部分，此时你可以把合成时间标尺上的一个片段指定为工作区域。

合成的当前时间显示在【时间轴】面板的左上角。拖曳时间标尺上的【当前时间指示器】可以更改当前时间。此外，你还可以在【时间轴】面板或【合成】面板中单击当前时间区域，输入新时间，然后按 Enter 或 Return 键，或者单击【确定】按钮来更改当前时间。

有关【时间轴】面板的更多内容，请阅读 After Effects 帮助文档。

1.5.4　使用关键帧制作文本模糊动画

本小节将讲解使用关键帧为文本制作模糊动画效果的方法。

❶ 执行以下任意一种操作，使【当前时间指示器】回到开头。

· 沿着时间标尺向左拖曳【当前时间指示器】，使之到达最左侧，即 0:00 位置。

· 在【时间轴】面板中，单击当前时间区域，输入"00"，然后按 Enter 或 Return 键。或者在【合成】面板中单击预览时间，在弹出的【转到时间】对话框中输入"00"，单击【确定】按钮，关闭对话框。

❷ 在【效果和预设】面板的搜索框中输入"通道模糊"。

❸ 把【通道模糊】效果拖曳到【时间轴】面板中的 Title Here 图层上。

After Effects 把【通道模糊】效果应用到 Title Here 图层上，【效果控件】面板中显示相关设置参数。【通道模糊】效果分别对图层中的红色、绿色、蓝色、Alpha 通道做模糊处理，这将为视频上的文本创建一种有趣的外观。

❹ 在【效果控件】面板中，分别把【红色模糊度】【绿色模糊度】【蓝色模糊度】【Alpha 模糊度】设置为 50。

❺ 在【红色模糊度】【绿色模糊度】【蓝色模糊度】【Alpha 模糊度】左侧分别有一个秒表图标（ ），逐个单击它们，创建初始关键帧。这样，文本最初出现时就是模糊的。

关键帧用来创建和控制动画、效果、音频属性和其他许多随时间改变的属性。在关键帧标记的时间点上，我们可以设置空间位置、不透明度、音量等各种属性值。After Effects 会自动使用插值法计算关键帧之间的值。在使用关键帧创建动画时，至少要用到两个关键帧，其中一个关键帧记录变化之前的状态，另一个关键帧记录变化之后的状态。

❻ 在【模糊方向】中，选择【垂直】，如图 1-35 所示。

图 1-35

❼ 在【时间轴】面板中，把当前时间调至 1:00。

❽ 更改【红色模糊度】【绿色模糊度】【蓝色模糊度】【Alpha 模糊度】的值，如图 1-36 所示。

· 【红色模糊度】：0。

- 【绿色模糊度】: 0。
- 【蓝色模糊度】: 0。
- 【Alpha 模糊度】: 0。

图 1-36

⑨ 把【当前时间指示器】从 0:00 拖曳到 1:00，预览应用的模糊效果，如图 1-37 所示。

图 1-37

1.5.5 更改背景的不透明度

到这里，文字效果就制作完成了。但是背景椭圆太实了，把一部分视频画面完全挡住了。接下来调整椭圆的不透明度，使被其遮挡的视频画面透显出来。

① 在【时间轴】面板中，选择 Ellipse 1 图层。

② 按 T 键，把【不透明度】属性显示出来。

③ 把【不透明度】值更改为 20%，如图 1-38 所示。

💡提示 【不透明度】属性的快捷键是 T。为了便于记忆，我们可以把"不透明度"看成"透明度"，而"透明度"（Transparency）的英文首字母就是 T。

图 1-38

💡提示 在【时间轴】面板中，单击 movement 选项卡，即可查看文本及椭圆背景在视频画面中的显示效果。

1.6 预览作品

作品制作过程中，有时你可能想预览一下整体效果。此时，你可以通过【预览】面板进行预览。在默认工作区布局中，【预览】面板堆叠于应用程序窗口的右侧。在【预览】面板中，单击【播放/停止】按钮（▶），即可预览你的作品，此外，你还可以直接按空格键进行预览。

① 在 title 合成的【时间轴】面板中，隐藏所有图层属性，取消选择所有图层。

② 在图层最左侧有一个视频开关（👁），确保待预览图层左侧的视频开关处于打开状态。本例中，待预览的图层为 Title Here 与 Ellipse 1 两个图层。

❸ 按 Home 键，把【当前时间指示器】移到时间标尺的起始位置。

❹ 执行以下两种操作之一，预览视频。

- 在【预览】面板中，单击【播放 / 停止】按钮，如图 1-39 所示。
- 按空格键。

💡 提示　确保工作区域开头和工作区域结尾标记之间包含所有待预览的帧。

图 1-39

❺ 执行以下两种操作之一，停止预览视频，如图 1-40 所示。

- 在【预览】面板中，单击【播放 / 停止】按钮。
- 按空格键。

图 1-40

到此，你已经预览了一段简单的动画，这段动画有可能是实时播放的。

当你按空格键或者单击【播放 / 停止】按钮时，After Effects 会缓存视频动画，并且分配足够的内存供预览（包含声音）使用，系统会尽可能快地播放预览视频，最快播放速度为视频的帧速率。实际播放帧数取决于 After Effects 可用的内存大小。

在【时间轴】面板中，你可以在工作区域中指定要预览的时间段，或者从时间标尺的起始位置开始播放。在【图层】和【素材】面板中，预览时只播放未修剪的素材。预览之前，要检查一下有哪些帧被指定成了工作区。

接下来，返回到 movement 合成，预览整个作品，即包含动画文本和图形效果的作品。

❻ 在【时间轴】面板中，单击 movement 选项卡，进入 movement 合成中。

❼ 除了 movement.mp3 这个音频图层外，确保 movement 合成中其他图层左侧的视频开关都处于打开状态。按 F2 键，取消选择所有图层。

❽ 把【当前时间指示器】拖曳到时间标尺的最左端（即起始位置），或者按 Home 键，如图 1-41 所示。

图 1-41

⑨ 在【预览】面板中，单击【播放/停止】按钮或者按空格键，启动预览，如图1-42所示。

图 1-42

图 1-43 中的绿色进度条表示当前有哪些帧已经被缓存到内存中。当工作区域中的所有帧都被缓存到内存中后，我们就可以进行实时预览了。默认设置下，当 After Effects 不主动执行其他动作时，才会缓存帧。缓存帧能够帮助我们节省大量时间，同时能让我们快速、准确地查看预览效果。当 After Effects 尚未缓存所有帧时，第一次预览影片时就会出现画面卡顿、声音断续的问题。

> 💡 提示　从菜单栏中依次选择【合成】>【预览】>【空闲时缓存帧】，After Effects 会使用空闲处理时间来渲染和缓存当前合成中的帧。在【首选项】对话框的【预览】选项卡中，可以进一步指定空闲时缓存帧的具体行为。

图 1-43

对预览细节和精度的要求越高，所需要的内存就越多。通过修改作品的分辨率、放大倍率、预览质量，你可以控制显示的细节数量。通过关闭某些图层左侧的视频开关，你可以限制预览图层的数量。此外，通过调整视频工作区域的大小，你还可以限制预览的帧数。

⑩ 按空格键，停止预览。

⑪ 在菜单栏中依次选择【文件】>【保存】，保存当前项目。

▌1.7　After Effects 性能优化

After Effects 及计算机的配置共同决定了其渲染项目的速度。制作复杂的视频作品需要大量内存进行渲染，而且渲染后的影片也需要大量磁盘空间进行存储。在 After Effects 帮助文档中，搜索"提升性能"，你会得到大量相关讲解，包括如何配置计算机系统、After Effects 首选项以及项目来获取更好的性能。

默认设置下，After Effects 会为各种效果、图层动画，以及其他需要使用性能增强的功能启用

GPU 加速。Adobe 官方建议用户启用 GPU 加速。启用 GPU 加速后，如果系统显示错误，或者提示所用系统的 GPU 与 After Effects 不兼容，则在菜单栏中依次选择【文件】>【项目设置】，打开【项目设置】对话框，在【视频渲染和效果】选项卡的【使用范围】中选择【仅 Mercury 软件】，即可为当前项目关闭 GPU 加速。

> ♡ 提示　【项目】面板的底部有一个火箭图标，用来指示 GPU 加速是否启用。当火箭图标显示为灰色时，表示未启用 GPU 加速。你可以从这里快速查看 GPU 加速处于何种状态。

1.8　导出影片

到这里，你的"大作"就已经制作好了。接下来，你就可以以指定质量渲染它，并以指定的影片格式导出它。关于导出影片的内容，我们会在后续课程中讲解，尤其是在第 15 课"渲染和输出"中。

1.9　自定义工作区

在某个项目的制作过程中，你可能需要调整某些面板的尺寸和位置，以及打开一些新面板。在你对工作区进行调整之后，After Effects 会把这些调整保存下来，当你再次打开同一个项目时，After Effects 会自动启用最近修改的工作区。不过，如果你想恢复默认的工作区布局，你可以在菜单栏中依次选择【窗口】>【工作区】>【将"默认"重置为已保存的布局】。

此外，如果某些面板你经常使用但它们又不在默认工作区中，或者你想为不同类型的项目设置不同的面板尺寸和分组，你可以通过自定义工作区来满足自己的需求，还能节省工作区设置时间。在 After Effects 中，你可以根据自身需要定义并保存工作区，也可以使用 After Effects 预置的不同风格的工作区。这些预置的工作区适用于不同的工作流程，例如制作动画或效果。

1.9.1　使用预置的工作区

下面让我们花点时间了解一下 After Effects 预置的工作区。

❶ 开始之前，如果你已经关闭了 Lesson01_Finished.aep 项目，请打开它。当前，你也可以打开其他任何一个 After Effects 项目。

❷ 在工作区布局栏最右侧靠近工具栏的地方，有一个向右的双箭头（ » ），其下列出了所有未在工作区布局栏中显示的工作区布局。单击箭头图标，在弹出的菜单中选择【动画】，如图 1-44 所示。

图 1-44

随后，After Effects 将在应用程序窗口右侧打开以下面板：信息、预览、效果和预设、动态草图、摇摆器、平滑器和音频。

此外，你还可以使用【工作区】菜单来切换不同的工作区。

③ 在菜单栏中，依次选择【窗口】>【工作区】>【运动跟踪】。

在【运动跟踪】工作区中，会打开以下面板：信息、预览、跟踪器和内容识别填充。通过这些面板，你可以很轻松地找到做运动跟踪时要使用的工具和控件。

1.9.2　保存自定义工作区

任何时候，你都可以把任意一个工作区保存成自定义工作区。自定义工作区一旦保存好之后，你就可以在【窗口】>【工作区】子菜单下，或应用程序窗口顶部的工作区布局栏中找到它。当你把一个带有自定义工作区的项目在一个不同的系统（这个系统与创建项目时所用的系统不同）中打开时，After Effects 会在当前系统中查找同名工作区。若找到（且显示器配置相匹配），则使用它；若找不到（或者显示器配置不匹配），After Effects 会使用本地工作区打开项目。

① 在面板菜单中选择【关闭面板】，即可关闭相应面板，如图 1-45 所示。

② 在菜单栏中依次选择【窗口】>【效果和预设】，打开【效果和预设】面板。

图 1-45

这时，你就可以在应用程序窗口右侧的堆叠面板中看到【效果和预设】面板了。

③ 在菜单栏中，依次选择【窗口】>【工作区】>【另存为新工作区】，在弹出的【新建工作区】对话框中输入工作区名称，单击【确定】按钮保存它。如果不想保存，单击【取消】按钮即可。

④ 在工作区布局栏中，单击【默认】，返回到【默认】工作区之下。

1.10　调整用户界面亮度

在 After Effects 中，你可以根据自身需要灵活地调整用户界面的亮度。用户界面亮度会影响到面板、窗口、对话框的显示效果。

① 在菜单栏中依次选择【编辑】>【首选项】>【外观】（Windows）或【After Effects】>【首选项】>【外观】（macOS）。

② 在外观参数设置中，有一个【亮度】调整滑块，向左或向右拖曳【亮度】调整滑块，如图 1-46 所示，观察用户界面明暗度的变化。

> 💡 注意　默认设置下，After Effects 的用户界面比较暗。我们选用了一个较亮的用户界面来做本书截图，以便界面上的文本在印刷后会有较高的辨识度。如果你采用 After Effects 默认的用户界面亮度设置，那么你看到的面板、对话框会比书中的暗一些。

③ 单击【确定】按钮，保存新设置的亮度值，或者单击【取消】按钮，直接退出【首选项】对话框。在【亮度】滑块下有一个【默认】按钮，单击它可以恢复默认亮度设置。

图 1-46

④ 在菜单栏中依次选择【文件】>【关闭项目】，不保存任何修改。

1.11 在 After Effects 中协作

After Effects 专门提供了多人协作功能。创建共享项目时，首先从菜单栏中依次选择【文件】>【新建】>【新建团队项目】，然后邀请其他人加入项目中，项目的素材保存在一个共享位置中，如 Creative Cloud 或 Dropbox。此外，你还可以为同一个项目创建多个版本，并使用 Creative Cloud 进行协作。有关协作的更多内容，请参考 After Effects 帮助文档。

1.12 寻找更多 After Effects 资源

After Effects 软件内置有交互式学习教程。在工作区布局栏中，单击【了解】，可打开 Learn 面板，其中介绍了 After Effects 的用户界面、基本功能，还包含一些交互式学习教程。

After Effects 启动后，你首先会看到【主页】窗口。在其中，你不仅可以快速访问到 Learn 面板中的教程，还可以访问更多在线高级教程。另外，【主页】窗口中还包含一些 After Effects 相关信息的链接，了解这些信息有助于你更好地理解和使用 After Effects 软件。【主页】窗口关闭之后，你可以单击工具栏中的【主页】图标，再次打开【主页】窗口。

若想了解有关 After Effects 面板、工具，以及其他功能更全面、更新的信息，请访问 Adobe 官方网站。要想在 After Effects 帮助文档，以及其他 After Effects 用户站点中搜索信息，只要在应用程序窗口右上角的【搜索帮助】中输入相应的搜索关键字即可。你还可以缩小搜索范围，只显示 After Effects 帮助文档中的搜索结果。

有关 After Effects 的使用提示、技巧，以及最新产品信息，请访问 After Effects 帮助与支持页面。

恭喜你，你已经学完了第 1 课的全部内容。至此，你已经熟悉了 After Effects 的工作区。在第 2 课中，你将学习如何使用效果、动画预设创建合成并让它动起来。当然，你也可以根据自身情况，选择学习本书的其他课程。

1.13　复习题

1. After Effects 工作流程包含哪些基本步骤？
2. 什么是合成？
3. 如何查找缺失的素材？
4. 如何在 After Effects 中预览你的作品？
5. 怎样定制 After Effects 工作区？

1.14　复习题答案

1. After Effects 工作流程包含以下基本步骤：导入与组织素材、创建合成与排列图层、添加效果、制作合成动画、预览作品、渲染与输出最终作品。

2. 合成是创建动画、图层、效果的场所。After Effects 合成同时具有空间大小和时间长短两种属性。合成包含一个或多个视频、音频、静态图像图层，它们显示在【合成】面板与【时间轴】面板中。一个简单的 After Effects 项目可能只包含一个合成，而复杂的 After Effects 项目可能包含若干个合成，用来组织大量素材或复杂的视觉效果。

3. 你可以选择【文件】>【整理工程】>【查找缺失的素材】查找缺失的素材，还可以在【项目】面板的搜索框中输入"缺失素材"查找缺失的素材。

4. 在 After Effects 中预览作品时，你既可以手动拖曳【时间轴】面板中的【当前时间指示器】进行预览，也可以按空格键或者单击【预览】面板中的【播放／停止】按钮从【当前时间指示器】当前指示的位置开始预览你的作品。After Effects 会尽可能快地播放预览视频，最快播放速度为视频的帧速率。实际播放帧数取决于 After Effects 可用的内存大小。

5. 你可以根据自己的工作习惯通过拖曳面板的方式来定制工作区。你可以把面板拖放到新位置，更改面板堆叠顺序；把面板拖入或拖离某个面板组，将面板并排或堆叠在一起；或把面板拖出，让其成为一个新窗口浮动在应用程序窗口之上。当你重排某些面板时，其他面板会自动调整大小，以适应窗口尺寸。你可以通过选择【窗口】>【工作区】>【另存为新工作区】保存自定义工作区。

第 2 课

使用效果和预设创建基本动画

本课概览

本课主要讲解以下内容。

- 使用导入的 Illustrator 文件图层
- 使用参考线定位对象
- 应用投影和浮雕效果
- 应用文本动画预设
- 预合成图层
- 应用溶解过渡效果
- 调整图层透明度
- 渲染用于电视播出的动画

学习本课大约需要 ***1* 小时**

项目：动态 Logo

　　After Effects 提供了丰富的效果和动画预设，你可以轻松地使用它们快速创建出各种酷炫的动画。

2.1　准备工作

本课我们将进一步讲解 After Effects 项目的制作流程。假设有一家名为"Blue Crab Charter Services"（蓝蟹租赁服务）的公司，这家公司委托我们为一个名为"去夏威夷探险"的宣传短片制作一个片头。这个片头主要包含一个动态 Logo，制作起来并不难，本课会介绍一些新的制作方法。制作动态 Logo 时，我们要为文本与图形制作动画，使其在视频播放时首先出现在画面中央，然后淡出至画面的右下角变成一个水印。整个片头制作好之后，将其导出，以便在广播电视中播出。

首先，请你预览一下最终效果，明确本课要创建的效果。

① 检查你硬盘上的 Lessons/Lesson02 文件夹中是否包含以下文件。若没有，先下载它们。

- Assets 文件夹：BlueCrabLogo.ai、MauiCoast.jpg。
- Sample_Movies 文件夹：Lesson02.mp4。

② 在 Windows Movies & TV 或 QuickTime Player 中打开并播放 Lesson02.mp4 示例影片，了解本课要创建什么效果。观看完之后，关闭 Windows Movies & TV 或 QuickTime Player。如果存储空间有限，你可以把示例影片从硬盘中删除。

学习本课之前，最好先把 After Effects 恢复成默认设置（参见前言"恢复默认配置文件"中的内容）。你可以使用以下快捷键完成这个操作。

③ 启动 After Effects 时，立即按住 Ctrl+Alt+Shift（Windows）或 Command+Option+Shift（macOS）组合键，弹出一个消息框，询问【是否确实要删除您的首选项文件？】，单击【确定】按钮，即可删除你的首选项文件，恢复默认设置。

④ 在【主页】窗口中，单击【新建项目】按钮。

此时，After Effects 会打开一个未命名的空项目。

⑤ 在菜单栏中依次选择【文件】>【另存为】>【另存为】，打开【另存为】对话框。

⑥ 在【另存为】对话框中，转到 Lessons/Lesson02/Finished_Project 文件夹下。

⑦ 输入项目名称"Lesson02_Finished.aep"，单击【保存】按钮，保存项目。

2.2　新建合成

根据第 1 课中介绍的工作流程，接下来需要导入素材、新建一个合成。先导入素材，然后创建一个合成，把素材添加到其中。

2.2.1　导入背景图像

① 在菜单栏中依次选择【文件】>【导入】>【文件】，在弹出的【导入文件】对话框中，转到 Lessons/Lesson02/Assets 文件夹下。

② 选择 MauiCoast.jpg 文件，单击【导入】按钮。

2.2.2 创建空合成

① 执行以下任意一种操作，新建一个合成。

· 单击【项目】面板底部的【新建合成】图标（ ▨ ）。

· 在【合成】面板中，单击【新建合成】按钮。

· 在菜单栏中，依次选择【合成】>【新建合成】。

· 按 Ctrl+N（Windows）或 Command+N（macOS）组合键。

② 在【合成设置】对话框中，执行以下操作，如图 2-1 所示。

· 设置【合成名称】为 Explore Hawaii。

· 在【预设】中，选择【NTSC DV 宽银幕】。在美国和其他一些国家，电视常用 NTSC DV 宽银幕制式。选择该预设后，After Effects 会根据 NTSC 标准自动设置合成的宽度、高度、像素长宽比、帧速率。

· 在【持续时间】中输入 "300"，即 3 秒，单击【确定】按钮。

After Effects 在【合成】面板与【时间轴】面板中显示一个名为 Explore Hawaii 的空合成。接下来，我们向空合成添加背景。

③ 把 MauiCoast.jpg 图片从【项目】面板拖曳到【时间轴】面板，将其添加到 Explore Hawaii 合成中，如图 2-2 所示。

图 2-1

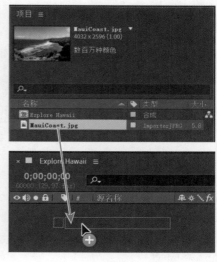

图 2-2

④ 在 MauiCoast.jpg 图层处于选中状态时，在菜单栏中依次选择【图层】>【变换】>【适合复合】，把背景图片缩放到与合成相同的尺寸，如图 2-3 所示。

图 2-3

♀ 提示 【适合复合】命令的快捷键是 Ctrl+Alt+F (Windows) 或 Command+Option+F (macOS)。

2.2.3 导入前景元素

至此，背景已经设置好了。接下来添加前景元素。这里要使用的前景元素是使用 Illustrator 制作的一个包含多个图层的矢量图形。

❶ 在菜单栏中依次选择【文件】>【导入】>【文件】。

❷ 在【导入文件】对话框中，转到 Lessons/Lesson02/Assets 文件夹下，选择 BlueCrabLogo.ai 文件。（若你的系统下文件扩展名是被隐藏的，则你看到的文件名是 BlueCrabLogo。）

❸ 在【导入为】下拉列表中选择【合成】，然后单击【导入】按钮，如图 2-4 所示。在 macOS 下，你可能需要单击【选项】才能看到【导入为】下拉列表。

图 2-4

此时，BlueCrabLogo.ai 这个 Illustrator 文件被作为一个合成（名称为 BlueCrabLogo）添加到【项目】面板中，在【项目】面板中同时出现一个名为"BlueCrabLogo 个图层"的文件夹。该文件夹包含 BlueCrabLogo.ai 这个矢量文件的 3 个图层。单击文件夹左侧的三角箭头，展开文件夹，查看其中包含的 3 个图层。

❹ 把 BlueCrabLogo 合成从【项目】面板拖入【时间轴】面板中，将其置于 MauiCoast.jpg 图层之上，如图 2-5 所示。

图 2-5

此时，在【合成】面板与【时间轴】面板中，你应该可以同时看到背景图片和图标了。

⑤ 在菜单栏中依次选择【文件】>【保存】，保存当前项目。

2.3　使用导入的 Illustrator 文件图层

BlueCrabLogo 图标是在 Illustrator 中制作完成的。在 After Effects 中，我们要做的是向其添加文本，并制作动画。为了单独处理 Illustrator 文件图层，我们需要在【时间轴】面板与【合成】面板中打开 BlueCrabLogo 合成。

① 在【项目】面板中，双击 BlueCrabLogo 合成，如图 2-6 所示。

在【时间轴】面板与【合成】面板中，打开 BlueCrabLogo 合成。

② 在工具栏中，选择【横排文字工具】，并在【合成】面板中单击，此时在【时间轴】面板中创建了一个空文本图层。

③ 输入"EXPLORE HAWAII"（所有字母大写）文本，然后选中所有文本。请注意，此时在【时间轴】面板中，文本图层名称变成了你刚刚输入的文本，即 EXPLORE HAWAII，如图 2-7 所示。

图 2-6

图 2-7

④ 在【字符】面板中，选择一种无衬线字体，如 Impact，更改字体大小为 80 像素。单击【吸管工具】（🖊），单击图标外框，吸取其颜色（黄色）。这样，After Effects 就会把吸取的颜色自动应用到选中的文本上。【字符】面板中的其他所有选项都保持默认值不变，如图 2-8 所示。

> 💡 注意　如果【字符】面板未显示在应用程序窗口右侧的堆叠面板区中，请在菜单栏中依次选择【窗口】>【字符】，将其打开。

图 2-8

接下来，使用参考线为刚刚输入的文本设定位置。

⑤ 在工具栏中选择【选取工具】。

⑥ 在菜单栏中依次选择【视图】>【显示标尺】，打开标尺。从顶部标尺拖出一条参考线到【合成】面板中。

> 💡提示　你还可以选择【视图】>【显示网格】，显示辅助网格，以帮助定位对象。再次选择【视图】>【显示网格】，隐藏辅助网格。

⑦ 使用鼠标右键（Windows）或按住 Control 键（macOS）单击参考线，选择【编辑位置】，在【编辑值】对话框中输入"120"（参考线位置），单击【确定】按钮，如图 2-9 所示。此时参考线移动到我们指定的位置上。

图 2-9

⑧ 拖曳文本，使其位于图像正上方，其底端对齐到参考线上。

⑨ 从顶部标尺拖出另外一条参考线，使用鼠标右键（Windows）或按住 Control 键（macOS）单击参考线，选择【编辑位置】，在【编辑值】对话框中输入"150"（参考线位置），单击【确定】按钮。

⑩ 在【时间轴】面板中，选择 background 图层，然后按住 Shift 键，选择 text 图层，把 3 个图标图层同时选中，把图标顶部对齐到较低的那条参考线上，如图 2-10 所示。

图 2-10

⑪ 在菜单栏中依次选择【视图】>【显示标尺】，关闭标尺。再选择【视图】>【显示参考线】，隐藏参考线。

⑫ 在菜单栏中依次选择【文件】>【保存】，保存当前项目。

▎2.4　对图层应用效果

现在，返回到主合成——Explore Hawaii 中，并应用一个效果到 BlueCrabLogo 图层。该效果对 BlueCrabLogo 合成中的所有图层都起作用。

❶ 在【时间轴】面板中，单击 Explore Hawaii 选项卡，然后选择 BlueCrabLogo 图层。

接下来要应用的效果只作用于节目图标，而不会影响到背景图片。

❷ 在菜单栏中依次选择【效果】>【透视】>【投影】，效果如图 2-11 所示。

图 2-11

此时，在【合成】面板中，BlueCrabLogo 图层中的各个内嵌图层（图标、文本 EXPLORE HAWAII）都应用上了柔边投影效果。你可以在【效果控件】面板中设置投影效果的各个参数。请注意，每应用一个效果，该效果的相关参数就会出现在【效果控件】面板中，你可以通过设置相关参数，对效果进行调整。

❸ 在菜单栏中依次选择【窗口】>【效果控件】，打开【效果控件】面板。在【效果控件】面板中，把投影的【距离】设置为 5，【柔和度】设置为 4，如图 2-12 所示。设置各个属性值时，你既可以直接输入数值，也可以在属性值上拖曳鼠标指针改变数值。

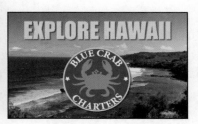

图 2-12

应用和控制效果

在 After Effects 中，你可以随时应用或删除一个效果。在对一个图层应用效果之后，你可以暂时关闭该图层上的一个或多个效果，以便你把精力集中于其他方面。那些关闭的效果不会出现在【合成】面板中，并且在预览或渲染图层时，通常也不会包含它们。

默认情况下，当你对一个图层应用某个效果之后，该效果在图层的持续时间内都有效。不过，你可以自己指定效果的起始时间和结束时间，或者让效果随着时间增强或减弱。在第 5 课"制作多媒体演示动画"和第 6 课"制作图层动画"中，你将学到使用关键帧或表达式创建动画的更多内容。

你可以对调整图层应用和编辑效果，这与处理其他图层是一样的。不过，当向调整图层应用一个效果时，该效果会应用到 Timeline 面板中该调整图层以下的所有图层中。

此外，效果还可以被作为动画预设进行保存、浏览和应用。

现在投影效果看起来还不错，如果再应用一个浮雕效果，节目图标会更加突出。你可以使用【效果】菜单或【效果和预设】面板来查找和应用效果。

❹ 单击【效果和预设】选项卡，打开【效果和预设】面板。单击【风格化】左侧的三角箭头，将其展开。

⑤ 在【时间轴】面板中，选中 BlueCrabLogo 图层，拖曳【彩色浮雕】效果到【合成】面板中，如图 2-13 所示。

图 2-13

【彩色浮雕】效果会锐化图层中各个对象的边缘，同时不会减弱对象本身的原始颜色。【彩色浮雕】效果显示在【效果控件】面板中，就在【投影】效果之下。

⑥ 在菜单栏中依次选择【文件】>【保存】，保存当前项目。

2.5 应用动画预设

到目前为止，我们已经设置好了文本位置，并向其应用了一些效果。接下来，我们该添加动画了。制作文本动画的方法有好几种，相关内容将在第 3 课中讲解。而现在，我们只向 EXPLORE HAWAII 文本应用一个简单的动画预设，使其淡入屏幕。我们需要在 BlueCrabLogo 合成中应用动画预设，这样动画预设就只会应用到 EXPLORE HAWAII 图层上。

① 在【时间轴】面板中，单击 BlueCrabLogo 选项卡，选择 EXPLORE HAWAII 图层。

② 移动【当前时间指示器】到 1:05，这是文本开始淡入的起始时间点，如图 2-14 所示。

图 2-14

③ 在【效果和预设】面板中依次选择【动画预设】> Text >Animate In。

④ 拖曳【单词淡化上升】动画预设到【时间轴】面板中的 EXPLORE HAWAII 图层上，或拖曳至【合成】面板中的 EXPLORE HAWAII 文本上，如图 2-15 所示。此时，文本会从【合成】面板中消失，这是因为当前处于动画的第一帧，文本还没开始显现。

图 2-15

⑤ 单击【时间轴】面板中的空白区域,取消对 EXPLORE HAWAII 图层的选择,然后手动拖曳【当前时间指示器】到 2:10,预览文本动画。EXPLORE HAWAII 文本会逐个单词在画面中显现,直到 2:10 才全部显示出来,如图 2-16 所示。

图 2-16

2.6 预合成

到现在为止,我们的片头已经制作得很不错了,或许你迫切地想预览一下效果。但是,在此之前,我们还要向所有图标元素(不包括 EXPLORE HAWAII 文本)添加溶解效果。为此,我们需要对 BlueCrabLogo 合成的 3 个图层(text、crab、background)做预合成。

预合成是一种在一个合成中嵌套其他图层的方法。通过预合成,我们可以把一些图层移动到一个新合成中,它会代替所选中的图层。当你想更改图层组件的渲染顺序时,可以通过预合成在现有层级中快速创建中间层级。

① 在 BlueCrabLogo 合成的【时间轴】面板中,按住 Ctrl 键,单击 text、crab、background 这 3 个图层,将它们同时选中。

② 在菜单栏中依次选择【图层】>【预合成】,打开【预合成】对话框。

③ 在【预合成】对话框中,设置新合成的名称为 Dissolve_logo。确保【将所有属性移动到新合成】选项处于选中状态,然后单击【确定】按钮,如图 2-17 所示。

在 BlueCrabLogo 合成的【时间轴】面板中,原来的 text、crab、background 这 3 个图层被一个 Dissolve_logo 图层所取代。也就是说,这个新建的预合成图层包含了你在步骤 1 中选中的 3 个图层。你可以向 Dissolve_logo 图层应用溶解效果,同时不会影响到 EXPLORE HAWAII 图层及其单词淡化上升动画。

④ 在【时间轴】面板中,确保 Dissolve_logo 图层处于选中状态,拖曳【当前时间指示器】到 0:00(或者直接按 Home 键)。

图 2-17

⑤ 在【效果和预设】面板中依次选择【动画预设】> Transitions–Dissolves，把【溶解 - 蒸汽】动画预设拖曳到【时间轴】面板的 Dissolve_logo 图层上，或者直接拖入【合成】面板中，如图 2-18 所示。

💡提示　在【效果和预设】面板的搜索框中，输入"蒸汽"关键字，可以快速找到【溶解 - 蒸汽】动画预设。

图 2-18

【溶解–蒸汽】动画预设包含溶解主控、Box Blur、Solid Composite 这 3 个组件，它们都显示在【效果控件】面板中。本项目采用默认设置即可。

⑥ 在菜单栏中依次选择【文件】>【保存】，保存当前项目。

2.7　预览效果

接下来，让我们一起预览所有效果。

① 在【时间轴】面板中，单击 Explore Hawaii 选项卡，切换到主合成。按 Home 键或拖曳【当前时间指示器】，使之回到时间标尺的起点。

② 在 Explore Hawaii 合成的【时间轴】面板中，确保两个图层的视频开关都处于打开状态。

③ 在【预览】面板中，单击【播放 / 停止】按钮或按空格键，开始预览。预览过程中，可以随时按空格键停止播放，如图 2-19 所示。

图 2-19

2.8 添加半透明效果

在宣传片播放期间，图标应该以半透明的形式显现在画面角落中。下面我们将通过降低图标的不透明度来实现半透明效果。

❶ 在 Explore Hawaii 合成的【时间轴】面板中，移动【当前时间指示器】至 2:10。

❷ 选中 BlueCrabLogo 图层，按 T 键，打开【不透明度】属性。默认情况下，【不透明度】为 100%（完全不透明）。单击左侧的秒表图标，在该时间点上设置一个不透明度关键帧，如图 2-20 所示。

图 2-20

❸ 按 End 键，或者把【当前时间指示器】拖曳到时间标尺末尾（2:29），修改【不透明度】为 40%，After Effects 自动添加一个关键帧，如图 2-21 所示。

图 2-21

预览时，图标先出现，然后 EXPLORE HAWAII 文本逐个单词出现，最后不透明度逐渐减退到 40%。

❹ 把【当前时间指示器】拖曳到 2:10 处，按 P 键，显示【位置】属性，然后再按 Shift+S 组合键，显示【缩放】属性。单击左侧的秒表图标，为两个属性设置初始关键帧。

❺ 把【当前时间指示器】拖曳到 2:25 处，把【缩放】值设置为 25%，【位置】值设置为 620、410，如图 2-22 所示。

❻ 在【预览】面板中，单击【播放 / 停止】按钮，或者按空格键或数字键盘上的 0 键，进行预览，如图 2-23 所示。

图 2-22

图 2-23

⑦ 预览完成后，按空格键停止预览。

⑧ 在菜单栏中依次选择【文件】>【保存】，保存当前项目。

2.9 渲染合成

接下来，我们该把制作好的片头输出了。创建输出时，合成的所有图层，以及每个图层的蒙版、效果、属性会被逐帧渲染到一个或多个输出文件中，如果是图像序列，则会渲染到一系列连续文件中。

> 💡 注意 有关输出格式、渲染的更多内容，请阅读第 15 课 "渲染和输出"。

把最终合成输出为影片可能需要几分钟或几个小时，最终耗时取决于合成的帧尺寸、品质、复杂度及压缩方式。当你把一个合成放入渲染队列时，它就成为一个渲染项，After Effects 会根据指定的设置渲染它。

After Effects 为渲染输出提供了多种输出格式与压缩类型，采用何种输出格式取决于影片的播放媒介或你的硬件需求，如视频编辑系统。

下面我们将渲染并导出合成，以便在电视上播放。

> 💡 注意 你可以使用 Media Encoder 把影片输出为最终交付格式。关于 Media Encoder 的更多内容，请阅读第 15 课 "渲染和输出"。

① 单击【项目】选项卡，打开【项目】面板。若【项目】选项卡未显示，请在菜单栏中依次选择【窗口】>【项目】，将【项目】面板打开。

② 执行以下操作之一，把合成添加到渲染队列。

· 在【项目】面板中选择 Explore Hawaii 合成，在菜单栏中依次选择【合成】>【添加到渲染队列】，打开【渲染队列】面板。

· 在菜单栏中依次选择【窗口】>【渲染队列】，打开【渲染队列】面板。然后把 Explore Hawaii 合成从【项目】面板拖曳到【渲染队列】面板中。

③ 单击【渲染设置】左侧的三角箭头，将其展开。默认设置下，After Effects 使用最佳品质和完全分辨率进行渲染。本项目使用默认设置即可。

④ 单击【输出模块】左侧的三角箭头，将其展开。默认设置下，After Effects 使用【高品质】把渲染后的合成输出为影片文件。如果你使用的是 macOS，请直接跳到第 5 步；如果你用的是 Windows 操作系统，请单击【高品质】左侧的三角箭头，从中选择【无损】。

⑤ 单击【输出到】右侧的蓝色文字——尚未指定，如图 2-24 所示，打开【将影片输出到】对话框。

图 2-24

⑥ 在【将影片输出到】对话框中，保持默认影片名称（Explore Hawaii）不变，转到 Lessons/Lesson02/Finished_Project 文件夹下，单击【保存】按钮。

⑦ 返回到【渲染队列】面板，单击【渲染】按钮，如图 2-25 所示。

图 2-25

在输出影片文件期间，After Effects 会在【渲染队列】面板中显示一个进度条，当渲染队列中的所有项目渲染完毕后，After Effects 会发出提示音。

⑧ 如果你想观看最终影片，请转到 Lessons/Lesson02/Finished_Project 文件夹下，双击 Explore Hawaii.avi 或 Explore Hawaii.mov 文件，在 Windows Media Player 或 QuickTime 中播放影片即可。

⑨ 保存并关闭项目文件，然后退出 After Effects。

恭喜你！至此，你已经制作好了一个用来在电视上播出的宣传片片头。

2.10 复习题

1. 什么是预合成？
2. 如何自定义效果？
3. 如何修改合成中一个图层的透明度？

2.11 复习题答案

1. 预合成是一种在一个合成中嵌套其他图层的方法。通过预合成，我们可以把一些图层移动到一个新合成中，新合成会代替之前选中的所有图层。当你想更改图层组件的渲染顺序时，使用预合成可以在现有层级中快速创建中间层级。

2. 当对合成中的一个图层应用一个效果后，我们可以在【效果控件】面板中修改效果的各种属性。在应用某个效果之后，该效果的各种属性会自动显示在【效果控件】面板中。此外，你还可以先选中应用效果的图层，再选择【窗口】>【效果控件】，打开【效果控件】面板。

3. 增加某个图层的透明度可以通过降低该图层的不透明度来实现。具体操作方法：先在【时间轴】面板中选中图层，然后按 T 键，显示出图层的【不透明度】属性，再输入一个合适的数值即可。

第3课

制作文本动画

本课概览

本课主要讲解以下内容。

- 创建文本图层，并制作动画
- 使用【字符】和【段落】面板格式化文本
- 应用和定制文本动画预设
- 在 Bridge 中预览动画预设
- 使用 Adobe Fonts 安装字体
- 使用关键帧制作文本动画
- 编辑导入的 Photoshop 文本，并制作动画
- 使用文本动画组为图层上选中的文本制作动画

学习本课大约需要 **2** 小时

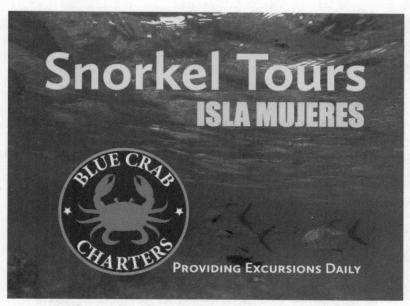

项目：企业广告

当观众观看一段视频时，如果视频中的文字会动，则更有感染力。本课将讲解几种使用 After Effects 制作文本动画的方法，包括专门针对文本图层的快捷方法。

3.1　准备工作

　　After Effects 提供了多种文本动画制作方法。你可以使用以下方法为文本图层制作动画：在【时间轴】面板中手动创建关键帧；使用动画预设；使用表达式。你甚至还可以为文本图层中的单个字符或单词创建动画。本课中，我们将为一家名为 Blue Crab Chaters 的公司制作一段潜水游项目的促销宣传视频，制作过程中会用到几种动画制作方法，其中有些方法专门用来制作文本动画。制作过程中，我们还会讲解使用 Adobe Fonts 安装项目中用到的字体的方法。

　　与前面项目一样，在动手制作之前，首先预览一下最终效果，然后打开 After Effects。

　　❶ 检查你硬盘上的 Lessons/Lesson03 文件夹中是否包含以下文件。若没有，先下载它们。

　　• 　Assets 文件夹：BlueCrabLogo.psd、FishSwim.mov、LOCATION.psd。

　　• 　Sample_Movies 文件夹：Lesson03.mp4。

　　❷ 在 Windows Movies & TV 或 QuickTime Player 中打开并播放 Lesson03.mp4 示例影片，了解本课要创建什么效果。观看完之后，关闭 Windows Movies & TV 或 QuickTime Player。如果存储空间有限，你可以把示例影片从硬盘中删除。

　　学习本课之前，最好先把 After Effects 恢复成默认设置（参见前言"恢复默认配置文件"中的内容）。你可以使用以下快捷键完成这个操作。

　　❸ 启动 After Effects 时，立即按 Ctrl+Alt+Shift（Windows）或 Command+Option+Shift（macOS）组合键，弹出一个消息框，询问【是否确实要删除您的首选项文件？】，单击【确定】按钮，即可删除你的首选项文件，恢复默认设置。

　　❹ 在【主页】窗口中，单击【新建项目】按钮。

　　此时，After Effects 会打开一个未命名的空项目。

　　❺ 在菜单栏中依次选择【文件】>【另存为】>【另存为】，在弹出的【另存为】对话框中，转到 Lessons/Lesson03/Finished_Project 文件夹下。

　　❻ 输入项目名称"Lesson03_Finished.aep"，单击【保存】按钮，保存项目。

新建合成

　　首先，导入素材与创建合成。

　　❶ 在【合成】面板中单击【从素材新建合成】按钮，新建一个合成，如图 3-1 所示。

图 3-1

❷ 在【导入文件】对话框中，转到 Lessons/Lesson03/Assets 文件夹下，选择 FishSwim.mov，然后单击【导入】按钮，效果如图 3-2 所示。

图 3-2

After Effects 支持导入多种格式的素材，包括 Photoshop 文档、Illustrator 文档，以及 QuickTime 与 AVI 影片等。这使得 After Effects 成为一款合成与制作视频动画的无比强大的工具。

❸ 在菜单栏中依次选择【文件】>【保存】，保存当前项目。

接下来，向合成中添加标题文字。

3.2 关于文本图层

在 After Effects 中，你可以灵活、精确地添加文本。工具栏、【字符】面板、【段落】面板中包含许多文本处理工具。你可以直接在【合成】面板显示的画面中创建和编辑横排或竖排文本，快速更改文本的字体、样式、大小、颜色。你可以只修改单个字符，也可以为整个段落设置格式，包括文本对齐方式、边距、自动换行。除此之外，After Effects 还提供了可以方便地为指定字符与属性（例如文本不透明度、色相）制作动画的工具。

After Effects 支持两种类型的文本：点文本（point text）与段落文本（paragraph text）。点文本适用于输入单个单词或一行字符；段落文本适用于输入和格式化一段或多段文本。

在很多方面，文本图层和 After Effects 内的其他图层类似。你可以对文本图层应用各种效果和表达式，为其制作动画，指定为 3D 图层，编辑 3D 文字并从多个角度查看它。与从 Illustrator 导入的图层一样，文本图层会不断地进行栅格化，所以当你缩放图层或者调整文本的大小时，它仍会保持清晰的边缘，且与分辨率大小无关。文本图层和其他图层的两个主要区别：一方面，你无法在文本图层自己的【图层】面板中打开它；另一方面，你可以使用特定的文本动画制作工具属性和范围选择器为文本图层中的文本制作动画。

3.3 使用 Adobe Fonts 安装字体

Adobe Fonts 提供了数百种字体供用户使用，使用它需要拥有 Creative Cloud 会员资格。下面我们将使用 Adobe Fonts 安装制作本课项目所需的字体。一旦你在系统中安装好 Adobe Fonts 字体，系统的所有程序都可以使用它。

❶ 在菜单栏中依次选择【文件】>【从 Adobe 添加字体】，After Effects 会启动默认浏览器并打

开 Adobe Fonts 页面。

❷ 确保你已经登录到 Creative Cloud 中。若尚未登录，单击页面右上角的 Sign In，然后输入你的 Adobe ID。

❸ 在【样本文本】文本框中输入"Snorkel Tours"。若看不到完整文本，请拖曳滑块，改变文字大小，直至看到完整文本，如图 3-3 所示。

图 3-3

你可以在【样本文本】文本框中输入要在自己项目中使用的文本，了解一下哪些字体适合自己的项目。

你也可以在 Adobe Fonts 网站上浏览各种字体，但是其中包含的字体实在太多了，逐个浏览并不高效，一种更高效的做法是对字体过滤或直接搜索指定的字体，只显示那些符合自己需要的字体。

❹ 在右上角的【排序】下拉列表中选择【名称】。然后，在页面左侧隐藏【库】区域，在【分类】下拉列表中选择【无衬线字体】。在【属性】中，选择中等粗细、中等宽度、中等高度、低对比度、标准大小写，如图 3-4 所示。

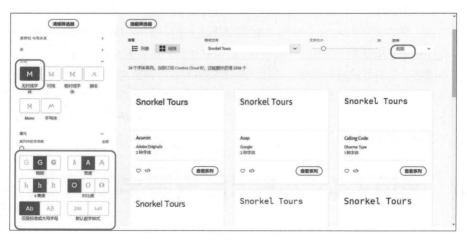

图 3-4

Adobe Fonts 会显示一些符合上述条件的字体。

❺ 符合上述条件的字体有很多，你可以大致浏览一下，从中选出满意的字体。对于本课项目来

说，Noto Sans 字体就非常不错。

⑥ 单击 Noto Sans，如图 3-5 所示。

图 3-5

Adobe Fonts 会显示已选字体族中所有字体的示例文本，以及该字体的附加信息。

⑦ 单击开启 Regular 版本与 Bold 版本底部的【激活字体】滑动开关，如图 3-6 所示。

图 3-6

💡注意 Adobe Fonts 可能需要花几分钟才能激活你选中的字体，这取决于你所用的系统和网络连接速度。

你选中的字体会被自动添加到你的系统中，然后所有程序（包括 After Effects 软件）都可以使用它们。在激活所选字体之后，你就可以关闭 Adobe Fonts 和浏览器了。

3.4 创建并格式化点文本

在 After Effects 中输入点文本时，每行文本都是独立的，编辑文本时，文本行的长度会自动增加或减少，但不会换行。你输入的文本会显示在新的文本图层中。光标中间的短线代表文本的基线位置。

❶ 在工具栏中，选择【横排文字工具】，如图 3-7 所示。

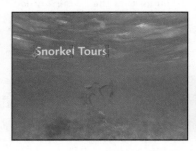

图 3-7

❷ 在【合成】面板中单击任意位置，输入"Snorkel Tours"。然后按数字键盘上的 Enter 键，或在【时间轴】面板中单击图层名称，退出文本编辑模式。此时，在【合成】面板中，文本图层处于选中状态。

> 💡 **注意** 按常规键盘（非数字小键盘）上的 Enter 或 Return 键，将开始一个新段落。

3.4.1 使用【字符】面板

【字符】面板提供了多种用于格式化字符的选项。若有高亮显示的文本，则在【字符】面板中所做更改只影响高亮显示的文本。若无高亮显示的文本，则在【字符】面板中所做更改会影响选中的文本图层，以及该文本图层所选中的源文本关键帧（若存在）。若既无高亮显示的文本，又无选中的文本图层，则在【字符】面板中所做更改会成为下次文本输入的默认设置。

> 💡 **提示** 若要单独打开【字符】和【段落】面板，可以在菜单栏中依次选择【窗口】>【字符】或【窗口】>【段落】。若想同时打开两个面板，请先选择【横排文字工具】，再单击工具栏中的【切换字符和段落面板】按钮。

After Effects 为每种字体显示示例文本。你可以设置字体过滤，只显示那些来自 Adobe Fonts 的字体或你喜欢的字体。

❶ 在【时间轴】面板中，选择 Snorkel Tours 图层。

❷ 在【字符】面板中，从字体系列下拉列表中选择 Noto Sans，并设置字体样式为 Bold。

❸ 设置字体大小为 90 像素，取消字体描边。

❹ 其他选项保持默认设置不变，如图 3-8 所示。

图 3-8

💡提示 在【设置字体系列】文本框中直接输入字体名称，可以快速选择指定的字体。【设置字体系列】文本框中会显示系统中与所输入的字符相匹配的第一种字体。此时如果有文本图层处于选中状态，则新选中的字体会立即应用到【合成】面板中所显示的文本上。

3.4.2 使用【段落】面板

通过【段落】面板，我们可以把一些属性设置（例如对齐方式、缩进、行距）应用到整个段落。对于点文本来说，每行文本都是一个独立的段落。你可以使用【段落】面板为单个段落、多个段落，或文本图层中的所有段落设置格式。本课项目中，我们只需在【段落】面板中为片头文本设置一个属性即可。

❶ 在【段落】面板中，单击【居中对齐文本】按钮，如图 3-9 所示。这会把文本水平对齐到图层的中央，注意不是合成的中央。

💡注意 你看到的效果可能和这里的不一样，这取决于你从哪里开始输入文本。

图 3-9

❷ 其他选项保持默认设置不变。

3.4.3 设定文本位置

为了准确设置图层（例如当前正在处理的文本图层）的位置，我们需要在【合成】面板中把标尺、参考线、网格 3 种定位辅助工具显示出来。请注意，这些工具并不会出现在最终渲染好的影片中。

❶ 在【时间轴】面板中，确保 Snorkel Tours 图层处于选中状态。

❷ 在菜单栏中依次选择【图层】>【变换】>【适合复合宽度】，缩放图层到与合成宽度相同，如图 3-10 所示。

 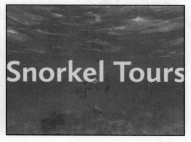

图 3-10

接下来，使用网格确定文本图层的位置。

❸ 在菜单栏中依次选择【视图】>【显示网格】，把网格显示出来。然后再选择【视图】>【对齐到网格】。

❹ 在【合成】面板中，使用【选取工具】向上拖曳文本，直到文本处于合成的上四分之一处，位于水面中央。拖曳文本时按住 Shift 键，可以限制移动方向，这有助于定位文本，如图 3-11 所示。

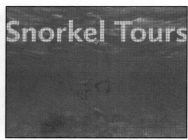

图 3-11

❺ 确定好文本图层的位置之后，在菜单栏中依次选择【视图】>【显示网格】，隐藏网格。

本视频不是为广播电视制作的，所以允许文本在动画开始时超出合成的字幕安全区和动作安全区。

❻ 在菜单栏中依次选择【文件】>【保存】，保存当前项目。

3.5 使用缩放关键帧制作动画

在前面的内容中，我们向文本图层应用了【适合复合宽度】命令，将其放大到接近 250%。接下来，我们将制作图层缩放动画，使文本逐渐缩小到 200%。

❶ 在【时间轴】面板中，把【当前时间指示器】移动到 3:00 处。

❷ 选择 Snorkel Tours 图层，按 S 键，显示其【缩放】属性。

❸ 单击左侧的秒表图标，在当前时间（3:00）添加一个缩放关键帧，如图 3-12 所示。

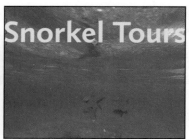

图 3-12

❹ 移动【当前时间指示器】到 5:00 处。

❺ 把图层的【缩放】值修改成 200、200%。After Effects 自动在当前时间处添加一个新的缩放关键帧，如图 3-13 所示。

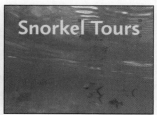

图 3-13

3.5.1　预览指定范围内的帧

接下来，我们开始预览动画。虽然合成总时长为 13 秒，但是需要预览的只是有文本动画的前 5 秒。

❶ 在【时间轴】面板中，把【当前时间指示器】移动到 5:10 处，按 N 键设为【工作区域结尾】。在此时间点之前，文本动画才刚结束，如图 3-14 所示。

图 3-14

❷ 按空格键，预览动画（从 0:00 到 5:10）。随着影片的播放，文本逐渐由大变小，如图 3-15 所示。

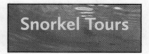

图 3-15

❸ 预览结束后，按空格键停止播放。

3.5.2　添加缓入和缓出效果

前面缩放动画的开始和结束部分看上去相当生硬。就上面的动画来说，文本应该在起点缓入然后在终点缓出。我们可以应用缓入和缓出效果让文本动画表现得更平滑一些。

❶ 使用鼠标右键单击（Windows）或按住 Control 键单击（macOS）3:00 处的缩放关键帧，在弹出的菜单中依次选择【关键帧辅助】>【缓入】。该关键帧上显示一个左大括号图标。

❷ 使用鼠标右键单击（Windows）或按住 Control 键单击（macOS）5:00 处的缩放关键帧，在弹出的菜单中依次选择【关键帧辅助】>【缓出】。该关键帧上显示一个右大括号图标，如图 3-16 所示。

图 3-16

③ 按空格键预览效果，再次按空格键停止播放。

④ 隐藏【缩放】属性，然后在菜单栏中依次选择【文件】>【保存】，保存当前项目。

3.6 使用文本动画预设

当前，在视频开始播放时，标题文本就是存在的，没有出场动画。我们可以为标题文本制作一个出场动画，使其有一个酷炫的出场。添加出场动画最简单的一个方法是使用 After Effects 内置的动画预设。应用动画预设之后，你可以根据项目需要调整各个参数，然后保存起来，以便在其他项目中使用。

① 按 Home 键或输入"0:00"，确保【当前时间指示器】处于时间标尺的起始位置。

After Effects 从当前时间开始应用动画预设。

② 选择 Snorkel Tours 图层。

3.6.1 浏览动画预设

在第 2 课"使用效果和预设创建基本动画"中，我们已经学过如何使用【效果和预设】面板中的动画预设了。但是，如果你连要使用哪个动画预设都不知道，又该怎么办呢？为了选出那些适合在你的项目中使用的动画预设，你可以先在 Bridge 中预览动画预设。

> 💡 注意 当在 After Effects 中选择【浏览预设】时，如果你的系统尚未安装 Bridge，则 After Effects 会提示你安装它。有关安装方法的更多信息，请阅读前言中的相关内容。

① 在菜单栏中依次选择【动画】>【浏览预设】，Bridge 启动，并显示 After Effects Presets 文件夹中的内容。

② 在【内容】面板中双击 Text 文件夹，再双击 Organic 文件夹，进入其中。

③ 选择【秋季】，Bridge 会在【预览】面板中播放一段演示动画。

④ 选择其他几个预设，在【预览】面板中观看动画效果。

⑤ 预览【波纹】预设，如图 3-17 所示，然后双击其缩览图，将其应用到所选文本上。当然，你也可以使用鼠标右键单击缩览图（Windows），或者按住 Control 键单击缩览图（macOS），在弹出的菜单中选择 Place In Adobe After Effects 2022。

图 3-17

💡注意 若某个动画预设（.ffx）无法预览，请尝试重启 Bridge，同时按 Ctrl+Alt+Shift（Windows）或 Command+Option+Shift（macOS）组合键重置 Bridge 首选项。

⑥ 返回到 After Effects，但不要关闭 Bridge。

After Effects 会把你选的动画预设应用到选中的 Snorkel Tours 图层上。此时，你会发现文字消失不见了。这是因为在 0:00 时，动画处在第一帧，字母还没有进入画面。

关于 Bridge

　　Bridge 是一个使用灵活，且功能强大的工具，在为打印、网页、电视、DVD、电影、移动设备制作内容时，你可以使用 Bridge 来组织、浏览、搜索所需素材。借助 Bridge，你可以十分方便地访问各种 Adobe 软件生成的文件（例如 PSD、PDF 文件）以及非 Adobe 软件生成的文件。通过 Bridge，你可以轻松地把所需素材拖曳到指定的设计、项目、合成中，更方便地浏览你的素材，甚至把元数据（文件信息）添加到素材中，使素材文件更容易查找。

　　本课中，我们是从 After Effects 内部打开 Bridge 的。但其实还可以直接从 After Effects 外部打开 Bridge。在【开始】菜单中，选择 Adobe Bridge（Windows），或者双击 Applications / Adobe Bridge 文件夹中的 Adobe Bridge 图标（macOS），即可打开 Bridge，其界面如图 3-18 所示。

图 3-18

　　【内容】面板的更新是实时的。例如，当你在【内容】面板中选择 Assets 文件夹时，该文件夹中的内容立即以缩览图的形式显示在【内容】面板中。通过 Bridge，可以预览的图像文件有 PSD 文件、TIFF 文件、JPEG 文件、Illustrator 矢量文件、多页 PDF 文件、QuickTime 影片等。

　　使用 Bridge 前，我们需要单独从 Creative Cloud 安装它。如果你的计算机中尚未安装 Bridge，After Effects 会提示你先安装它。

3.6.2 自定义动画预设

在对图层应用了一个动画预设之后，其所有属性和关键帧都会显示在【时间轴】面板中。你可以通过这些属性对动画预设进行定制。

❶ 按空格键，观看动画效果。首先，字母做波纹运动进入画面中，然后整体缩小到 200%。再次按空格键，停止播放，如图 3-19 所示。

图 3-19

应用【波纹】动画预设后，文字做波纹运动进入画面中，效果非常棒，你也可以进一步调整预设，改变字母出现的方式。

❷ 在【时间轴】面板中，选择 Snorkel Tours 图层，然后展开其属性，依次找到【文本】> Animator-Ripple（Skew）> Selector-Offset >【高级】属性。

❸ 单击【随机排序】右侧的蓝色文本【关】，使其变为【开】，如图 3-20 所示。

当字母像波纹一样进入画面时，【随机排序】属性会改变字母出现的顺序。

❹ 把【当前时间指示器】手动从 0:00 处拖曳至 3:00处，浏览修改之后的动画效果，如图 3-21 所示。

❺ 隐藏图层属性。

❻ 按 End 键，把【当前时间指示器】移动到时间标尺末尾，然后按 N 键，设置工作区域结尾。

图 3-20

图 3-21

❼ 按 Home 键，或转到 0:00 处，把【当前时间指示器】移动到时间标尺开头。

❽ 在菜单栏中，依次选择【文件】>【保存】，保存当前项目。

3.7　为导入的 Photoshop 文本制作动画

如果你只需要在一个项目中添加几个单词，那可以直接在 After Effects 中进行输入。但是在真实项目中，你可能需要使用大段文本，以确保品牌与风格在多个项目中都是一致的。此时，你可以从 Photoshop 或 Illustrator 把大段文本导入 After Effects 中，并且可以在 After Effects 中保留、编辑文本图层，以及为文本图层制作动画。

3.7.1 导入文本

本项目用到的其他一些文本位于一个包含图层的 Photoshop 文件中，下面先把这个 Photoshop 文件导入 After Effects。

❶ 在【项目】面板的空白区域中双击，打开【导入文件】对话框。

❷ 转到 Lessons/Lesson03/Assets 文件夹下，选择 LOCATION.psd 文件，在【导入为】下拉列表中选择【合成 - 保持图层大小】（在 macOS 下，可能需要单击【选项】才能看到【导入为】下拉列表）。然后单击【导入】按钮。

❸ 在 LOCATION.psd 对话框中，选择【可编辑的图层样式】，然后单击【确定】按钮，如图 3-22 所示。

After Effects 支持导入 Photoshop 图层样式，并且会保留图层外观。导入的文件以合成的形式添加到【项目】面板中，其图层包含在另外一个单独的文件夹中。

❹ 把 LOCATION 合成从【项目】面板拖入【时间轴】面板中，并且使其位于最顶层，如图 3-23 所示。

图 3-22

图 3-23

在把 LOCATION.psd 文件作为合成导入 After Effects 时，其所有图层都会被完整地保留下来，所以你可以在其【时间轴】面板中独立编辑其图层，以及制作动画。

3.7.2 编辑导入的文本

目前，导入 After Effects 中的文本还无法编辑。要让导入的文本可编辑，才能控制文本并应用动画。LOCATION.psd 文件是公司位置模板，编辑其中的文本并添加文本描边，使其在画面中凸显出来。

❶ 在【项目】面板中双击 LOCATION 合成，在其【时间轴】面板中打开它。

❷ 在【时间轴】面板中选择 LOCATION 图层。然后，在菜单栏中依次选择【图层】>【创建】>【转换为可编辑文字】，效果如图 3-24 所示（若弹出缺失字体警告，单击【确定】按钮即可）。

图 3-24

资源获取验证码：20537

此时，文本图层就可以编辑了。接下来修改位置文本。

③ 在【时间轴】面板中双击 LOCATION 图层，选中文本并自动切换到【横排文字工具】。

④ 输入"ISLA MUJERES"，如图 3-25 所示。

图 3-25

> ♡ **注意** 在修改图层中的文本时，【时间轴】面板中的图层名称并不会随之发生变化。这是因为原来的图层名称是在 Photoshop 中创建的。若想修改图层名称，请先在【时间轴】面板中选择它，然后按 Enter 或 Return 键，输入新名称后，再次按 Enter 或 Return 键。

⑤ 切换到【选取工具】，退出文本编辑模式。

⑥ 若【字符】面板尚未打开，在菜单栏中依次选择【窗口】>【字符】打开它。

⑦ 单击【描边颜色】框，将其激活，再次单击，打开【文本颜色】对话框，选择一种蓝绿色（R=70、G=92、B=101），单击【确定】按钮。其他设置保持不变，如图 3-26 所示。

图 3-26

⑧ 在菜单栏中依次选择【文件】>【保存】，保存当前项目。

3.7.3　为位置文本制作动画

我们希望位置文本"ISLA MUJERES"有组织地"流入"画面中的主标题之下。最简单的实现方法是使用另一个文本动画预设。

① 在【时间轴】面板中，把【当前时间指示器】移动到 5:00 处，在该时间点，主标题已经完成了缩放动画。

② 在【时间轴】面板中，选择 LOCATION 图层。

③ 按 Ctrl+Alt+Shift+O（Windows）或 Command+Option+Shift+O（macOS）组合键，打开 Bridge。

④ 转到 Presets/Text/Animate In 文件夹下。

⑤ 选择【下雨字符入】动画预设，在【预览】面板中观看动画效果。该效果非常适合用来逐步显示文本。

⑥ 双击【下雨字符入】动画预设，将其应用到 LOCATION 图层，然后返回到 After Effects。

⑦ 在【时间轴】面板中，在 LOCATION 图层处于选中状态时，连按两次 U 键，查看动画预设修改的属性。在 Range Selector 1 的【偏移】中有两个关键帧：一个位于 5:00，另一个位于 6:00，如图 3-27 所示。

> ♡ **注意** 【下雨字符入】动画预设会改变文本颜色，这正适合本项目。

图 3-27

U 键是一个非常有用的键盘快捷键，用来显示一个图层的所有动画属性。按一次，查看所有动画属性；按两次，显示所有修改过的属性。

这个合成中包含多个动画，所以我们需要把【下雨字符入】这个动画效果加速一下。

⑧ 把【当前时间指示器】移动到 6:00 处，然后将 Range Selector 1 中【偏移】的第二个关键帧拖曳到 6:00 处。

⑨ 选择 LOCATION 图层，按 U 键，隐藏所有修改过的属性，如图 3-28 所示。

图 3-28

⑩ 在【时间轴】面板中，单击 FishSwim 选项卡，将其激活，把【当前时间指示器】移动到 6:00 处。

⑪ 使用【选取工具】移动 LOCATION 图层，使 ISLA MUJERES 文本位于 Snorkel Tours 文本之下，并且让它们右对齐。

⑫ 取消选择所有图层。沿着时间标尺，拖曳【当前时间指示器】（从 4:00 到 6:00），观看位置文本的动画效果，如图 3-29 所示。然后在菜单栏中依次选择【文件】>【保存】，保存当前项目。

图 3-29

3.8　制作字符间距动画

接下来，我们向画面中添加公司名称，然后选用一个字符间距动画预设制作动画。通过制作间距动画，你可以让文本从一个中央点开始向两侧扩展地在屏幕上显示出来。

3.8.1 应用字符间距动画预设

首先添加文本，然后再添加字符间距动画预设。

① 选择【横排文字工具】，然后输入"BLUE CRAB CHARTERS"。

② 选择 BLUE CRAB CHARTERS 图层，在【字符】面板中，从字体系列下拉列表中选择 Times New Roman，并设置字体样式为 Bold，再从字体大小下拉列表中选择【48 像素】，把【填充颜色】设置为白色，【描边颜色】设置为【没有描边颜色】。在【段落】面板中，单击【居中对齐文本】按钮。

③ 把【当前时间指示器】移动到 7:10 处。

④ 使用【选取工具】，把 BLUE CRAB CHARTERS 文本往下移，移到画面的下三分之一处，并使之与 Snorkel Tours 文本左对齐，如图 3-30 所示。

图 3-30

⑤ 在【效果和预设】面板的搜索框中，输入"增加字符间距"，然后双击【增加字符间距】动画预设，将其应用到 BLUE CRAB CHARTERS 文本上。

⑥ 沿着时间标尺，在 7:10 到 9:10 之间拖曳【当前时间指示器】，预览字符间距动画，如图 3-31 所示。

图 3-31

3.8.2 自定义字符间距动画预设

现在得到的动画效果是文本向左右两侧扩展开，但我们想要的动画效果是，刚开始时文本中的字母相互挤压在一起，然后从中央向两侧扩展，直到达到一个便于阅读的合适距离，而且动画速度还要更快。我们可以通过调整【字符间距大小】来实现这两个目标。

① 在【时间轴】面板中，选择 BLUE CRAB CHARTERS 图层，按两次 U 键，显示出修改过的属性。

② 把【当前时间指示器】拖至 7:10。

③ 在 Animator 1 下，把【字符间距大小】修改为 −5，这样文本的各个字母就挤压在了一起，如图 3-32 所示。

④ 单击【字符间距大小】属性左侧的【转到下一个关键帧】按钮（▶），然后把【字符间距大小】设置为 0，如图 3-33 所示。

图 3-32

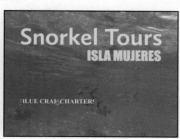

图 3-33

⑤ 沿着时间标尺，把【当前时间指示器】从 7:10 拖曳到 8:10，预览动画效果。可以看到文本字母向两侧扩展后在最后一个关键帧处停下来。

3.9 为文本不透明度制作动画

接下来，我们继续为公司名称制作动画，让其随着字母的扩展淡入屏幕。我们可以通过控制文本图层的【不透明度】属性来实现这种动画效果。

① 确保 BLUE CRAB CHARTERS 图层处于选中状态。

② 按 T 键，显示图层的【不透明度】属性。

③ 把【当前时间指示器】拖曳到 7:10，设置【不透明度】为 0%。然后单击秒表图标，设置一个不透明度关键帧。

④ 把【当前时间指示器】拖曳到 7:20，设置【不透明度】为 100%，After Effects 自动添加第 2 个关键帧。

这样，公司名称的各个字母在屏幕上展开时会伴有淡入效果。

⑤ 沿着时间标尺，把【当前时间指示器】从 7:10 拖曳到 8:10，预览动画效果，可以看到公司名称的各个字母在向两侧展开时伴有淡入效果，如图 3-34 所示。

图 3-34

⑥ 使用鼠标右键单击（Windows）或按住 Control 键单击（macOS）第 2 个不透明度关键帧，在弹出的菜单中依次选择【关键帧辅助】>【缓入】。

⑦ 在菜单栏中依次选择【文件】>【保存】，保存当前项目。

3.10 制作 Logo 动画

前面我们学过使用几种动画预设来改变文本出现在画面中的方式。接下来，我们将使用一种动画预设让文本消失。首先导入一个 Logo，然后为它制作动画，让其在画面中出现的同时把 BLUE CRAB CHARTERS 文本擦除。

3.10.1 导入 Logo 并制作动画

① 单击【项目】选项卡，打开【项目】面板。然后在【项目】面板中双击空白区域，打开【导入文件】对话框。

② 在 Lessons/Lesson03/Assets 文件夹下，选择 BlueCrabLogo.psd 文件，在【导入为】下拉列表（在 macOS 下，你可能需要单击【选项】，才能看到【导入为】下拉列表）中，选择【合成 - 保持图层大小】，然后单击【导入】按钮。

③ 在 BlueCrabLogo.psd 对话框的【图层选项】中，选择【可编辑的图层样式】，单击【确定】按钮。

④ 把 BlueCrabLogo 合成拖入【时间轴】面板中，并将其置于其他所有图层之上。

此时，公司 Logo 位于画面中央，我们希望它从左侧进入画面，然后向右移动逐渐擦除 BLUE CRAB CHARTERS 文本，同时 Logo 变大。为此，我们需要使用 BlueCrabLogo 图层的【位置】与【缩放】属性来制作这个动画。

⑤ 在 BlueCrabLogo 图层处于选中状态时，按 P 键，显示图层的【位置】属性，然后再按 Shift+S 组合键，显示【缩放】属性。

⑥ 把【当前时间指示器】移动到 10:00 处。

⑦ 把【位置】设置为 −810、122，【缩放】设置为 25%。然后单击各个属性左侧的秒表图标，创建初始关键帧，如图 3-35 所示。

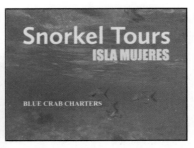

图 3-35

⑧ 把【当前时间指示器】移动到 11:00 处，把【位置】修改为 377、663，【缩放】修改为 85%。修改属性后，After Effects 会自动添加关键帧，如图 3-36 所示。

此时，公司 Logo 可以移动到指定位置，但是它走的是直线，我们希望它的路线能够弯曲一些。为此，我们需要在中间添加一些位置关键帧。

⑨ 把【当前时间指示器】移动到 10:15 处，把【位置】修改为 139、633。

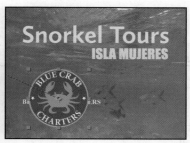

图 3-36

⑩ 把【当前时间指示器】移动到 10:30 处，把【位置】修改为 675、633。

⑪ 把【当前时间指示器】移动到 10:00 处，按空格键，预览动画。再次按空格键，停止预览，隐藏图层属性，如图 3-37 所示。

图 3-37

3.10.2　制作文本擦除动画

前面我们把公司 Logo 的动画制作好了。接下来，我们对文本应用一个动画预设，使其随着公司 Logo 的移动而逐渐被擦除。

❶ 把【当前时间指示器】移动到 10:10 处，选择 BLUE CRAB CHARTERS 图层。

❷ 在【效果和预设】面板中，搜索【按字符淡出】。

❸ 双击【按字符淡出】动画预设，将其应用到所选图层上。

❹ 在 BLUE CRAB CHARTERS 图层处于选中状态时，按 U 键，查看其动画属性。

❺ 把【当前时间指示器】移动到 10:12 处。

❻ 把 Range Selector 1 下的【起始】属性的第一个关键帧移动到 10:12 处，如图 3-38 所示。

图 3-38

❼ 把【当前时间指示器】移动到 10:29 处，把 Range Selector 1 下的【起始】属性的第二个关键帧移动到 10:29 处，如图 3-39 所示。

❽ 按空格键，预览项目，然后再次按空格键，停止预览，如图 3-40 所示。

图 3-39

图 3-40

⑨ 按 U 键，隐藏图层属性，然后保存当前项目。

3.11　使用文本动画制作工具组

文本动画制作工具组允许你为图层中一段文本内的各个字母分别制作动画。本例中，为了把观众的注意力吸引到 BLUE CRAB CHARTERS 文本上来，将使用文本动画制作工具组为中间的字母制作动画，并且不影响同图层中其他字母上的字符间距与不透明度动画。

① 在【时间轴】面板中，把【当前时间指示器】移动到 9:10 处。

② 展开 BLUE CRAB CHARTERS 图层，查看其【文本】属性组名称。

③ 选择 BLUE CRAB CHARTERS 图层，确保只选择了图层名称。

④ 在【文本】属性组名称右侧有一个【动画】选项，单击右侧三角形图标，从弹出菜单中选择【倾斜】。

此时，After Effects 会向所选图层的【文本】属性添加一个名为【动画制作工具 3】的属性组。

⑤ 选择【动画制作工具 3】，按 Enter 或 Return 键，将其重命名为 Skew Animator，再按 Enter 或 Return 键，使新名称生效，如图 3-41 所示。

接下来，我们指定要倾斜的字母。

⑥ 展开 Skew Animator 的 Range Selector 1 属性。

每个文本动画制作工具组都包含一个默认的范围选择器。范围选择器用来把动画应用到文本图层中特定的字母上。你可以向一个文本动画制作工具组添加多个范围选择器，或者把多个文本动画制作工具属性应用到同一个范围选择器上。

图 3-41

⑦ 边看【合成】面板，边向右拖曳 Skew Animator 的【范围选择器 1 起始】的值，使范围选择器的左指示器（▶|）刚好位于 CRAB 的第一个字母 C 之前，如图 3-42（左）所示。

⑧ 边看【合成】面板，边向左拖曳 Skew Animator 的【范围选择器 1 结束】的值，使范围选择

器的右指示器（▮）刚好位于 CRAB 的最后一个字母 B 之后，如图 3-42（右）所示。

图 3-42

现在，使用 Skew Animator 属性制作的所有动画都只影响你选择的字符。

关于文本动画制作工具组

　　一个文本动画制作工具组包含一个或多个范围选择器以及一个或多个动画制作工具属性。范围选择器类似于蒙版，用来指定动画制作工具属性影响文本图层上的那些字符或部分。使用范围选择器指定属性动画影响的范围时，可以指定一定比例的文本、文本中的特定字符，或特定范围内的文本。

　　组合使用动画制作工具属性和范围选择器可以轻松创建出原本需要很多关键帧才能实现的复杂文本动画。制作大部分文本动画时，我们只需要对范围选择器的值（非属性值）进行控制即可。因此，即便是复杂的文本动画，也只需使用少量的关键帧。

　　关于文本动画制作工具组的更多信息，请阅读 After Effects 的帮助文档。

为指定文本制作倾斜动画

下面通过设置倾斜关键帧为中间名制作晃动动画效果。

❶ 左右拖曳 Skew Animator 下的【倾斜】值，确保只有所选单词发生倾斜，其他文本保持不动。

❷ 把 Skew Animator 下的【倾斜】值设为 0。

❸ 把【当前时间指示器】拖曳到 9:15 处，单击【倾斜】左侧的秒表图标，添加一个倾斜关键帧，如图 3-43 所示。

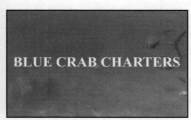

图 3-43

❹ 把【当前时间指示器】拖曳到 9:18 处，设置【倾斜】值为 50。After Effects 自动添加一个关键帧，如图 3-44 所示。

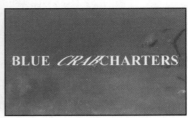

图 3-44

⑤ 把【当前时间指示器】拖曳到 9:25 处，设置【倾斜】值为 -50。After Effects 自动添加另一个关键帧。

⑥ 把【当前时间指示器】拖曳到 10:00 处，设置【倾斜】值为 0，添加最后一个关键帧。

⑦ 单击【倾斜】属性名，选择所有倾斜关键帧。然后在菜单栏中依次选择【动画】>【关键帧辅助】>【缓动】，向所有关键帧添加【缓动】效果。

⑧ 在【时间轴】面板中，隐藏 BLUE CRAB CHARTERS 图层的属性。

⑨ 按 Home 键，或把【当前时间指示器】拖曳至 0:00 位置，然后预览整个合成动画，如图 3-45 所示。

图 3-45

⑩ 按空格键，停止播放。在菜单栏中依次选择【文件】>【保存】，保存当前项目。

💡 提示　要从文本图层中快速删除所有文本动画器，先在【时间轴】面板中选择文本图层，然后从菜单栏中依次选择【动画】>【移除所有文本动画器】即可。若只想删除某一个文本动画器，则在【时间轴】面板中选择它的名称，按 Delete 键即可删除。

3.12　为图层位置制作动画

到现在为止，你已经使用几个文本动画预设制作出了令人赞叹的效果。接下来，我们为文本图层添加一个简单的运动效果，这是通过控制文本图层的【变换】属性实现的。

当前动画中，公司 Logo 已经出现在画面中，但还缺少必要的说明文字。为此，我们将添加 Providing Excursions Daily 文本，并为它制作位置动画，使其随着公司名称在屏幕上出现，从右往左移动到画面之中。

① 在 FishSwim 的【时间轴】面板中，把【当前时间指示器】拖曳到 11:30 处，如图 3-46 所示。

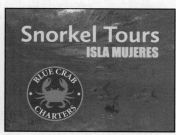

图 3-46

此时，其他所有文本都已经显示在了屏幕上，因此，你可以精确地设置 Providing Excursions Daily 文本的位置。

② 在工具栏中，选择【横排文字工具】。

③ 取消选择所有图层，然后在【合成】面板的空白处单击，确保单击的位置没有任何文本图层。

💡提示　在【时间轴】面板中单击空白区域，可以取消对所有图层的选择。此外，你还可以按 F2 键或选择【编辑】>【全部取消选择】取消选择所有图层。

④ 输入文本"Providing Excursions Daily"。

⑤ 选中 Providing Excursions Daily 图层。然后在【字符】面板中，从字体系列下拉列表中选择 Calluna Sans，并设置字体样式为 Bold，设置字体大小为 48 像素。

⑥ 在【字符】面板中，设置【填充颜色】为白色。

⑦ 单击【小型大写字母】按钮，其他保持默认设置不变，如图 3-47 所示。

⑧ 在工具栏中选择【选取工具】，然后拖曳 Providing Excursions Daily 文本，使文本位于公司 Logo 底部，且与 Snorkel Tours 文本的右边缘对齐。

⑨ 按 P 键，显示 Providing Excursions Daily 图层的【位置】属性。单击【位置】属性左侧的秒表图标，创建一个初始关键帧，如图 3-48 所示。

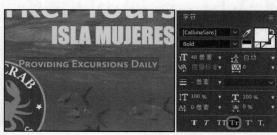

图 3-47

⑩ 把【当前时间指示器】拖曳至 11:00 处，此时，公司 Logo 已经替换掉了公司名称。

⑪ 向右拖曳 Providing Excursions Daily 文本，使其位于【合成】面板的右边缘之外。拖曳时按住 Shift 键，可以创建一条直线路径，如图 3-49 所示。

图 3-48

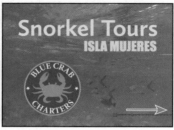

图 3-49

⑫ 预览动画，然后隐藏【位置】属性，如图 3-50 所示。

图 3-50

这个动画很简单，但是效果不错。文本 Providing Excursions Daily 从右侧进入画面，然后在公司 Logo 旁边停下来。

3.13 添加运动模糊

运动模糊是指一个物体移动时所产生的模糊效果。接下来，我们将向合成中添加运动模糊，让动态元素的运动变得更自然、真实。

❶ 在【时间轴】面板中，打开除 FishSwim 和 LOCATION 两个图层之外的其他所有图层的运动模糊开关（ ），如图 3-51 所示。

接下来，我们对 LOCATION 合成中的图层应用运动模糊。

❷ 在 LOCATION 合成的【时间轴】面板中，打开其中图层的运动模糊开关，如图 3-52 所示。

图 3-51

图 3-52

③ 切换回 FishSwim 合成的【时间轴】面板，打开 LOCATION 图层的运动模糊开关，如图 3-53 所示。

当你为任意一个图层打开运动模糊开关时，After Effects 会自动为合成启用运动模糊。

图 3-53

④ 预览整个制作完成的动画，如图 3-54 所示。

图 3-54

⑤ 在菜单栏中依次选择【文件】>【保存】，保存项目。

恭喜你！到这里，你已经制作好了一个复杂的文本动画。如果你想把它导出成影片文件，请参考第 15 课"渲染和输出"中的内容。

3.14 复习题

1. 在 After Effects 中，文本图层和其他类型的图层有何异同？
2. 如何预览文本动画预设？
3. 什么是文本动画制作工具组？

3.15 复习题答案

1. 在很多方面，文本图层和 After Effects 内的其他图层都类似。你可以对文本图层应用各种效果和表达式，为其制作动画，将其指定为 3D 图层，编辑 3D 文字并从多个角度查看它。但是，与大部分图层不同的是，你无法在文本图层自己的【图层】面板中打开它。文本图层完全由矢量图形组成，所以当你缩放图层或者调整文本的大小时，它仍会保持清晰的边缘，且与分辨率无关。另外，你还可以使用特定的文本动画器属性和范围选择器为文本图层中的文本制作动画。

2. 在菜单栏中依次选择【动画】>【浏览预设】，在 Bridge 中打开文本动画预设进行预览。Bridge 会打开和显示 After Effects Presets 文件夹中的内容，进入各个具体的文本动画预设文件夹（例如 Blurs 或 Paths），在【预览】面板中预览动画效果即可。

3. 文本动画制作工具组允许你为文本图层中单个字符的属性制作随时间变化的动画。文本动画制作工具组包含一个或多个范围选择器，范围选择器类似于蒙版，用来指定动画制作工具属性影响文本图层上的那些字符或部分。使用范围选择器指定属性动画影响的范围时，可以指定一定比例的文本、文本中的特定字符，或特定范围内的文本。

第 4 课

使用形状图层

本课概览

本课主要讲解以下内容。

- 创建自定义形状
- 设置形状的填充和描边
- 使用路径操作变换形状
- 制作形状动画
- 使形状描边变细
- 定位图层
- 使用 Create Nulls From Paths 面板

学习本课大约需要 *1* 小时

项目：动态插画

　　使用形状图层可以轻松创建富有表现力的背景和引人入胜的效果，你可以为形状制作动画，应用动画预设，以及把它们与其他形状连接起来，以产生更强烈的视觉效果。

65

4.1　准备工作

在 After Effects 中，使用任何一个形状工具绘制形状，After Effects 都会自动为我们创建形状图层。你可以调整、变换单个形状或整个图层以得到更有趣的结果。本课中，我们将使用形状图层制作一个创意十足的动画。

在动手制作之前，先预览一下最终效果，然后创建 After Effects 项目。

① 检查你硬盘上的 Lessons/Lesson04 文件夹中是否包含以下文件。若没有，先下载它们。

· Assets 文件夹：Background.mov。

· Sample_Movies 文件夹：Lesson04.mp4。

② 在 Windows Movies & TV 或 QuickTime Player 中打开并播放 Lesson04.mp4 示例影片，了解本课要创建什么效果。观看完之后，关闭 Windows Movies & TV 或 QuickTime Player。如果存储空间有限，你可以把示例影片从硬盘中删除。

学习本课之前，最好先把 After Effects 恢复成默认设置（参见前言"恢复默认配置文件"中的内容）。你可以使用以下快捷键完成这个操作。

③ 启动 After Effects 时，立即按 Ctrl+Alt+Shift（Windows）或 Command+Option+Shift（macOS）组合键，弹出一个消息框，询问【是否确实要删除您的首选项文件？】，单击【确定】按钮，即可删除你的首选项文件，恢复默认设置。

④ 在【主页】窗口中，单击【新建项目】按钮。

此时，After Effects 会打开一个未命名的空项目。

⑤ 在菜单栏中依次选择【文件】>【另存为】>【另存为】，在弹出的【另存为】对话框中，转到 Lessons/Lesson04/Finished_Project 文件夹下。

⑥ 输入项目名称"Lesson04_Finished.aep"，单击【保存】按钮，保存项目。

4.2　创建合成

接下来，导入背景影片并创建合成。

① 在【合成】面板中单击【从素材新建合成】按钮，打开【导入文件】对话框。

② 在【导入文件】对话框中，转到 Lessons/Lesson04/Assets 文件夹下，选择 Background.mov，然后单击【导入】按钮。

After Effects 把 Background.mov 文件添加到【项目】面板中，并基于它创建一个合成，同时在【时间轴】和【合成】面板中打开新建的合成。

③ 按空格键，预览背景影片，如图 4-1 所示。影片中，随着黑夜变成白天，天空和整体画面的颜色逐渐明亮起来。再次按空格键，停止预览。

图 4-1

4.3 添加形状图层

After Effects 提供了 5 种形状工具：矩形、圆角矩形、椭圆、多边形、星形。当在【合成】面板中绘制一个形状时，After Effects 会向合成中新添加一个形状图层。你可以向形状应用填充和描边，修改形状路径，以及应用动画预设。【时间轴】面板中列出了形状的所有属性，你可以为形状的每一个属性制作随时间变化的动画。

形状工具既可以用来创建形状，也可以用来创建蒙版。蒙版可以用来隐藏或显示图层的某些区域，也可以用作效果的输入。形状本身包含图层。当选择一个形状工具时，你可以指定它要绘制的是形状还是蒙版。

4.3.1 绘制形状

下面绘制一颗星星。

❶ 按 Home 键，或者直接把【当前时间指示器】拖曳到时间标尺的起始位置。

❷ 按 F2 键，或单击【时间轴】面板中的空白区域，确保没有图层处于选中状态。

若在某个图层处于选中状态时绘制形状，则绘制的形状将变成图层的蒙版，开始绘制时鼠标指针右下角会出现一个含实心圆的方框（🖉）。绘制形状时，若无图层处于选中状态，则 After Effects 会自动创建一个形状图层，开始绘制时，鼠标指针右下角会出现一个星形图标（🖉）。

❸ 在菜单栏中依次选择【编辑】>【首选项】>【常规】(Windows) 或 After Effects >【首选项】>【常规】(macOS)，在弹出的对话框中勾选【在新形状图层上居中放置锚点】，单击【确定】按钮，如图 4-2 所示。

图 4-2

After Effects 会以锚点为参考点来改变图层的位置、缩放方向或旋转角度。默认情况下，形状图层的锚点位于合成的中心。在勾选【在新形状图层上居中放置锚点】之后，锚点将出现在你在图层上绘制的第一个形状的中心。

❹ 在工具栏中选择【星形工具】（⭐），该工具隐藏在【矩形工具】（■）之下，如图 4-3 所示。

❺ 在天空中绘制一颗小星星。

在【合成】面板中绘制小星星之后，After Effects 会自动在【时间轴】面板中添加一个名为【形状图层 1】的形状图层。

图 4-3

❻ 选择【形状图层 1】，按 Enter 或 Return 键，更改图层名称为 Star 1，再按 Enter 或 Return 键，使更改生效，如图 4-4 所示。

图 4-4

4.3.2　应用填充和描边

在工具栏中调整【填充】选项，可以改变形状的填充颜色。单击【填充】弹出【填充选项】对话框，在其中可以选择填充类型、混合模式，以及更改不透明度。单击【填充颜色】框，可以打开【形状填充颜色】（填充类型为纯色）或【渐变编辑器】（填充类型为线性渐变或径向渐变）对话框。

同样，你可以通过调整工具栏中的【描边】选项来改变形状的描边宽度和颜色。单击【描边】，可以打开【描边选项】对话框；单击【描边颜色】框，可以选取一种描边颜色。

❶ 在【时间轴】面板中，选择 Star 1 图层。

❷ 单击【填充颜色】框（位于【填充】右侧），打开【形状填充颜色】对话框。

❸ 选择一种鲜黄色（R=215、G=234、B=23），单击【确定】按钮。

❹ 在工具栏中单击【描边颜色】框，打开【形状描边颜色】对话框，选择一种亮黄色（R=252、G=245、B=3），单击【确定】按钮。

❺ 在工具栏中把【描边宽度】设置为 2 像素，如图 4-5 所示。

图 4-5

❻ 在菜单栏中依次选择【文件】>【保存】，保存当前项目。

4.4　创建"自激发"形状

【摆动路径】是一种路径操作，它可以把一个平滑的形状转换成一系列锯齿状的波峰和波谷。这里我们使用它让星星闪闪发光。由于这种路径操作是"自激发"（self-animating）的，所以只需要修改形状的几个属性，就可以让形状自己动起来。

❶ 在【时间轴】面板中，展开 Star 1 图层，从【添加】弹出菜单中选择【摆动路径】，如图 4-6 所示。

❷ 按空格键，播放影片，观看效果。再次按空格键，停止播放。

图 4-6

星星边缘的锯齿形态太强烈了，接下来调整设置，使其变得更自然。

③ 展开【摆动路径1】，把【大小】修改为2，【详细信息】修改为3。

④ 把【摇摆/秒】修改为5，如图4-7所示。

⑤ 打开 Star 1 图层的运动模糊开关，然后隐藏图层属性。

当你打开某个图层的运动模糊开关时，After Effects 会自动为其所在的整个合成打开运动模糊，把运动模糊应用到其他图层。

图 4-7

⑥ 按空格键，预览星星闪烁效果，如图4-8所示。再次按空格键，停止预览。

图 4-8

白天星星应该是看不见的，所以我们需要为它的不透明度制作动画。

⑦ 按 Home 键，或者直接把【当前时间指示器】拖曳到时间标尺的起始位置。

⑧ 选择 Star 1 图层，按 T 键，显示其【不透明度】属性。

⑨ 单击左侧的秒表图标，创建一个初始关键帧，其【不透明度】为100%。

⑩ 把【当前时间指示器】拖曳至 2:15 处，修改【不透明度】为 0%，如图4-9所示。

图 4-9

⑪ 在 Star 1 图层处于选中状态时，按 T 键，隐藏【不透明度】属性。

4.5 复制形状

天空中应该有多颗星星，而且都应该闪闪发光。为了创建这些星星，我们把前面创建的那颗星星复制多次，这样每个新的星星图层都与原来的星星图层有着相同的属性。然后，我们再分别调整每颗星星的位置和旋转角度。最后，我们制作位移路径动画，加强闪烁效果。

① 按 Home 键，或者直接把【当前时间指示器】拖曳到时间标尺的起始位置。

② 在【时间轴】面板中选择 Star 1 图层。

③ 在菜单栏中依次选择【编辑】>【重复】。

After Effects 在图层堆叠顶部添加了 Star 2 图层，它与 Star 1 图层完全一样，位置也一样。

④ 按 5 次 Ctrl+D（Windows）或 Command+D（macOS）组合键，创建另外 5 个星星图层，如图 4-10 所示。

图 4-10

⑤ 在工具栏中选择【选取工具】。按 F2 键，取消对【时间轴】面板中所有图层的选择。

4.5.1　调整每个形状的位置、大小与旋转角度

前面创建的星星都是彼此重叠在一起的，接下来，我们为每颗星星调整位置、大小和旋转角度。

① 使用【选取工具】，拖曳各颗星星，使其处于天空的不同位置上，如图 4-11 所示。

图 4-11

② 选择 Star 1 图层，然后按住 Shift 键，选择 Star 7 图层，把 7 个星星图层全部选中。按 R 键，再按 Shift+S 组合键，显示每个图层的【旋转】和【缩放】属性，如图 4-12 所示。

图 4-12

③ 按 F2 键，取消对【时间轴】面板中所有图层的选择。然后调整每个图层的【缩放】和【旋转】属性，让各颗星星的大小和旋转角度各不相同，如图 4-13 所示。此外，你还可以使用【选取工具】调整各颗星星的位置。

图 4-13

④ 按空格键，预览动画。夜空中星星在闪烁，随着天空亮起来，星星逐渐褪去了光芒。再次按空格键，停止预览。

4.5.2 为同心形状制作动画

下面我们为每颗星星制作描边动画，增强星星的闪烁效果。

① 隐藏所有图层的属性，然后按 Home 键，或者使用鼠标把【当前时间指示器】移动到时间标尺的起始位置。

② 展开 Star 7 图层的属性，然后从【添加】下拉列表中选择【位移路径】。

在【合成】面板中，所选中的星星扩大，其描边被重复多次。

③ 在【时间轴】面板中，展开【位移路径 1】属性。

④ 设置【数量】为 4，【副本】为 2。

【数量】控制着形状的扩展量，正值表示向外扩展，负值表示向内扩展。提高【副本】值会增加副本数目。

⑤ 单击【数量】与【副本】属性左侧的秒表图标，创建初始关键帧，如图 4-14 所示。

图 4-14

⑥ 把【当前时间指示器】移动到 0:10 处，把【副本】设置为 3，然后把【当前时间指示器】移动到 1:00 处，分别把【数量】和【副本】设置为 1，效果如图 4-15 所示。

图 4-15

⑦ 对其他每颗星星重复步骤 2～步骤 6，属性值灵活设置，不要全都一样，确保星星在不同时间点发生扩展与收缩，如图 4-16 所示。

图 4-16

⑧ 隐藏所有图层的属性。然后选择 Star 1 图层，按住 Shift 键，选择 Star 7 图层，再次选中所有星星图层。

⑨ 在菜单栏中依次选择【图层】>【预合成】，在弹出的【预合成】对话框中，设置【新合成名称】为 Starscape，单击【确定】按钮，效果如图 4-17 所示。

After Effects 创建了一个名为 Starscape 的新合成，其中包含 7 个星星形状，在 Background 合成中，新合成代替了原来的 7 个星星图层。打开 Starscape 合成，你

图 4-17

可以继续编辑星星图层，对图层进行预合成可以把【时间轴】面板中的图层组织得更好。

⑩ 在菜单栏中依次选择【文件】>【保存】，保存当前项目。

4.6 使用钢笔工具自定义形状

在 After Effects 中，你可以使用 5 个形状工具创建出各种各样的形状。不过，使用形状图层的最大好处在于，你可以绘制任意形状，并以各种方式操纵它们。

下面我们将使用【钢笔工具】（ ✐ ）绘制一个花盆，然后为花盆颜色制作动画，使其在影片开头时是暗的，而后随着天空变亮而变亮。

① 在【时间轴】面板中，确保没有图层处于选中状态，把【当前时间指示器】拖至 1:10 处。

② 在工具栏中选择【钢笔工具】。

③ 在【合成】面板中，单击添加一个顶点，然后再添加另外 3 个顶点，绘制出一个花盆形状。最后，再次单击第一个顶点，把形状封闭起来，如图 4-18 所示。

图 4-18

当你创建出第一个顶点之后，After Effects 会自动向【时间轴】面板添加一个形状图层——形状图层 1。

④ 选择【形状图层 1】图层，按 Enter 或 Return 键，把图层名称更改为 Base of Flowerpot。再次按 Enter 或 Return 键，使更改生效。

⑤ 在 Base of Flowerpot 图层处于选中状态时，在工具栏中单击【填充颜色】框，选择一种深褐色（R=62、G=40、B=22）。

⑥ 在工具栏中单击【描边】，在弹出的【描边选项】对话框中选择【无】，再单击【确定】按钮。

⑦ 展开 Base of Flowerpot 图层，再依次展开【内容】>【形状 1】>【填充 1】属性。

⑧ 单击【颜色】属性左侧的秒表图标，创建一个初始关键帧，如图 4-19 所示。

图 4-19

⑨ 拖曳【当前时间指示器】至 4:01 处，单击【填充颜色】框，把填充颜色更改为浅褐色（R=153、G=102、B=59），然后单击【确定】按钮，如图 4-20 所示。

图 4-20

⑩ 隐藏所有图层的属性。按 F2 键，或者单击【时间轴】面板中的空白区域，取消对所有图层的选择。

4.7　使用对齐功能定位图层

接下来，我们创建花盆的盆沿，并使用 After Effects 的对齐功能将其放置在花盆的顶部。

4.7.1　创建圆角矩形

下面我们使用【圆角矩形工具】（ ▢ ）创建花盆的盆沿。

① 把【当前时间指示器】拖至 1:10 处。

② 在工具栏中，选择【圆角矩形工具】，它隐藏于【星形工具】之下。

③ 在【合成】面板中，按住鼠标左键拖曳鼠标指针绘制一个圆角矩形，使其比花盆上边缘略宽一些。然后，把这个圆角矩形放到花盆上方不远处。

④ 选择【形状图层 1】图层，按 Enter 或 Return 键，修改图层名称为 Rim of Flowerpot，再次按 Enter 或 Return 键，使更改生效。

⑤ 在 Rim of Flowerpot 图层处于选中状态时，依次展开【内容】>【矩形 1】>【填充 1】属性。

⑥ 单击【颜色】属性右侧的吸管图标，然后单击【合成】面板中的花盆，吸取其颜色。

⑦ 单击【颜色】属性左侧的秒表图标，创建一个初始关键帧，如图 4-21 所示。

图 4-21

⑧ 把【当前时间指示器】拖至 4:01 处，再次使用【吸管工具】，把填充颜色修改为花盆的浅褐色，如图 4-22 所示。

图 4-22

⑨ 隐藏所有图层的属性。按 F2 键，或者单击【时间轴】面板中的空白区域，取消对所有图层的选择。

4.7.2　对齐图层到指定位置

当前合成中花盆的两个图层之间彼此没有任何关系。在 After Effects 中，可以使用对齐功能来快速对齐图层。勾选【对齐】后，距离单击点最近的图层特征将成为对齐特征。当你拖曳图层靠近其他图层时，另一个图层的相关特征会被高亮显示，并告知你释放鼠标时，After Effects 将根据这些特征对齐图层。

> ♀ 注意 可以把两个形状图层对齐，但是不能将同一个图层中的两个形状进行对齐。另外，图层必须处于可见状态下才能执行对齐操作。2D 图层可以与 2D 图层对齐，3D 图层可以与 3D 图层对齐。

① 在工具栏中选择【选取工具】。

② 在工具栏中勾选【对齐】，如图 4-23 所示。

图 4-23

> ♀ 提示 在不勾选【对齐】的情况下，可以在执行以下操作临时启用它：单击图层，开始拖曳图层时按住 Ctrl（Windows）或 Command（macOS）键。

③ 在【合成】面板中，选择 Rim of Flowerpot 图层。

当在【合成】面板中选中一个图层时，After Effects 会显示该图层的手柄和锚点。你可以把其中任意一个点作为图层的对齐特征使用。

④ 在圆角矩形底边中点附近单击，并将其拖向 Base of Flowerpot 图层的上边缘，直到两个图层吸附在一起。注意不要直接拖曳控制点，否则会改变圆角矩形的大小，如图 4-24 所示。

图 4-24

拖曳图层时，选择的手柄周围会出现一个方框，这表明它是对齐特征。

⑤ 根据各自的需要，大家可以使用【选取工具】适当地调整圆角矩形和花盆的尺寸。

⑥ 取消对所有图层的选择，在菜单栏中依次选择【文件】>【保存】，保存当前项目。

4.8 为形状制作动画

你可以为形状图层的位置、不透明度，以及其他变换属性制作动画，这与在其他图层中为这些属性制作动画是一样的。但相比之下，形状图层为制作动画提供了更多属性，包括填充、描边、路径操作等。

下面我们会创建另外一颗星星，然后使用【收缩和膨胀】路径操作使其随着向花盆跌落而变成一朵花，并且改变颜色。

4.8.1　为路径操作制作动画

路径操作与效果类似，用来调整形状的路径，并同时保留原始路径。路径操作是实时的，因此你可以随时修改或删除它们。前面我们已经使用过【摆动路径】和【位移路径】，在接下来的动画制作中，我们还会用到【收缩和膨胀】路径操作。

【收缩和膨胀】在把路径线段向内弯曲的同时把路径顶点向外拉伸（收缩操作），或者在把路径线段向外弯曲的同时把路径顶点向内拉伸（膨胀操作）。我们可以为收缩或膨胀的程度制作随时间变化的动画。

① 按 Home 键，或者直接把【当前时间指示器】拖曳到时间标尺的起始位置。

② 在工具栏中选择【星形工具】，该工具隐藏在【圆角矩形工具】之下，在天空的右上区域中再绘制一颗星星。

此时，After Effects 会向【时间轴】面板添加一个【形状图层 1】图层。

③ 单击【填充颜色】框，把填充颜色修改为和其他星星一样的浅黄色（R=215、G=234、B=23），然后单击【确定】按钮。

④ 单击【描边颜色】框，把描边颜色修改为红色（R=159、G=38、B=24），然后单击【确定】按钮。在修改描边颜色时，After Effects 自动把描边选项从【无】更改为【纯色】。

⑤ 选择【形状图层 1】图层，按 Enter 或 Return 键，更改图层名称为 Falling Star，再次按 Enter 或 Return 键，使更改生效，如图 4-25 所示。

图 4-25

⑥ 在【时间轴】面板中，选择 Falling Star 图层，再在【内容】右侧的【添加】的弹出菜单中选择【收缩和膨胀】。

⑦ 在【时间轴】面板中，展开【收缩和膨胀】属性。

⑧ 修改【数量】为 0，单击左侧的秒表图标，创建一个初始关键帧。

⑨ 把【当前时间指示器】拖至 4:01 处，修改【数量】为 139，如图 4-26 所示。

图 4-26

此时，星星变成了一朵花。After Effects 自动创建了一个关键帧。

4.8.2　制作位置和缩放动画

星星变花朵的过程中应该边变边下落。接下来，我们就为星星的位置和缩放制作动画。

❶ 按 Home 键，或者直接把【当前时间指示器】拖曳到时间标尺的起始位置。

❷ 选择 Falling Star 图层，按 P 键，显示其【位置】属性。再按 Shift+S 组合键，同时显示其【缩放】属性。

❸ 保持两个属性的初始值不变，分别单击它们左侧的秒表图标，创建初始关键帧。

❹ 选择【选取工具】，把【当前时间指示器】拖曳到 4:20 处，然后移动花朵到屏幕中心，将其放在花盆上方（介于树木和房屋之间），这是它的最终位置。放置花朵时，可能需要取消勾选工具栏中的【对齐】复选框。在这个位置上，星星已经变成了花朵，但是尺寸未改变，如图 4-27 所示。

图 4-27

After Effects 自动创建了位置关键帧。

❺ 把【当前时间指示器】拖曳至 4:01 处。增加【缩放】值，使其与花盆宽度相当，如图 4-28 所示。【缩放】的具体值取决于星星原来的尺寸和花盆的宽度。

图 4-28

❻ 按空格键，预览动画，可以看到星星一边坠落一边变成花朵，但是坠落轨迹是直线，我们希望坠落轨迹略微带点弧度。再次按空格键，停止预览。

❼ 把【当前时间指示器】拖曳到 2:20 处，向上拖曳花朵，使坠落轨迹略微带点弧度，如图 4-29 所示。

图 4-29

⑧ 再次按空格键预览，观察星星坠落的轨迹，然后按空格键，停止预览，如图 4-30 所示。如果你想进一步修改星星坠落的轨迹，可以继续在时间标尺的其他位置上添加位置关键帧。

图 4-30

⑨ 隐藏 Falling Star 图层的所有属性。

4.8.3 为填充颜色制作动画

目前，星星在变成花朵时，仍然显示为黄色填充、红色描边。接下来，我们为星星的填充颜色制作动画，让星星变成花朵后显示为红色。

① 按 Home 键，或者直接把【当前时间指示器】拖曳到时间标尺的起始位置。

② 展开 Falling Star 图层，然后依次展开【内容】>【多边星形 1】>【填充 1】属性。

③ 单击【颜色】属性左侧的秒表图标，创建一个初始关键帧。

④ 把【当前时间指示器】拖至 4:01 处，把填充颜色修改为红色（R=192、G=49、B=33），如图 4-31 所示。

图 4-31

⑤ 隐藏所有图层的属性。按 F2 键，或者单击【时间轴】面板中的空白区域，取消对所有图层的选择。

⑥ 按空格键，预览动画。再次按空格键，停止预览。在菜单栏中依次选择【文件】>【保存】，保存当前项目。

4.9 使用父子关系制作动画

当你在两个图层之间建立父子关系后，子图层将继承父图层的属性。下面，我们将绘制花卉的根茎和叶片，让它们从花盆中生长出来时恰好接住坠落的星星。你可以简单地把这几个图层结成父子关系，使根茎与叶片的移动保持一致。

4.9.1 使用【钢笔工具】绘制曲线

首先绘制花卉的茎部。花卉茎部比花朵的描边稍微粗一点，并且无填充颜色，其尖细一端向上伸展接住由星星变成的花朵。

① 把【当前时间指示器】拖曳至 4:20 处，这是花朵的最终位置。

② 在工具栏中选择【钢笔工具】。

③ 单击【填充】，打开【填充选项】对话框，然后选择【无】，单击【确定】按钮。

④ 在工具栏中单击【描边颜色】框，把描边颜色改为绿色（R=44、G=73、B=62），单击【确定】按钮，然后把【描边宽度】改为 10 像素。

⑤ 在花盆上边缘靠下一点的位置单击，创建一个初始顶点，然后单击花朵中心，并按住鼠标左键拖曳，创建出一条略带弧度的线条，如图 4-32 所示。

图 4-32

⑥ 选择【形状图层 1】图层，按 Enter 或 Return 键，把图层名称修改为 Stem，再次按 Enter 或 Return 键，使修改生效。

⑦ 展开 Stem 图层，然后依次展开【内容】> Shape 1 > Stroke 1 >【锥度】属性，把【结束长度】设置为 83%，如图 4-33 所示。

长度值控制着描边的锥化速度。【起始长度】控制描边起点的锥化，【结束长度】控制描边终点的锥化。宽度值控制描边的锥化程度，缓和控制尖端的尖锐程度。

⑧ 在 Stem 图层处于选中状态时，按 P 键，打开其【位置】属性。单击左侧的秒表图标，在最终位置创建一个初始关键帧。

图 4-33

⑨ 把【当前时间指示器】拖曳到 3:00 处，按 Alt+[（Windows）或 Option+[（macOS）组合键，把图层【入点】设置为当前时间，如图 4-34 所示。

图 4-34

⑩ 在工具栏中选择【选取工具】，向下拖曳花茎，使其完全没入花盆中。拖曳时按住 Shift 键，保证其垂直下移，如图 4-35 所示。

💡提示　如果勾选了【对齐】，则需要先将其取消勾选，这样才能把花茎放到指定的位置。

图 4-35

花茎从 3:00 处开始从花盆中冒出。

⑪ 隐藏 Stem 图层的所有属性。

4.9.2　绘制曲线形状

下面我们绘制叶片（带填充无描边），并使用贝塞尔手柄做圆化处理。

① 把【当前时间指示器】移动到 4:20 处，这是花朵的最终位置。

② 按 F2 键或在【时间轴】面板中单击空白区域，取消对所有图层的选择。在工具栏中选择【钢笔工具】，单击【填充颜色】框，在【形状填充颜色】对话框中选择一种与描边颜色类似的绿色（R=45、G=74、B=63），单击【确定】按钮。单击【描边】，在【描边选项】对话框中选择【无】，单击【确定】按钮。

③ 在花茎根部附近单击，创建叶片的第一个顶点，单击叶片的另一端，并按住鼠标左键拖曳，创建一片弧形叶片。

④ 按 F2 键，取消对所有图层的选择，然后重复步骤 3，在花茎另一侧再绘制一片叶片，如图 4-36 所示。

图 4-36

⑤ 选择【形状图层 1】图层，按 Enter 或 Return 键，把图层名称修改为 Leaf 1，再次按 Enter 或 Return 键，使修改生效。使用同样的方法，把【形状图层 2】图层的名称修改为 Leaf 2，如图 4-37 所示。

图 4-37

4.9.3 建立父子关系

下面在叶片与花茎之间建立父子关系，使叶片随花茎一起出现。

① 在【时间轴】面板中，把 Stem、Leaf 1、Leaf 2 图层移动到 Base of Flowerpot 图层之下，这样花茎和叶片出现时会在花盆后面。

② 隐藏所有图层的属性。按 F2 键，取消对所有图层的选择。

③ 把 Leaf 1 图层的【父级关联器】(◉) 拖曳到 Stem 图层，然后再把 Leaf 2 图层的【父级关联器】拖曳到 Stem 图层，如图 4-38 所示。

图 4-38

这样 Leaf 1 与 Leaf 2 图层就成为 Stem 图层的父图层，它们将随 Stem 图层一起移动。

只有花茎开始出现（3:00）时才会用到 Leaf 1 与 Leaf 2 这两个图层，因此，我们需要为它们设置入点。

④ 把【当前时间指示器】拖曳到 3:00 处。同时选中 Leaf 1 与 Leaf 2 两个图层，然后按 Alt+[（Windows）或 Option+[（macOS）组合键，把两个图层的【入点】设置为当前时间。

> ♀注意 有时绘制的叶片会超出花盆之外，后面我们会尝试解决这个问题。

关于父图层与子图层

当你在两个图层之间建立好父子关系之后，After Effects 就会把其中一个图层（父图层）的变换应用到另外一个图层（子图层）上，即把父图层上某个属性的变化同步给子图层相应的属性（【不透明度】除外）。例如，若父图层向右移动 5 个像素，则子图层也会随之向右移动 5 个像素。一个图层只能有一个父图层，但在同一个合成中，它可以有任意数量的子图层（2D 图层或 3D 图层）。在创建复杂的动画（例如制作牵线木偶动画或太阳系行星运动动画）时，在图层之间建立父子关系非常有用。

更多相关内容，请阅读 After Effects 帮助文档。

4.10　使用空白对象连接点

前面我们讲过，在两个图层之间建立父子关系就是把一个图层与另外一个图层关联起来。有时，我们希望把一个单点与另一个图层关联起来，例如，把花茎顶部与花朵关联起来，这时可以使用 Create Nulls From Paths 面板实现。空白对象是一个不可见图层，它拥有与其他图层一样的属性，因此可以用作另外一个图层的父图层。Create Nulls From Paths 面板基于特定的点创建空白对象，你可以把空白对象用作其他图层的父图层，并且无须编写复杂的表达式。

> 💡 **注意**　Create Nulls From Paths 面板只能与蒙版或贝塞尔曲线（使用【钢笔工具】绘制的形状）一起使用。若想把使用形状工具绘制的形状转换为贝塞尔路径，可以先展开形状图层的【内容】属性，在其中使用鼠标右键单击路径（例如矩形），然后在弹出的菜单中选择【转换为贝塞尔曲线路径】。

Create Nulls From Paths 面板中有 3 个选项：空白后接点、点后接空白、追踪路径。其中，【空白后接点】用来创建控制路径点位置的空白对象；【点后接空白】用来创建受路径点位置控制的空白对象；【追踪路径】用来创建一个位置与路径坐标相关联的空白对象。

接下来，我们先为花茎顶部的点创建一个空白对象，而后使其与花朵建立父子关系，这样当花朵移动时空白对象和花朵之间仍然保持着连接。

① 把【当前时间指示器】移动到 4:20 处，这样你能同时看到花茎和叶片。

② 在菜单栏中依次选择【窗口】> Create Nulls From Paths.jsx。

③ 在【时间轴】面板中，展开 Stem 图层，然后依次展开【内容】>【形状 1】>【路径 1】属性。

④ 选择【路径】。

请注意，你只有在【时间轴】面板中选择路径，才能使用 Create Nulls From Paths 面板中的选项创建空白对象。

⑤ 在 Create Nulls From Paths 面板中，选择【空白后接点】，如图 4-39 所示。

图 4-39

After Effects 创建了两个空白对象，它们分别对应于花茎路径上的两个点。在【合成】面板中，空白对象显示为金黄色，同时在【时间轴】面板中出现 Stem: 路径 1 [1.1.0] 与 Stem: 路径 1 [1.1.1] 两个图层。但我们只需要与花茎顶部的点相对应的空白对象。

> 💡 **注意**　创建出空白对象后，你可以关闭 Create Nulls From Paths 面板，也可以保持其打开状态。

⑥ 选中与花茎底部的点相对应的空白对象，将其删除。

⑦ 在【时间轴】面板中，把 Stem: 路径 1 [1.1.1] 图层的【父级关联器】拖曳到 Falling Star 图层，如图 4-40 所示。

图 4-40

⑧ 沿着时间标尺拖曳【当前时间指示器】，观察花茎是如何连接到花朵上的，如图 4-41 所示。

图 4-41

接下来，为花朵制作动画，此时花茎会随着它动起来。

⑨ 把【当前时间指示器】拖曳到 4:28 处，使用【选取工具】，把花朵略微向右移动一点，使其看起来像是被风吹动似的。

⑩ 选择 Falling Star 图层，按 R 键，显示其【旋转】属性。然后把【当前时间指示器】拖曳到 4:20 处，单击秒表图标，在初始位置创建一个初始关键帧。把【当前时间指示器】拖曳至 4:28 处，把【旋转】修改为 30°，如图 4-42 所示。

图 4-42

⑪ 在菜单栏中依次选择【文件】>【保存】，保存当前项目。

4.11 预览动画

到此为止，我们已经使用形状工具、【钢笔工具】创建好了几个形状图层，并为它们制作了动画，还使用空白对象创建了父子关系。接下来，我们预览整个动画效果。

❶ 隐藏所有图层的属性，然后按 F2 键，取消对所有图层的选择。

❷ 按 Home 键，或者直接把【当前时间指示器】拖曳到时间标尺的起始位置。

❸ 按空格键，预览动画，再次按空格键，停止预览，如图 4-43 所示。

图 4-43

④ 根据需要调整动画。例如，当叶片随着花茎冒出时，如果感觉是从花盆上硬生生长出来的，可以使用【选取工具】调整叶片的位置、旋转角度，或者为叶片的不透明度制作动画，使得叶片只有从花盆中伸出时才可见。

> 💡 提示　使用【向后平移（锚点）工具】（▦），把叶片的锚点移动到顶部后，即可实现绕着叶片顶部旋转。

⑤ 在菜单栏中依次选择【文件】>【保存】，保存项目。

根据音频制作图层动画

制作动画时，我们可以根据音频节奏来调整动画时间。首先，需要根据音频的振幅（振幅决定音量大小）创建关键帧，然后把动画与这些关键帧进行同步。

· 要根据音频振幅创建关键帧，需要在【时间轴】面板中使用鼠标右键单击（Windows）或者按住 Control 键单击（macOS）音频图层，在弹出的菜单中，依次选择【关键帧辅助】>【将音频转换为关键帧】，After Effects 会创建一个【音频振幅】图层。该图层是一个空白对象图层，它没有大小与形状，也不会出现在最终渲染中。After Effects 创建关键帧，指定音频文件在图层每个关键帧中的振幅。

· 要将动画属性与音频振幅同步，需要先选择【音频振幅】图层，再按 E 键，显示图层的效果属性。然后展开想用的音频通道，按住 Alt（Windows）或 Option（macOS）键，单击想要同步的动画属性，添加一个表达式，在时间标尺中表达式处于选中状态时，单击【表达式：属性名】右侧的【表达式关联器】（◎），将其拖曳到【音频振幅】图层的【滑块】属性名上。当释放鼠标时，【表达式关联器】自动进行关联，此时形状图层时间标尺中的表达式表明，该图层的属性值将取决于【音频振幅】图层的【滑块】值。

4.12　复习题

1. 什么是形状图层，如何创建形状图层？

2. 如何创建一个图层的多个副本，并且使这些副本包含该图层的所有属性？

3. 如何把一个图层对齐到另外一个图层？

4. 【收缩和膨胀】路径操作的功能是什么？

4.13　复习题答案

1. 形状图层是一个包含矢量图形（称为形状）的图层。要创建形状图层，只需选用任意一个形状工具或【钢笔工具】，然后在【合成】面板中直接绘制形状即可。

2. 复制图层之前，先要选中它，然后在菜单栏中依次选择【编辑】>【重复】，也可以按Ctrl+D（Windows）或者Command+D（macOS）组合键进行复制。复制的新图层中包含原图层的所有属性、关键帧及其他属性。

3. 在【合成】面板中，如果你想把一个图层和另一个图层对齐，需要先在工具栏中勾选【对齐】，然后单击用作对齐特征的手柄或点，再把图层拖曳到目标点附近。释放鼠标后，After Effects 会高亮显示将要对齐的点。

4. 【收缩和膨胀】在把路径线段向内弯曲的同时把路径顶点向外拉伸（收缩操作），或者在把路径线段向外弯曲的同时把路径顶点向内拉伸（膨胀操作）。我们可以为收缩或膨胀的程度制作随时间变化的动画。

制作多媒体演示动画

本课概览

本课主要讲解以下内容。

- 创建多图层复杂动画
- 调整图层的持续时间
- 创建位置、缩放、旋转关键帧动画
- 使用父子关系同步图层动画
- 使用贝塞尔曲线对运动路径做平滑处理
- 为预合成图层制作动画
- 应用效果到纯色图层
- 音频淡出

学习本课大约需要 *1* 小时

项目：多媒体演示动画

　　After Effects 项目通常会用到各种导入的素材，使用时要把这些素材放入合成中，并在【时间轴】面板中进行编辑和制作动画。本课将制作一个多媒体演示动画，这个过程中会带领大家进一步熟悉动画相关的基础知识。

5.1 准备工作

本项目中，我们将制作一个在天空中飘动的热气球。动画刚开始时，一切都很平静，过了一会儿，一阵风吹来，把气球的彩色外衣吹走，变成了一个个彩色的云朵。

① 检查你硬盘上的 Lessons/Lesson05 文件夹中是否包含以下文件。若没有，先下载它们。

- Assets 文件夹：Balloon.ai、Fire.mov、Sky.ai、Soundtrack.wav。
- Sample_Movies 文件夹：Lesson05.mp4。

② 在 Windows Movies & TV 或 QuickTime Player 中打开并播放 Lesson05.mp4 示例影片，了解本课要创建什么效果。观看完之后，关闭 Windows Movies & TV 或 QuickTime Player。如果存储空间有限，你可以把示例影片从硬盘中删除。

学习本课之前，最好先把 After Effects 恢复成默认设置（参见前言"恢复默认配置文件"中的内容）。你可以使用以下快捷键完成这个操作。

③ 启动 After Effects 时，立即按 Ctrl+Alt+Shift（Windows）或 Command+Option+Shift（macOS）组合键，弹出一个消息框，询问【是否确实要删除您的首选项文件？】，单击【确定】按钮，即可删除你的首选项文件，恢复默认设置。

④ 在【主页】窗口中，单击【新建项目】按钮。

⑤ 在菜单栏中依次选择【文件】>【另存为】>【另存为】，打开【另存为】对话框。

⑥ 在【另存为】对话框中，转到 Lessons/Lesson05/Finished_Project 文件夹下，输入项目名称"Lesson05_Finished.aep"，单击【保存】按钮，保存项目。

5.1.1 导入素材

首先导入制作本项目所需的素材，包括 Balloon.ai 文件。

① 在【项目】面板中，双击空白区域，打开【导入文件】对话框。

② 在【导入文件】对话框中，转到 Lessons/Lesson05/Assets 文件夹下，选择 Sky.ai 文件。

③ 在【导入为】下拉列表中选择【素材】，然后单击【导入】按钮。

④ 在弹出的 Sky.ai 对话框的【图层选项】中，确保【合并的图层】处于选中状态，单击【确定】按钮，如图 5-1 所示。

图 5-1

⑤ 在【项目】面板中，双击空白区域，在弹出的【导入文件】对话框中，转到 Lessons/Lesson05/Assets 文件夹下，选择 Balloon.ai 文件。

⑥ 在【导入为】下拉列表中选择【合成 - 保持图层大小】，然后单击【导入】按钮。

⑦ 按 Ctrl+I（Windows）或 Command+I（macOS）组合键，再次打开【导入文件】对话框。

在 After Effects 中使用 Creative Cloud Libraries（创意云库）

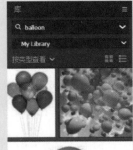

通过 Creative Cloud Libraries，你可以轻松访问在 After Effects 与其他 Adobe 应用程序中创建的图像、视频、颜色，以及其他素材，还可以使用在 Capture CC 与其他移动 App 中创建的外观、形状和其他素材。借助 Creative Cloud Libraries，你还可以轻松访问 Premiere Pro 中的 After Effects 动态图形模板。

在【库】面板中，你甚至还可以使用 Stock 中的图片与视频。在【库】面板中，搜索和浏览素材，下载带有水印的素材，看看它们是否适合用在你的项目中，然后付费购买你想使用的素材，而这一切都不需要离开 After Effects，如图 5-2 所示。

你将使用同一个搜索栏来搜索 Stock，这让你可以很容易地在 Creative Cloud Libraries 中查找特定素材。

有关使用 Creative Cloud Libraries 的更多方法，请阅读 After Effects 帮助文档。

图 5-2

⑧ 在【导入文件】对话框中，转到 Lessons/Lesson05/Assets 文件夹下，选择 Fire.mov 文件。

⑨ 在【导入为】下拉列表中选择【素材】，然后单击【导入】按钮，效果如图 5-3 所示。

图 5-3

5.1.2　创建合成

接下来创建合成并添加天空。

❶ 在【合成】面板中单击【新建合成】按钮。

❷ 在【合成设置】对话框中做以下设置，如图 5-4 所示。

· 设置【合成名称】为 Balloon Scene。

· 在【预设】下拉列表中选择【HDTV 1080 25】。

· 在【像素长宽比】下拉列表中选择【方形像素】。

· 确保【宽度】为 1920px、【高度】为 1080px。

· 在【分辨率】下拉列表中选择【四分之一】。

· 设置【持续时间】为 20 秒（20:00）。

单击【确定】按钮，关闭【合成设置】对话框。

图 5-4

> 💡 注意　如果你在【合成设置】对话框中更改了【像素长宽比】或【宽度】设置，预设名称会变成【自定义】。

❸ 把 Sky.ai 文件从【项目】面板拖入【时间轴】面板中。

热气球会从 Sky.ai 图层中飘过，图像最右边有由热气球彩色外衣形成的云，这些云只在最后的场景中出现，在影片早些时候是不可见的。

❹ 在【合成】面板中拖曳 Sky.ai 图层，使其左下角与合成的左下角重合对齐，如图 5-5 所示。

图 5-5

5.2　调整锚点

缩放、旋转等变换都是以锚点为参考点进行的。默认情况下，图层的锚点位于正中心。

下面我们将调整人物胳膊、头部的锚点，这样在人物拉绳点火与上下看时，你才能更好地控制他的运动。

❶ 在【项目】面板中双击 Balloon 合成，将其在【合成】面板与【时间轴】面板中打开，如图 5-6 所示。Balloon 合成中包含的图层有画布颜色、热气球，以及人物的眼睛、头部、前臂和上臂。

❷ 使用【合成】面板底部的【放大率弹出式菜单】，放大图像，这样你能更清晰地看到热气球的细节。

图 5-6

③ 在工具栏中选择【手形工具】，然后在【合成】面板中按住鼠标左键并拖曳，使人物位于画面中心，如图 5-7 所示。

图 5-7

④ 在工具栏中选择【选取工具】。

⑤ 在【时间轴】面板中选择 Upper arm 图层。

⑥ 在工具栏中选择【向后平移（锚点）工具】（或者按 Y 键激活它），如图 5-8 所示。

![工具栏]

图 5-8

使用【向后平移（锚点）工具】，你可以在【合成】面板中自由地移动锚点，同时又不移动整个图层。

⑦ 把锚点移动到人物的肩部。

⑧ 在【时间轴】面板中选择 Forearm 图层，然后把锚点移动到人物的肘部。

⑨ 在【时间轴】面板中选择 Head 图层，然后把锚点移动到人物的颈部，如图 5-9 所示。

⑩ 在工具栏中选择【选取工具】。

⑪ 在菜单栏中依次选择【文件】>【保存】，保存当前项目。

图 5-9

5.3 建立父子关系

这个合成中包含几个需要一起移动的图层。例如，随着热气球的飘动，人物的胳膊、头部应该一起运动。前面课程中讲过，在两个图层之间建立父子关系，可以把父图层上的变化同步到子图层上。接下来，我们将在合成的各个图层之间建立父子关系，还要添加火焰视频。

❶ 在【时间轴】面板中，取消对所有图层的选择，然后按住 Ctrl（Windows）或 Command（macOS）键，同时选中 Head 和 Upper arm 两个图层。

❷ 在任一图层右侧的【父级关联器】下拉列表中，选择【7. Balloon】，如图 5-10 所示。

图 5-10

这样，Head 和 Upper arm 两个图层就成了 Balloon 图层的子图层。当 Balloon 图层移动时，Head 和 Upper arm 两个子图层也随之一起移动。

人物的眼睛不仅需要跟着热气球一起移动，还要随着人物的头部一起移动，因此我们需要在 Eyes 和 Head 两个图层之间建立父子关系，让 Eyes 图层随着 Head 图层一起移动。

❸ 在 Eyes 图层右侧的【父级关联器】下拉列表中，选择【6. Head】。

此外，人物的前臂也应该随着上臂一起移动。

❹ 在 Forearm 图层右侧的【父级关联器】下拉列表中，选择【9. Upper arm】，如图 5-11 所示。

接下来，我们需要让火焰随着热气球一起移动。

❺ 把 Fire.mov 文件从【项目】面板拖曳到【时间轴】面板中，使其位于彩色外衣图层之下，这样火焰才会出现在热气球之中，而非热气球外面（Fire.mov 图层应该位于 Yellow Canvas 图层和 Eyes 图层之间）。

火焰视频位于合成中心，所以需要将其略微缩小一点才能看到它。

❻ 在【合成】面板底部的【放大率弹出式菜单】中选择 25%，以便能看到所选视频的轮廓。

图 5-11

⑦ 在【合成】面板中，把火焰拖曳到燃烧器上方。为了正确设置火焰的位置，可以先把【当前时间指示器】拖曳到 1:00 左右处。

⑧ Fire.mov 图层的位置设置好之后，在图层右侧的【父级关联器】下拉列表中，选择【8.Balloon】，如图 5-12 所示。

图 5-12

⑨ 在菜单栏中依次选择【文件】>【保存】，保存当前项目。

5.4 图层预合成

前面提到过，有时把一系列图层预合成会更方便处理它们。在预合成之后，这一系列图层会被移入一个新合成中，而新合成则嵌套于原有合成之中。接下来，我们将对彩色外衣图层进行预合成，这样在制作脱离热气球的动画时，你就可以独立处理它们了。

① 在 Balloon 合成的【时间轴】面板中，按住 Shift 键，单击 Green Canvas 和 Yellow Canvas 图层，把 4 个彩色外衣图层全部选中。

② 在菜单栏中依次选择【图层】>【预合成】，打开【预合成】对话框。

③ 在【预合成】对话框中，设置【新合成名称】为 Canvas，选择【将所有属性移动到新合成】，单击【确定】按钮，如图 5-13 所示。

这样，在【时间轴】面板中，原来选中的 4 个彩色外衣图层就被一个单独的 Canvas 合成图层所代替。

④ 在【时间轴】面板中双击 Canvas 图层，进入编辑状态。

⑤ 在菜单栏中依次选择【合成】>【合成设置】，打开【合成设置】对话框。

图 5-13

⑥ 在【合成设置】对话框中，取消勾选【锁定长宽比】，把【宽度】修改为 5000px，单击【确定】按钮，如图 5-14 所示。

图 5-14

⑦ 在【时间轴】面板中，按住 Shift 键，同时选中 4 个彩色外衣图层，然后把它们拖曳到【合成】面板最左侧。你可能需要修改合成窗口的放大率，如图 5-15 所示。

图 5-15

增加合成宽度，然后把 4 个彩色外衣图层移动到最左侧，这样你就有足够的空间为它们制作动画了。

⑧ 切换到 Balloon 合成的【时间轴】面板中。

当你把 4 个彩色外衣图层移动到 Canvas 合成的最左边之后，在 Balloon 合成中，你就会看到一个没有"穿"彩色外衣的热气球。不过，在动画刚开始时，热气球应该是"穿"着彩色外衣的。下面重新调整 Canvas 图层的位置。

⑨ 在【合成】面板中，在【放大率弹出式菜单】中选择【适合】，这样你就可以看见整个热气球了。

⑩ 在【时间轴】面板中，选择 Canvas 图层，然后在【合成】面板中向右拖曳，使其盖住"裸露"的热气球，如图 5-16 所示。

⑪ 在 Canvas 图层的【父级关联器】下拉列

图 5-16

表中选择【5. Balloon】，这样 Canvas 图层将跟随热气球一起移动，如图 5-17 所示。

图 5-17

5.5 在运动路径中添加关键帧

到这里，所有的片段都已经制作好了。接下来，我们将使用位置和旋转关键帧为热气球和人物制作动画。

5.5.1 复制图层到合成

前面我们已经在 Balloon 合成中处理好了热气球、人物、火焰图层。接下来，我们要把这些图层复制到 Balloon Scene 合成中。

❶ 在 Balloon 合成的【时间轴】面板中，选择 Canvas 图层，然后按住 Shift 键选择 Upper arm 图层，同时选中所有图层。

> ♀ 注意　选择图层时，要先选择 Canvas 图层，然后按住 Shift 键，选择 Upper arm 图层，并且复制这些图层时要保持它们的原有顺序。

❷ 按 Ctrl+C（Windows）或 Command+C（macOS）组合键，复制所有图层。

❸ 切换到 Balloon Scene 合成的【时间轴】面板中。

❹ 按 Ctrl+V（Windows）或 Command+V（macOS）组合键，粘贴图层。

❺ 在【时间轴】面板中，单击空白区域，取消对所有图层的选择，如图 5-18 所示。

图 5-18

粘贴后的图层顺序和复制时的顺序一样，并且这些图层拥有它们在 Balloon 合成中的所有属性，包括父子关系。

5.5.2　设置初始关键帧

热气球会从底部进入画面之中，然后从天空中飘过，最后从右上角飘出画面。首先，我们在热气球的起点和终点添加关键帧。

① 选择 Balloon/Balloon.ai 图层，按 S 键，显示其【缩放】属性。

② 按 Shift+P 组合键，显示【位置】属性，然后按 Shift+R 组合键，显示【旋转】属性。

③ 把【缩放】属性修改为 60%。

热气球与其所有子图层的【缩放】值都变为 60%。

④ 在【合成】面板底部的【放大率弹出式菜单】中选择 12.5%，这样可以看到所有粘贴对象。

⑤ 在【合成】面板中，把热气球及其子图层拖出画面，使其位于画面下方（【位置】值为 844.5、2250.2）。

⑥ 拖曳【旋转】值（设置【旋转】值为 19°），旋转热气球，使其向右倾斜。

⑦ 单击【位置】【缩放】【旋转】属性左侧的秒表图标，创建初始关键帧，如图 5-19 所示。

图 5-19

⑧ 把【当前时间指示器】拖曳到 14:20 处。

⑨ 把热气球缩小到大约原来的三分之一（【缩放】值为 39.4%）。

⑩ 把热气球拖出到画面右上角之外，使其略微向左倾斜。这里设置【位置】值为 2976.5、−185.8，【旋转】值为 −8.1°，如图 5-20 所示。

图 5-20

⑪ 沿着时间标尺拖曳【当前时间指示器】，观看当前制作好的动画。

5.5.3　自定义运动路径

热气球在场景中运动时路径相对单调，并且在画面中停留的时间也不长。为此，我们可以对热气球起点和终点之间的路径进行调整。调整路径时，可以使用下面示例中的值，也可以自己指定值，但要保证热气球在画面中出现 11 秒左右,然后再慢慢飘出画面之外。

① 把【当前时间指示器】拖曳到 3:00 处。

② 沿竖直方向,向上拖曳热气球,使人物和篮子完全显示出来,然后略微向左旋转热气球(【位置】值为 952.5、402.2;【旋转】值为 −11.1°),如图 5-21 所示。

图 5-21

③ 把【当前时间指示器】拖曳到 6:16 处。

④ 把热气球向右旋转(【旋转】值为 9.9°)。

⑤ 把热气球向左移动(【位置】值为 531.7、404)。

⑥ 把【当前时间指示器】拖曳到 7:20 处。

⑦ 把【缩放】值更改为 39.4%。

⑧ 添加更多旋转关键帧,创建旋转运动。在这里我们添加以下关键帧。

- 在 8:23 处,把【旋转】值设置为 −6.1°。

- 在 9:16 处,把【旋转】值设置为 22.1°。

- 在 10:16 处,把【旋转】值设置为 −18.3°。

- 在 11:24 处,把【旋转】值设置为 11.9°。

- 在 14:19 处,把【旋转】值设置为 −8.1°。

⑨ 添加更多位置关键帧,让热气球按指定的路线移动。在这里我们添加以下关键帧。

- 在 9:04 处,把【位置】值设置为 726.5、356.2。

- 在 10:12 处,把【位置】值设置为 1396.7、537.1。

⑩ 按空格键,预览热气球当前的路径,如图 5-22 所示,然后再次按空格键,停止预览。保存当前项目。

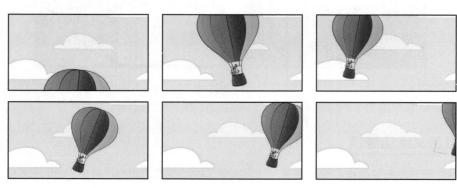

图 5-22

5.5.4 使用贝塞尔控制手柄对运动路径做平滑处理

到这里，动画已经有了基本的运动路径，接下来要对运动路径进行平滑处理。每个关键帧都包含贝塞尔控制手柄，你可以使用它们更改曲线的角度。有关贝塞尔曲线的更多内容，将在第 7 课中讲解。

① 在【合成】面板底部的【放大率弹出式菜单】中选择 50%。

② 在【时间轴】面板中，确保 Balloon/Balloon.ai 图层处于选中状态。然后移动【当前时间指示器】，直到你可以在【合成】面板中完全看见运动路径（在第 4 ~ 6 秒会比较好）。

③ 在【合成】面板中单击某个关键帧点，显示出其贝塞尔控制手柄。

④ 拖曳贝塞尔控制手柄，调整路径形状。

⑤ 不断拖曳各个关键帧点上的贝塞尔控制手柄，调整路径形状，直到得到所希望的路径。这里我们想要的最终路径如图 5-23 所示。

图 5-23

⑥ 沿着时间标尺移动【当前时间指示器】，预览热气球的运动路径。如果不满意，你可以根据需要再次调整路径。当然，你还可以在为 Canvas 和 Sky.ai 图层制作好动画之后，再返回来调整它。

⑦ 隐藏 Balloon 图层的所有属性，保存当前项目。

5.6 为其他元素制作动画

热气球在天空中飘摇晃动，其子图层也随之一起运动。但是，当前乘坐热气球的人仍然是静止不动的。接下来，我们要为人物的胳膊制作动画，让其拉动绳索点燃燃烧器。

① 把【当前时间指示器】拖曳到 3:08 处。

② 在【合成】面板底部的【放大率弹出式菜单】中选择 100%，这样你能清晰地看到人物。若有必要，你可以使用【手形工具】，在【合成】面板中调整图像的位置。

③ 按住 Shift 键，单击 Forearm/Balloon.ai 和 Upper arm/Balloon.ai 图层，同时选中它们。

④ 按 R 键，显示两个图层的【旋转】属性。

⑤ 单击其中一个【旋转】属性左侧的秒表图标，为每个图层创建一个初始关键帧，如图 5-24 所示。

⑥ 把【当前时间指示器】拖曳到 3:17 处，此时人物将开始拉绳点火。

⑦ 取消对图层的选择。

⑧ 把 Forearm 图层的【旋转】属性值修改为 −35，Upper arm 图层的【旋转】属性值修改为 46。

图 5-24

此时，人物会向下拉绳子。你可能需要取消对图层的选择，才能在【合成】面板中清晰地看到人物的动作。

⑨ 把【当前时间指示器】拖曳到 4:23 处。

⑩ 把 Forearm 图层的【旋转】属性值修改为 −32.8，如图 5-25 所示。

图 5-25

⑪ 在 Upper arm 图层的【旋转】属性的左侧单击【在当前时间添加或移除关键帧】按钮（◆）。

⑫ 把【当前时间指示器】拖曳到 5:06 处。

⑬ 把两个图层的【旋转】属性值修改为 0，如图 5-26 所示。

图 5-26

⑭ 取消选择两个图层，然后把【当前时间指示器】从 3:00 处拖曳到 5:07 处，预览人物拉绳子的动画。你可能需要先把画面缩小一些，才能看到动画。

5.6.1 复制关键帧制作动画

至此，初始动作已经制作好了，你可以在时间轴的不同时间点上轻松地重复这些动作。下面复制拉绳子时胳膊的动作，并为人物的头部与眼睛制作动作。

① 单击 Forearm 图层的【旋转】属性，选中其所有关键帧。

② 按 Ctrl+C（Windows）或 Command+C（macOS）组合键，复制这些关键帧。

③ 把【当前时间指示器】移动到 7:10 处，此时人物开始再次拉动绳子。

④ 按 Ctrl+V（Windows）或 Command+V（macOS）组合键，粘贴关键帧。

⑤ 重复步骤 1 ~ 4，复制 Upper arm 图层的旋转关键帧并粘贴，如图 5-27 所示。

图 5-27

⑥ 隐藏所有图层的属性。

⑦ 选择 Head 图层，按 R 键，显示其【旋转】属性。

⑧ 把【当前时间指示器】移动到 3:08 处，单击秒表图标，创建一个初始关键帧。

⑨ 把【当前时间指示器】移动到 3:17 处，修改【旋转】属性值为 −10.3。

⑩ 把【当前时间指示器】移动到 4:23 处，单击【在当前时间添加或移除关键帧】按钮，在当前时间添加一个关键帧。

⑪ 把【当前时间指示器】移动到 5:06 处，修改【旋转】属性值为 0。

⑫ 单击【旋转】属性，选中其所有关键帧，按 Ctrl+C（Windows）或 Command+C（macOS）组合键，复制这些关键帧。

⑬ 把【当前时间指示器】移动到 7:10 处，按 Ctrl+V（Windows）或 Command+V（macOS）组合键，粘贴关键帧。

⑭ 按 R 键，隐藏 Head 图层的【旋转】属性。

现在，人物每当拉绳子时都会朝上歪头。你还可以为人物的眼睛制作动画，这样每当人物歪头时，他的眼睛也会发生相应的变化。

⑮ 选择 Eyes 图层，按 P 键，显示其【位置】属性。

⑯ 把【当前时间指示器】移动到 3:08 处，单击秒表图标，在当前位置（62、55）创建一个初始关键帧。

⑰ 把【当前时间指示器】移动到 3:17 处，修改【位置】属性值为 62.4、53，如图 5-28 所示。

⑱ 把【当前时间指示器】移动到 4:23 处，在当前位置创建一个关键帧。

⑲ 把【当前时间指示器】移动到 5:06 处，修改【位置】属性值为 62、55。

⑳ 单击【位置】属性，选中其所有关键帧，复制它们。

㉑ 把【当前时间指示器】移动到 7:10 处，粘贴关键帧。

图 5-28

㉒ 隐藏所有图层的属性，然后取消选择所有图层。

㉓ 在【合成】面板底部的【放大率弹出式菜单】中选择【适合】，这样你能看到整个场景。然后预览动画，如图 5-29 所示。

图 5-29

㉔ 保存当前项目。

5.6.2 放置与复制视频

当人物拉绳子时，火焰应该从燃烧器中冒出。下面我们使用一个 4 秒长的 Fire.mov 视频来表示人物每次拉绳子时从燃烧器中喷出的火焰。

❶ 把【当前时间指示器】移动到 3:10 处。

❷ 在【时间轴】面板中拖曳 Fire.mov 视频，使其从 3:10 开始播放。

❸ 选择 Fire.mov 图层，在菜单栏中依次选择【编辑】>【重复】。

❹ 把【当前时间指示器】移动到 7:10 处。

❺ 按 [键，把 Fire.mov 副本的入点移动到 7:10 处，如图 5-30 所示。

图 5-30

5.7 应用效果

前面我们已经处理好了热气球和人物，接下来，我们要创建一阵风，用来把热气球上的彩色外衣吹走。在 After Effects 中，可以使用【分形杂色】和【定向模糊】效果来实现。

5.7.1 添加纯色图层

我们需要在一个纯色图层上应用效果。为此，我们必须先创建一个包含纯色图层的合成。

❶ 按 Ctrl+N（Windows）或 Command+N（macOS）组合键，打开【合成设置】对话框。

❷ 在【合成设置】对话框中，做如下设置，如图 5-31 所示。

· 设置【合成名称】为 Wind。

· 修改【宽度】为 1920px。

· 修改【高度】为 1080px。

· 修改【持续时间】为 20 秒。

· 修改【帧速率】为 25 帧 / 秒，以匹配 Balloon Scene 合成。

· 单击【确定】按钮。

❸ 在【时间轴】面板中，单击鼠标右键（Windows）或按住 Control 键单击（macOS），在弹出菜单中依次选择【新建】>【纯色】，打开【纯色设置】对话框。

❹ 在【纯色设置】对话框中，做如下设置，如图 5-32 所示。

· 设置【名称】为 Wind。

· 选择【颜色】为黑色。

· 单击【制作合成大小】按钮。

· 单击【确定】按钮。

图 5-31

图 5-32

关于纯色图层

你可以使用纯色图层为背景上色或创建简单的图形图像。在 After Effects 中，你可以创建任意颜色或尺寸（最大尺寸为 30000 像素 ×30000 像素）的纯色图层，并可以像使用其他素材一样使用纯色图层，如调整蒙版、更改属性、应用效果等。如果你修改了一个纯色图层的设置，则这些修改会应用到所有使用了该纯色图层的图层上，或者只应用到纯色图层出现的地方。

5.7.2　向纯色图层应用效果

接下来，我们要对纯色图层应用效果。使用【分形杂色】效果可以创建一阵风；使用【定向模糊】效果可以为风添加模糊效果。

❶ 在【效果和预设】面板中，搜索【分形杂色】效果，它位于【杂色和颗粒】分类之下。双击应用【分形杂色】效果。

❷ 在【效果控件】面板中，做如下设置。

· 在【分形类型】中选择【脏污】。

· 在【杂色类型】中选择【柔和线性】。

· 设置【对比度】为 700。

· 设置【亮度】为 59。

· 展开【变换】属性，设置【缩放】为 800。

❸ 单击【偏移（湍流）】属性左侧的秒表图标，在时间标尺的开始位置创建一个初始关键帧。

❹ 把【当前时间指示器】移动到 2:00 处，把【偏移（湍流）】的 x 值修改为 20000，如图 5-33 所示。

图 5-33

❺ 在【效果控件】面板中隐藏【分形杂色】属性。

❻ 在【效果和预设】面板中搜索【定向模糊】效果，然后双击应用它。

❼ 在【效果控件】面板中，设置【方向】为 90°，【模糊长度】为 236，如图 5-34 所示。

图 5-34

至此，我们就制作好了动感模糊效果。接下来，我们要把 Wind 合成添加到 Balloon Scene 合成之中。

❽ 切换到 Balloon Scene 合成的【时间轴】面板中。

❾ 单击【项目】选项卡，然后把 Wind 合成从【项目】面板拖入 Balloon Scene 合成的【时间轴】

面板中，使其位于其他所有图层之上。

⑩ 把【当前时间指示器】拖曳到 8:10 处，然后按 [键，让 Wind 图层从 8:10 开始出现。

最后，为 Wind 图层应用混合模式，并调整图层的不透明度，加强风的真实感。

⑪ 在【时间轴】面板中，单击底部的【切换开关 / 模式】按钮，显示出【模式】栏。

⑫ 选择 Wind 图层，在【模式】中选择【屏幕】。

⑬ 按 T 键，显示 Wind 图层的【不透明度】属性，然后单击属性左侧的秒表图标，在图层开始出现的位置（8:10）创建一个初始关键帧，如图 5-35 所示。

图 5-35

⑭ 把【当前时间指示器】拖曳到 8:20 处，修改【不透明度】为 35%。

⑮ 把【当前时间指示器】拖曳到 10:20 处，修改【不透明度】为 0%。

⑯ 按 T 键，隐藏【不透明度】属性，然后保存当前项目。

5.8 为预合成图层制作动画

前面我们把 4 个彩色外衣图层进行了预合成，创建了一个名为 Canvas 的合成。然后把 Canvas 合成放到热气球合适的位置上，并为两者建立了父子关系。接下来，我们要为 4 个彩色外衣图层制作动画，使它们在有风吹过时从热气球上剥离。

① 双击 Canvas 图层，在【合成】与【时间轴】面板中打开 Canvas 合成。

② 把【当前时间指示器】拖曳到 9:10 处，这是起风之后的大约 1 秒。

③ 按住 Shift 键，单击第 1、4 个图层，把 4 个图层同时选中，然后按 R 键，显示【旋转】属性，按 Shift+P 组合键，显示【位置】属性。

④ 在所有图层处于选中状态时，在任意一个图层下单击【位置】与【旋转】属性左侧的秒表图标，为它们创建初始关键帧，如图 5-36 所示。

图 5-36

⑤ 把【当前时间指示器】拖曳到 9:24 处。

⑥ 在所有图层处于选中状态时，拖曳【旋转】属性值，直到 4 个图层接近水平为止（大约 81°）。此时，4 个图层都发生了旋转。

⑦ 按 F2 键或在【时间轴】面板中单击空白区域，取消对所有图层的选择，这样你才能分别调整各个图层的【旋转】属性值。

⑧ 分别调整各个图层的【旋转】属性值，让它们看起来有一点不同（Green Canvas 图层的【旋转】属性值为 100°、Red Canvas 图层的【旋转】属性值为 −74°、Blue Canvas 图层的【旋转】属性值为 113°、Yellow Canvas 图层的【旋转】属性值为 −103°）。

⑨ 把【当前时间指示器】拖曳到 10:12 处，如图 5-37 所示。

图 5-37

⑩ 把所有彩色外衣图层从右侧移出画面，调整它们的运动路径，增加趣味性。你可以在中间添加旋转关键帧和位置关键帧（介于 10:06 与 10:12 之间），编辑贝塞尔曲线，或把图层拖出画面之外。如果你要编辑贝塞尔曲线，请只修改运动路径右侧的关键帧（10:12），这样才不会影响到热气球原来的形状。

⑪ 沿着时间标尺移动【当前时间指示器】，预览动画。然后，根据你的需要做相应的调整，如图 5-38 所示。

图 5-38

⑫ 隐藏所有图层的属性，保存当前项目。

5.8.1 添加调整图层

接下来，我们要添加变形效果。先创建一个调整图层，然后再向调整图层应用变形效果，如此一来，调整图层之下的所有图层都会受到变形效果的影响。

① 在【时间轴】面板中，单击空白区域，取消对所有图层的选择。

② 在菜单栏中依次选择【图层】>【新建】>【调整图层】，新建一个调整图层。

你可以在【时间轴】面板中看到新创建的调整图层出现在了所有图层的最上方。

③ 在【效果和预设】面板中，在【扭曲】分类下找到【波形变形】效果，然后双击应用它。

④ 把【当前时间指示器】拖曳到 9:12 处。

⑤ 在【效果控件】面板中，修改【波形高度】为 0，【波形宽度】为 1，然后单击它们左侧的秒表图标，创建初始关键帧，如图 5-39 所示。

⑥ 把【当前时间指示器】拖曳到 9:16 处。

⑦ 把【波形高度】修改为 90，【波形宽度】修改为 478。

图 5-39

5.8.2 修改调整图层的入点

事实上，在彩色外衣剥离热气球之前，并不需要【波形变形】效果，但是即使它的属性值为 0，After Effects 也会为整个图层计算【波形变形】效果。因此，我们需要修改调整图层的入点，以加快文件渲染速度。

① 把【当前时间指示器】拖曳到 9:12 处。

② 按 Alt+[（Windows）或 Option+[（macOS）组合键，设置入点为 9:12。

③ 返回到 Balloon Scene 合成的【时间轴】面板中。

④ 按空格键，预览影片。再次按空格键，停止预览，如图 5-40 所示。

图 5-40

> 💡 注意 按 [键可以调整视频剪辑的入点位置，同时又不改变视频剪辑的时长。按 Alt+[或 Option+[组合键可以为视频剪辑设置入点，同时缩短视频剪辑的时长。

⑤ 保存当前项目。

5.9　为背景制作动画

在影片的最后，彩色外衣应该从热气球上脱离下来，然后变成彩色云朵，慢慢移动到画面中央。但是，目前的动画是彩色外衣从热气球上飞走了，然后热气球也飘走了。因此，我们还需要为背景天空制作动画，让彩色云朵移动到画面中央。

① 在 Balloon Scene 合成的【时间轴】面板中，返回到时间标尺的起始位置（0:00）。

② 选择 Sky.ai 图层，按 P 键，显示其【位置】属性。

③ 单击【位置】属性左侧的秒表图标，创建一个初始关键帧。

④ 把【当前时间指示器】拖曳到 16:00 处，向左拖曳 Sky.ai 图层，直到彩色云朵位于画面中央（【位置】值为 −236.4、566.7）。

⑤ 把【当前时间指示器】拖曳到 8:00 处，向右移动彩色云朵，使其位于画面之外。

⑥ 使用鼠标右键单击（Windows）或按住 Control 键单击（macOS）第一个关键帧，在弹出菜单中依次选择【关键帧辅助】>【缓出】。

⑦ 使用鼠标右键单击中间的关键帧，在弹出菜单中依次选择【关键帧辅助】>【缓动】。然后再使用鼠标右键单击最后一个关键帧，在弹出菜单中依次选择【关键帧辅助】>【缓入】。

⑧ 沿着时间标尺拖曳【当前时间指示器】，观察热气球的彩色外衣变成彩色云朵的过程是否自然、流畅。请注意，在彩色云朵出现之前，从热气球上脱离的彩色外衣应该完全飘出画面之外。

⑨ 在时间标尺上前后移动中间的关键帧，调整天空动画，使其与彩色外衣和热气球的动画相协调。在热气球从画面右侧消失之前，彩色云朵应该先位于热气球右侧，然后慢慢向左移动，最后到达画面中央。

⑩ 按空格键，预览整个动画，如图 5-41 所示。再次按空格键，停止预览。

图 5-41

⑪ 若有必要，请根据自己的情况，再次调整热气球、彩色外衣、天空的运动路径和旋转角度。

⑫ 隐藏所有图层的属性，保存当前项目。

5.10　添加音轨

到这里，这个项目的绝大部分已经制作完成了。但最后还有一点要做，那就是添加音轨，用以烘托画面轻松、活泼的氛围。另外，由于画面最后几秒是静止的，所以我们还必须把这几秒剪掉。

① 单击【项目】选项卡，打开【项目】面板。然后双击空白区域，打开【导入文件】对话框。

② 在【导入文件】对话框中，转到 Lessons/Lesson05/Assets 文件夹下，双击 Soundtrack.wav 文件。

③ 把 Soundtrack.wav 文件从【项目】面板拖入 Balloon Scene 合成的【时间轴】面板中，并把它放在所有图层之下。

④ 预览影片，可以发现音乐在彩色外衣飞离热气球时发生了变化。

⑤ 把【当前时间指示器】拖曳到 18:00 处，按 N 键，把【工作区域结尾】移动到当前时间点。

⑥ 在菜单栏中依次选择【合成】>【将合成裁剪到工作区】。

⑦ 把【当前时间指示器】拖曳到 16:00 处。展开 Soundtrack.wav 图层和【音频】属性。

⑧ 单击【音频电平】属性左侧的秒表图标，创建一个初始关键帧。

⑨ 把【当前时间指示器】拖曳到 18:00 处，修改【音频电平】值为 −40dB。

⑩ 预览动画，然后保存它。

恭喜你！到这里，你已经制作好了一个复杂的动画，在这个过程中运用到了 After Effects 中的绝大部分技术和功能。

After Effects 支持的音频文件格式

在 After Effects 中，你可以导入以下格式的音频文件。

- 高级音频编码（AAC、M4A）。
- 音频交互文件格式（AIF、AIFF）。
- MP3（MP3、MPEG、MPG、MPA、MPE）。
- Waveform（WAV）。

在 Audition 中编辑音频文件

你可以在 After Effects 中对音频做一些非常简单的修改。如果你想更好地编辑音频，请你使用 Audition 这款软件。只要你是 Creative Cloud 正式会员，你就可以使用 Audition。

在 Audition 中，你可以修改音频文件的长度、改变音高和节奏、应用各种效果、录制新音频、混合多声道片段等。

要在 After Effects 中编辑你已经使用的音频剪辑，请先在【项目】面板中选择该音频，然后在菜单栏中依次选择【编辑】>【在 Adobe Audition 中编辑】，再在 Audition 中修改并保存音频。这些修改将自动应用到 After Effects 项目之中，如图 5-42 所示。

图 5-42

5.11　复习题

1. After Effects 如何显示【位置】属性的动画？

2. 什么是纯色图层，它可以用来做什么？

3. After Effects 项目可以导入哪些格式的音频文件？

5.12　复习题答案

1. 制作【位置】属性动画时，After Effects 使用运动路径来描述物体的运动轨迹。你可以为图层的位置或图层上的锚点创建运动路径。位置运动路径显示在【合成】面板中，锚点运动路径显示在【图层】面板中。运动路径显示为一系列点，其中每个点表示每一帧中图层的位置。路径中的方框表示关键帧的位置。

2. 在 After Effects 中，你可以创建任意颜色或尺寸（最大尺寸为 30000 像素 ×30000 像素）的纯色图层，并可以像使用其他素材一样使用纯色图层，如调整蒙版、更改属性、应用效果等。如果你修改了一个纯色图层的设置，则这些修改会应用到所有使用了该纯色图层的图层上，或者只应用到纯色图层出现的地方。你可以使用纯色图层为背景着色或创建简单的图形图像。

3. 在 After Effects 中，可以导入以下格式的音频文件：高级音频编码（AAC、M4A）、音频交互文件格式（AIF、AIFF）、MP3（MP3、MPEG、MPG、MPA、MPE）、Waveform（WAV）。

制作图层动画

本课概览

本课主要讲解以下内容。

- 为包含图层的 Photoshop 文件制作动画
- 使用关联器创建表达式
- 处理导入的 Photoshop 图层样式
- 应用轨道蒙版控制图层的可见性
- 使用【边角定位】效果制作图层动画
- 使用渲染时间窗格查看图层渲染时间
- 使用时间重映射功能和【图层】面板动态重设素材时间
- 在图表编辑器中编辑时间重映射关键帧

学习本课大约需要 **1** 小时

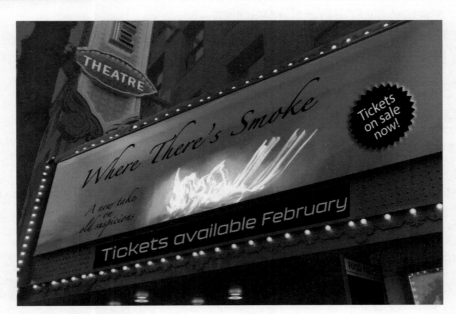

项目：剧院牌匾上的跑马灯

　　动画就是指随着时间的变化改变一个对象或图像的各种属性，如位置、不透明度、缩放等。本课将讲解如何为 Photoshop 文件中的图层制作动画，包括动态重映射时间。

6.1 准备工作

After Effects 提供了几个工具和效果，允许你使用包含图层的 Photoshop 文件来模拟运动视频。本课开始时，我们会先导入一个包含图层的 Photoshop 文件（它展现的是一个剧院的门头），然后制作动画模拟亮灯以及文字在屏幕上滚动的效果。这是一个非写实动画，运动刚开始加速，然后反转，再往前移动。

首先浏览最终效果，然后新建项目。

① 检查你硬盘上的 Lessons/Lesson06 文件夹中是否包含以下文件。若没有，先下载它们。

· Assets 文件夹：marquee.psd。

· Sample_Movies 文件夹：Lesson06.mp4。

② 在 Windows Movies & TV 或 QuickTime Player 中，播放 Lesson06.mp4 示例影片，观看最终动画，了解本课要做什么。

③ 观看完之后，关闭 Windows Movies & TV 或 QuickTime Player。如果存储空间有限，你可以把示例影片从硬盘中删除。

学习本课之前，最好先把 After Effects 恢复成默认设置（参见前言"恢复默认配置文件"中的内容）。你可以使用以下快捷键完成这个操作。

④ 启动 After Effects 时，立即按 Ctrl+Alt+Shift（Windows）或 Command+Option+Shift（macOS）组合键，弹出一个消息框，询问【是否确实要删除您的首选项文件？】，单击【确定】按钮，即可删除你的首选项文件，恢复为默认设置。

⑤ 在【主页】窗口中，单击【新建项目】按钮。

此时，After Effects 新建并打开一个未命名的项目。

⑥ 在菜单栏中依次选择【文件】>【另存为】>【另存为】，打开【另存为】对话框。

⑦ 在【另存为】对话框中，转到 Lessons/Lesson06/Finished_Project 文件夹下。

⑧ 输入项目名称"Lesson06_Finished.aep"，单击【保存】按钮，保存项目。

6.1.1 导入素材

导入本课需要用的素材。

① 在【项目】面板中双击空白区域，打开【导入文件】对话框。

② 在【导入文件】对话框中，转到 Lessons/Lesson06/Assets 文件夹下，选择 marquee.psd 文件。

③ 在【导入为】下拉列表中选择【合成 - 保持图层大小】，这样每个图层的尺寸将与图层中的内容相匹配。（在 macOS 中，你可能需要单击【选项】才能看到【导入为】下拉列表。）

④ 单击【导入】按钮，如图 6-1 所示。

⑤ 在 marquee.psd 对话框的【导入种类】下拉列表中选择【合成 - 保持图层大小】，单击【确定】按钮。

继续往下操作之前，先花点时间了解一下刚导入的 Photoshop 文件中的图层。

⑥ 在【项目】面板中，展开【marquee 个图层】文件夹，查看 Photoshop 图层。若有必要，把【名称】栏拉宽一些，这样可以看到完整的图层名称，如图 6-2 所示。

图 6-1

图 6-2

　　要在 After Effects 中制作动画的每个元素（如星形售票牌）都位于单独的图层上。其中，有一个图层（Unlit marquee）描绘的是未亮灯时的剧院门头，还有一个图层（Lit marquee）描绘的是亮灯后的剧院门头。

　　导入 Photoshop 文件时，After Effects 会保留原有的图层顺序、透明度数据、图层样式。当然还保留其他一些信息，如调整图层及样式等，本项目将不会用到这些信息。

准备 Photoshop 文件

　　导入包含图层的 Photoshop 文件之前，先要精心地为图层命名，这可以大大缩短预览和渲染时间，同时还可以避免导入和更新图层时出现问题。

　　· 组织和命名图层。在把一个 Photoshop 文件导入 After Effects 之后，如果你修改其中的图层名称，After Effects 会保留到原始图层的链接。不过，在你把一个 Photoshop 文件导入 After Effects 后，如果你在 Photoshop 中删除了一个图层，After Effects 将无法找到它，它会在【项目】面板中被标识为缺失文件。

　　· 为了避免混淆，确保每个图层有唯一的名称。

6.1.2 修改合成设置

在把 Photoshop 文件导入为合成之后，修改合成的设置。

❶ 在【项目】面板中，双击 marquee 合成，将其在【合成】面板和【时间轴】面板中打开，如图 6-3 所示。

图 6-3

> 💡 **注意** 若看不到完整的图像，请在【合成】面板底部的【放大率弹出式菜单】中选择【适合】。

❷ 在菜单栏中依次选择【合成】>【合成设置】，打开【合成设置】对话框。

❸ 在【合成设置】对话框中，修改【持续时间】为 10:00，设置合成时长为 10 秒，然后单击【确定】按钮，如图 6-4 所示。

图 6-4

6.2 模拟亮灯效果

制作动画首先要做的是让牌匾周围的灯亮起来。下面我们使用不透明度关键帧制作亮灯效果。

❶ 把【当前时间指示器】拖至 4:00 处。

当前，亮灯背景位于未亮灯背景之上，即亮背景盖住了暗背景，所以动画的初始画面就是亮的。但是，我们想让牌匾先暗后亮。为此，我们让 Lit marquee 图层开始时是透明的，然后为其不透明度制作动画，使灯光随着时间慢慢亮起来。

②　在【时间轴】面板中，选择 Lit marquee 图层，按 T 键，显示其【不透明度】属性。

③　单击左侧的秒表图标，设置一个不透明度关键帧。注意，此时的【不透明度】属性值为 100%，如图 6-5 所示。

图 6-5

④　按 Home 键，或者把【当前时间指示器】拖曳到 0:00 处。然后，把 Lit marquee 图层的【不透明度】值设置为 0%。After Effects 自动添加一个关键帧，如图 6-6 所示。

图 6-6

当动画开始时，Lit marquee 图层是透明的，这样其下的 Unlit marquee 图层会显示出来。

⑤　在【预览】面板中，单击【播放 / 停止】按钮，或者按空格键，预览动画，如图 6-7 所示。

图 6-7

预览时，可以看到牌匾周围的灯由暗逐渐变亮。

⑥　播放到 4:00 之后，按空格键，停止播放。

⑦　在菜单栏中依次选择【文件】>【保存】，保存当前项目。

6.3　使用关联器复制动画

Starburst 图层中含有 Photoshop 中的【斜面和浮雕】图层样式。我们会为斜面制作动画，使其背景随着灯一起亮起来。

为此，我们可以使用关联器复制前面创建的动画。我们可以使用关联器创建表达式，将一个属性或效果的值链接到另一个属性上。这里，我们把 Lit marquee 图层的【不透明度】属性与 Starburst 图层的【斜面和浮雕】效果的【深度】属性链接起来。

① 按 Home 键，或者直接把【当前时间指示器】拖曳到时间标尺的起始位置。

② 展开 Starburst 图层，在【图层样式】下找到【斜面和浮雕】属性，并将其展开，如图 6-8 所示。

图 6-8

③ 若有必要，请放大【时间轴】面板，以方便查看 Lit marquee 和 Starburst 图层的属性。

④ 把 Lit marquee 图层的【不透明度】属性显示出来。

⑤ 单击 Starburst 图层【深度】属性右侧的【属性关联器】图标（ ），将其拖曳到 Lit marquee 图层的【不透明度】属性上。释放鼠标后，关联成功，【深度】的属性值变为红色，如图 6-9 所示。

图 6-9

⑥ 展开 Starburst 图层的【深度】属性，此时，在 Starburst 图层的时间标尺上出现一个表达式：thisComp.layer（"Lit marquee"）.transform.opacity。这表示 Lit marquee 图层的【不透明度】

属性值替代了 Starburst 图层的【深度】属性值（105%），如图 6-10 所示。

图 6-10

❼ 把【当前时间指示器】从 0:00 处拖曳到 4:00 处，可以看到 Lit marquee 图层的【不透明度】属性值与 Starburst 图层的【深度】属性值的变化完全同步，星形牌的背光会与牌匾的灯光一同亮起，如图 6-11 所示。

图 6-11

❽ 隐藏所有图层的属性，使【时间轴】面板保持整洁，方便后续操作。如果你之前放大了【时间轴】面板，请把它恢复成原始大小。

❾ 在菜单栏中依次选择【文件】>【保存】，保存当前项目。

关于 Photoshop 图层样式

　　Photoshop 提供了多种图层样式，如投影、发光、斜面等，这些样式会改变图层的外观。导入 Photoshop 图层时，After Effects 可以保留这些图层样式。当然，你还可以在 After Effects 中添加图层样式。

　　在 Photoshop 中，图层样式被称为"效果"，但在 After Effects 中，它们的表现更像是混合模式。图层样式渲染的顺序在变换之后，而效果渲染早于变换。另一个不同点是，在合成中，每个图层样式直接与其下的图层进行混合，而效果渲染仅限于应用它的图层，其下的图层会被作为一个整体看待。

　　在【时间轴】面板中可以使用图层的样式属性。

　　有关 After Effects 中图层样式的更多内容，请阅读 After Effects 帮助文档。

关于表达式

　　如果你想创建和链接复杂动画，例如多个车轮的旋转，但又不想手动创建大量关键帧，可以使用表达式。借助表达式，你可以在图层的各个属性之间建立联系，并使用一个属性的关键帧去动态控制另一个图层。例如，当你为一个图层创建了旋转关键帧，并应用了【投影】效果，你就可以使用表达式把【旋转】属性值和【投影】效果的【方向】属性值链接起来，这样一来，投影就会随着图层的旋转而发生变化。

你可以在【时间轴】或【效果控件】面板中使用表达式。你还可以使用关联器创建表达式，或者在表达式区域（位于属性之下时间曲线图中的文本区域）中手动输入和编辑表达式。

表达式是基于 JavaScript 语言的，但是，即使你不懂 JavaScript 语言也可以正常使用它。你可以使用关联器来创建表达式，从简单示例开始通过修改创建出符合自己需要的表达式，还可以把对象和方法链接在一起来创建表达式。

关于表达式的更多内容，请阅读 After Effects 帮助文档。

6.4 使用轨道蒙版限制动画

在本例的跑马灯动画中，文字应该在牌匾的底部沿水平方向滚动，具体地说是在一个黑色区域中滚动。下面我们先制作文本滚动动画，然后创建一个轨道蒙版，让动画在指定区域中滚动，以此模拟电子滚动屏。

6.4.1 制作文本动画

当牌匾周围的灯亮起后，文本才开始滚动，一直滚动到视频结束。

① 在【时间轴】面板中，选择 Scroll text 图层。

② 把【当前时间指示器】拖曳到 4:10 处。

③ 按 Alt+[（Windows）或 Option+[（macOS）组合键，在 4:10 处设置入点，如图 6-12 所示。

图 6-12

在 4:10 时，即在灯光亮起后不久，文本出现在屏幕上。

④ 在 Scroll text 图层处于选中状态时，按 P 键，显示出其【位置】属性。

⑤ 把【位置】属性设置为 4994、1154。

此时，只有第一个字母出现在黑色的电子滚动屏上。

⑥ 单击【位置】属性左侧的秒表图标，创建一个初始关键帧，如图 6-13 所示。

图 6-13

⑦ 把【当前时间指示器】拖曳到 9:29 处，此处是剪辑的最后一帧。

⑧ 把【位置】属性设置为 462、2108，如图 6-14 所示。

图 6-14

After Effects 创建一个关键帧。文本的最后一个字母在电子滚动屏上显示出来。

⑨ 按空格键，预览文本滚动效果。再次按空格键，停止预览。

6.4.2 创建轨道蒙版

到这里，文本滚动效果就做好了，但是它的覆盖范围有点问题，与牌匾和左侧灯光有重叠。下面我们使用轨道蒙版把文本动画限制在黑色滚动屏之内。为此，我们先要复制 Scroll area 图层，然后使用它的 Alpha 通道。

① 在【时间轴】面板中选择 Scroll area 图层。

② 在菜单栏中依次选择【编辑】>【重复】。

③ 向上拖曳复制出的图层（Scroll area 2），使其位于 Scroll text 图层之上，如图 6-15 所示。

图 6-15

④ 在【时间轴】面板中，单击面板底部的【切换开关/模式】按钮，显示出 TrkMat 栏，以便应用轨道蒙版。

⑤ 选择 Scroll text 图层，在 TrkMat 的弹出菜单中选择【Alpha 遮罩"Scroll area 2"】，如图 6-16 所示。

图 6-16

Scroll area 2 图层的 Alpha 通道用来为 Scroll text 图层设置透明度，因此，Scroll text 图层的文本

内容只有在 Scroll area 2 图层区域之内才会显示出来。应用轨道蒙版时，Scroll area 2 图层的视频开关会自动关闭。

⑥ 取消选择所有图层，隐藏所有图层属性。

⑦ 按 Home 键，或者把【当前时间指示器】移动到时间标尺的起始位置，然后按空格键，预览动画，如图 6-17 所示。预览完成后，再次按空格键，停止预览。

图 6-17

⑧ 在菜单栏中依次选择【文件】>【保存】，保存当前项目。

轨道蒙版和移动蒙版

当你想在某个图层上抠个"洞"，将其下方图层的对应区域显示出来时，应该使用轨道蒙版（track matte）。创建轨道蒙版时，你需要用到两个图层，一个图层用作蒙版（上面有"洞"），另一个图层用来填充蒙版上的"洞"。你可以为轨道蒙版图层或填充图层制作动画。在为轨道蒙版图层制作动画时，你需要创建移动蒙版（traveling matte）。若你想使用相同设置为轨道蒙版图层和填充图层制作动画，则可以先对它们进行预合成。

你可以使用轨道蒙版的 Alpha 通道或像素的亮度值来定义其透明度。当你基于一个不带 Alpha 通道的图层（图层本身没有带 Alpha 通道或者创建该图层的程序无法创建 Alpha 通道）创建轨道蒙版时，使用像素的亮度值来定义轨道蒙版的透明度是很方便的。不论是 Alpha 通道蒙版还是亮度蒙版，像素的亮度值越高就越透明。大多数情况下，在高对比度蒙版中，一个区域要么完全透明，要么完全不透明。只有当我们需要部分透明或渐变透明时（例如柔和的边缘），才使用中间色调。

在你复制了一个图层或拆分了一个图层后，After Effects 仍会保留这个图层的顺序及其轨道蒙版。在复制的或拆分的图层之中，轨道蒙版图层将位于填充图层之上。例如，你的项目中包含 X 和 Y 两个图层，其中 X 是轨道蒙版图层，Y 是填充图层，复制或拆分这两个图层之后，所得到的图层顺序为 XYXY。

移动蒙版剖析（见图 6-18）

A 轨道蒙版图层：这是一个带有矩形蒙版的纯色图层，充当亮度蒙版。做动画之后，这个蒙版底下的内容会透出来。

B 填充图层：带有图案效果的纯色图层。

C 结果：从轨道蒙版的形状中可以看到图案，图案被添加到了轨道蒙版图层下方的图像图层上。

图 6-18

6.4.3　添加运动模糊

对文本运动应用运动模糊效果，可以让文本运动看上去更加真实。添加好运动模糊之后，我们还要设置快门角度和相位，以便更好地控制模糊强度。

❶ 把【当前时间指示器】移动到 8:00 处，这样可以很清楚地看到滚动文本。

❷ 在【时间轴】面板中，单击面板底部的【切换开关 / 模式】按钮。

❸ 单击 Scroll text 图层的运动模糊开关。

After Effects 会自动为所有打开了运动模糊开关的图层启用运动模糊，此时，【合成】面板中的文本看上去就有点模糊了。

❹ 在菜单栏中依次选择【合成】>【合成设置】。

❺ 在【合成设置】对话框中单击【高级】选项卡，把【快门角度】设置为 90°。

我们可以通过设置【快门角度】来模拟调整真实摄像机快门角度的效果，它控制着摄像机光圈开放的时长，其值越大，运动模糊越明显。

❻ 把【快门相位】设置为 0°，单击【确定】按钮，如图 6-19 所示。

图 6-19

6.5　使用边角定位效果制作动画

到这里，剧院门头的牌匾看上去已经相当不错了，但是星形售票提示牌还不是很醒目。下面我们将使用【边角定位】效果让其随着时间发生扭曲，以吸引人们的视线。

【边角定位】效果类似于 Photoshop 中的自由变换工具，它通过调整图像的 4 个边角点来扭曲图像。你可以使用【边角定位】效果对图像做拉伸、压缩、倾斜、扭曲操作，也可以将其用来模拟沿着图层边缘转动而产生的透视与运动效果，如开门动画。

① 把【当前时间指示器】移动到 4:00 处。

② 在【时间轴】面板中，单击打开 Show title、Starburst 两个图层的独奏开关（◯），如图 6-20所示。

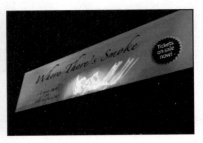

图 6-20

打开某个图层的独奏开关后，After Effects 将只把打开了独奏开关的图层显示出来，而把其他所有未打开独奏开关的图层隐藏起来，这样可以大大提高动画制作、预览及渲染的速度。

③ 在【时间轴】面板中选择 Starburst 图层，然后从菜单栏中依次选择【效果】>【扭曲】>【边角定位】。此时，在【合成】面板中，Starburst 图层的 4 个边角点上出现小小的圆形控制点。

接下来，我们开始在当前位置创建初始关键帧。

> ♀ 注意　若未显示出圆形控制点，请从【合成】面板菜单中选择【视图选项】，然后在【视图选项】对话框中勾选【手柄】与【效果控件】，再单击【确定】按钮。

④ 在菜单栏中依次选择【窗口】>【效果控件】，打开【效果控件】面板。

⑤ 在【效果控件】面板中单击每个圆形控制点（左上、右上、左下、右下）左侧的秒表图标，设置初始关键帧，如图 6-21 所示。

图 6-21

⑥ 把【当前时间指示器】移动到 6:00 处，然后向外拖曳每一个圆形控制点。使用【边角定位】效果时，你可以随意移动每个圆形控制点。当你拖曳这些圆形控制点时，【效果控件】面板中的 x、y值就会发生相应变化。After Effects 将自动添加关键帧。

除了拖曳圆形控制点之外，你还可以在【效果控件】面板中直接输入相应的坐标值，如图 6-22所示。

⑦ 把【当前时间指示器】移动到 8:00 处，然后拖曳圆形控制点，使文本倾斜一定角度。具体坐标值如图 6-23 所示。调整后，After Effects 将自动添加关键帧。

图 6-22

图 6-23

⑧ 按 Home 键，或者把【当前时间指示器】移动到 0:00 处。按空格键，预览动画。预览结束后，再次按空格键，停止预览。

⑨ 单击 Show title、Starburst 两个图层的独奏开关，把其他图层显示出来。

⑩ 把【当前时间指示器】移动到 0;00 处，然后按空格键，预览整个动画，如图 6-24 所示，包括【边角定位】效果。预览结束后，再次按空格键，停止预览。

图 6-24

⑪ 在菜单栏中依次选择【文件】>【保存】，保存当前项目。

6.6　模拟天黑情景

在我们的动画中，虽然灯光亮起了，但是天空与建筑仍然保持着白天时的状态。当灯光亮起时，它们应该随之黑下来，这样有助于塑造视觉兴趣点，凸显牌匾上的内容。下面我们将使用蒙版、纯色图层、混合模式来模拟天黑情景。

6.6.1 创建蒙版

我们希望剧院牌匾背后的建筑物、天空蒙上一层夜色。为此，我们先复制图层，再创建一个蒙版，把要变黑的区域抠出来。

① 按 Home 键，或者把【当前时间指示器】移动到时间标尺的起始位置。

② 在【时间轴】面板中，选择 Lit marquee 图层。

③ 在菜单栏中依次选择【编辑】>【重复】，在 Lit marquee 图层之上创建出 Lit marquee 2 图层。

④ 在工具栏中选择【钢笔工具】。

⑤ 在 Lit marquee 2 图层处于选中状态时，单击牌匾的左上角，开始绘制，如图 6-25 所示。

图 6-25

⑥ 沿着牌匾的左边缘、背景的左边缘和上边缘、剧院标识牌添加锚点，绘制蒙版，如图 6-26 所示。在为蒙版添加锚点时，有些锚点可能要添加到图像外部。

图 6-26

⑦ 继续沿着剧院标识牌添加锚点，最后单击起始点，封闭蒙版路径，如图 6-27 所示。

图 6-27

6.6.2 添加纯色图层

绘制好蒙版之后，添加一个纯色图层，并为图层的不透明度制作动画。

① 在【时间轴】面板中选择 Lit marquee 图层。

② 在菜单栏中依次选择【图层】>【新建】>【纯色】。

③ 在【纯色设置】对话框中选择一种深灰色，单击【制作合成大小】按钮，然后单击【确定】按钮，新建一个名为"深灰色 纯色1"的图层，并将其放在 Lit marquee 图层与 Lit marquee 2 图层之间，如图 6-28 所示。

图 6-28

当【当前时间指示器】位于时间标尺的开头时，图像的大部分区域都是暗的，因为此时 Lit marquee 图层与 Lit marquee 2 图层（及其蒙版）都是不可见的。不用担心，接下来，我们将为【深灰色 纯色1】图层的【不透明度】属性制作动画来解决这个问题。

④ 选择 Lit marquee 2 图层，按 M 键，显示出蒙版属性。

⑤ 在【蒙版模式】菜单中选择【变暗】，勾选【反转】，如图 6-29 所示。

绘制蒙版时，我们是沿着背景绘制的，但绘制出的区域并不是我们想遮罩的部分。当我们勾选【反转】时，After Effects 会反转蒙版，此时，未选择的区域将变成被遮罩的区域。

⑥ 选择【深灰色 纯色1】图层，按 T 键，将其【不透明度】属性显示出来。

⑦ 把【当前时间指示器】移动到时间标

图 6-29

尺的开头（0:00）。然后把【不透明度】设置为 0%，单击左侧的秒表图标，创建一个初始关键帧，如图 6-30 所示。

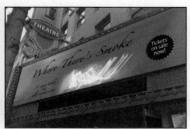

图 6-30

⑧ 把【当前时间指示器】移动到 1:23 处，把【不透明度】设置为 5%。

⑨ 把【当前时间指示器】移动到 4:09 处，单击【在当前时间添加或移除关键帧】按钮，再创建一个【不透明度】为 5% 的关键帧，如图 6-31 所示。

图 6-31

⑩ 把【当前时间指示器】移动到 7:00 处，将【不透明度】设置为 75%，如图 6-32 所示。

图 6-32

⑪ 按 Home 键，或者把【当前时间指示器】移动到时间标尺的开头。按空格键，预览动画，如图 6-33 所示。预览结束后，再次按空格键，停止预览。

图 6-33

随着灯光亮起，文字开始滚动，周围的建筑与天空逐渐变暗。到这里，我们的场景就制作好了。

⑫ 隐藏所有图层的属性，保存当前项目。

6.7 查看图层渲染时间

在一个复杂项目中，了解项目中每个图层的渲染时间是很有意义的。当你处理项目的某些图层时，暂时把另外一些图层或效果关闭，能够节省大量渲染时间，大大提高工作效率。

【时间轴】面板底部显示着当前帧的整体渲染时间。展开渲染时间窗格会打开【渲染时间】栏，其中显示着当前帧下每个图层、效果、蒙版、图层样式的渲染时间。

1️⃣ 在【时间轴】面板底部单击蜗牛图标（），如图 6-34 所示。

图 6-34

此时，【时间轴】面板中显示出【渲染时间】栏，给出当前帧下每个图层的渲染时间。

2️⃣ 沿着时间标尺，拖曳【当前时间指示器】，查看每个图层在不同帧的渲染时间。

3️⃣ 展开 Starburst 图层，其中包含着图层样式（在 Photoshop 中应用），如图 6-35 所示。

图 6-35

4️⃣ 隐藏图层属性。再次单击蜗牛图标，把【渲染时间】栏隐藏起来。当然，你也可以让【渲染时间】栏一直显示着，方便随时查看效果改动后需要多少渲染时间。

6.8 重映射合成时间

到此为止，我们已经制作了一个简单的延时动画。动画看起来还不错，但使用 After Effects 提供的时间重映射功能，可以更好地控制动画时间。通过时间重映射，你可以方便地加快、放慢、停止或反向播放素材。你还可以使用时间重映射功能制作定帧效果等。重映射时间时，图表编辑器和【图层】面板会非常有用，在接下来的学习中我们会用到它们。当对项目时间进行重映射后，影片播放的速度会发生变化。

> 💡提示 应用【时间扭曲】效果可以获得更好的控制效果，相关内容我们将在第 14 课"高级编辑技术"中讲解。

6.8.1 预合成图层

本示例中，我们先复制合成，然后对图层进行预合成，为重映射时间做好准备。

1️⃣ 在【项目】面板中，选择 marquee 合成，然后从菜单栏中依次选择【编辑】>【重复】。

此时，【项目】面板中出现了一个名为 marquee 2 的合成。

② 双击 marquee 2 合成，将其在【合成】面板与【时间轴】面板中打开，如图 6-36 所示。

图 6-36

③ 在 marquee 2 合成的【时间轴】面板中，选择 Starburst 图层，然后按住 Shift 键，选择 Unlit marquee 图层，把所有图层选中。

④ 在菜单栏中依次选择【图层】>【预合成】。

⑤ 在【预合成】对话框中选择【将所有属性移动到新合成】，然后单击【确定】按钮，如图 6-37 所示，新建一个名为"预合成 1"的合成，并将你在 marquee 2 合成中选中的图层替换掉。接下来，我们就可以统一地对项目中的所有元素做时间重映射了。

图 6-37

6.8.2　时间重映射

下面我们来操控项目中时间的速度与方向。

① 在【时间轴】面板中，选择【预合成 1】图层，然后从菜单栏中依次选择【图层】>【时间】>【启用重映射】，如图 6-38 所示。

图 6-38

After Effects 会在时间轴上添加两个关键帧，这两个关键帧分别位于图层的第一帧和最后一帧。同时，在图层名称之下显示出【时间重映射】属性。借助这个属性，你可以控制在指定的时间点上显示哪个帧。

❷ 在【预合成 1】图层处于选中状态时，在菜单栏中依次选择【图层】>【打开图层】，将其在【图层】面板中打开，如图 6-39 所示。

图 6-39

做时间重映射时，你可以在【图层】面板中观看修改的视频帧。【图层】面板中有两个时间标尺，面板底部的时间标尺代表当前时间，另一个是源时间标尺，上面有时间重映射标记，表示当前时间正在显示的帧。

❸ 按空格键，预览图层。请注意，此时两个时间标尺上的源时间标记和当前时间标记是同步的。当你重映射了时间之后，情况会发生改变。

在前 4 秒中，灯会慢慢亮起。接下来，我们把这个过程加速，让灯以两倍速亮起。

❹ 移动【当前时间指示器】至 2:00 处，把【时间重映射】的值修改为 4:00，如图 6-40 所示。

这样映射之后，4:00 处的帧将在 2:00 时播放显示。换言之，该合成现在以前两秒播放速度的两倍进行播放。

图 6-40

❺ 按空格键，预览动画。开始时，合成以两倍速播放到 2:00，然后放慢速度。预览完成后，再次按空格键，停止预览。

6.8.3　在图表编辑器中查看时间重映射效果

通过图表编辑器，你可以查看并操控效果和动画的方方面面，包括效果属性值、关键帧、插值。图表编辑器用一条二维曲线表示效果和动画中的变化，其中水平轴代表播放时间（从左到右）。而在图层条模式下，时间标尺仅代表水平时间元素，它并没有把值的变化用图表示出来。

❶ 在【时间轴】面板中，选中【预合成 1】图层的【时间重映射】属性。

② 单击【图表编辑器】按钮（），打开图表编辑器，如图 6-41 所示。

图 6-41

图表编辑器中显示的是时间重映射图，有一条白线把 0:00、2:00、10:00 处的关键帧连了起来。0:00 到 2:00 之间的连线很陡峭，而 2:00 到 4:00 之间的连线相对平缓。连线越陡峭，播放速度越快。

6.8.4　使用图表编辑器重映射时间

重映射时间时，你可以使用时间重映射图中的值来确定和控制影片中的哪一帧在哪个时间点播放。每个时间重映射关键帧都有一个与之相关的时间值，它对应于图层中特定的帧。这个时间值位于时间重映射图的纵轴上。当打开某个图层的时间重映射时，After Effects 会在图层的起点和终点分别添加一个时间重映射关键帧。在时间重映射图中，这些初始时间重映射关键帧的横轴值和纵轴值相等。

通过设置多个时间重映射关键帧，你可以创建复杂的运动效果。每添加一个时间重映射关键帧，你就会得到一个时间点，在该时间点上你可以改变影片的播放速度或方向。在时间重映射图中上下移动关键帧，可以指定当前时间播放视频的哪一帧。

接下来，我们使用图表编辑器来重映射时间。

> 💡 提示　调整关键帧时，你可以边拖曳边观看【信息】面板，从面板中获得更多相关信息。

① 在工具栏中选择【选取工具】。

② 在【时间轴】面板中，把【当前时间指示器】移动到 3:00 处。

③ 在时间重映射图中，按住 Ctrl（Windows）或 Command（macOS）键，在 3:00 处单击折线，新建一个关键帧，如图 6-42 所示。

图 6-42

④ 把新创建的关键帧向下拖曳至 0 秒，如图 6-43 所示。

图 6-43

⑤ 把【当前时间指示器】移动到 0:00 处，然后按空格键，预览结果。观察【图层】面板中的源时间标尺与当前时间标尺，可以知道在指定时间点上显示的是哪些帧。

在合成的前两秒里，动画播放得很快，然后反向播放 1 秒，灯光熄灭，再次播放整个动画。

⑥ 按空格键，停止预览。

有趣吗？继续往下做。接下来，我们调整关键帧的时间点，让灯在常亮之前先闪两次。

⑦ 把第 2 个关键帧从 2:00 处移动到 1:00 处，使灯在第 1 秒亮起。然后把第 3 个关键帧移动到 2:00 处，让灯熄灭，如图 6-44 所示。

图 6-44

移动关键帧还会影响到剪辑其他部分的时间安排。当前，动画被设定成在 10 秒处播放显示合成中的第 10 秒标记点，因此，速度角要做相应的调整。

接下来，我们让灯再闪烁一次，然后正常播放动画。注意其余动画最终是怎么变化的，折线会变得很陡峭，因为在较短的时间内有着较长的动画。

⑧ 按住 Ctrl（Windows）或 Command（macOS）键，分别在 3:00 与 4:00 处单击折线，添加两个关键帧，把它们依次移动到第 4 秒与第 0 秒的标记处，如图 6-45 所示。这样，灯会再闪烁一次，然后再以正常速度亮起。

💡 提示　单击【时间重映射】属性，选择所有关键帧，然后调整选框大小，即可在时间标尺上缩放整个动画。

图 6-45

⑨ 按空格键，预览动画。然后再次按空格键，停止预览。

灯经过两次闪烁后，再次亮起，但是文字在滚动屏上滚动的速度太快了。接下来，我们调整时间点，让文字滚动得慢一些，使其在剪辑末尾才完全显示出来。

⑩ 把【当前时间指示器】移动到 10:00 处，然后把【时间重映射】值修改为 7:00，如图 6-46 所示。

图 6-46

⑪ 按 Home 键，或者把【当前时间指示器】拖曳到时间标尺的开头，然后按空格键，预览动画。再次按空格键，停止预览。

整个剪辑播放 10 秒，但是在合成中的第 7 秒标记点处结束。现在，文字滚动的速度慢了下来，变得更加真实了。

⑫ 在菜单栏中依次选择【文件】>【保存】，保存项目。

6.8.5 添加缓动效果

在灯光闪烁时，添加上缓动效果会让变化变得更舒缓。

❶ 单击 1:00 处的关键帧，将其选中，然后单击图表编辑器底部的【缓动】图标（ ），放慢变化速度，让灯光停留的时间长一些。

❷ 单击 3:00 处的关键帧，将其选中，然后单击图表编辑器底部的【缓动】图标，如图 6-47 所示。

请注意，在添加缓动的地方出现了贝塞尔曲线手柄。拖曳贝塞尔曲线手柄，可以进一步调整过渡时的缓动大小。手柄拖得离关键帧越远，过渡越平缓；把手柄往下拖曳或者拖得离关键帧越近，过渡就会越急切。

图 6-47

③ 把【当前时间指示器】拖曳到时间标尺的开头，预览整个动画，如图 6-48 所示。

图 6-48

④ 在菜单栏中依次选择【文件】>【保存】，保存项目。

恭喜你！到这里，你已经制作完成了一个复杂的时间重映射动画。如果你愿意，你可以把整个时间重映射动画渲染并输出。有关渲染和导出动画的更多内容，我们将在第 15 课 "渲染和输出" 中详细讲解。

6.9 复习题

1. 为什么要以合成形式导入包含图层的 Photoshop 文件？
2. 什么是关联器，如何使用？
3. 什么是轨道蒙版，如何使用？
4. 在 After Effects 中如何重映射时间？

6.10 复习题答案

1. 在以合成形式导入包含图层的 Photoshop 文件时，After Effects 会保留原有的图层顺序、透明度数据、图层样式。当然还保留其他一些信息，如调整图层及样式等。

2. 我们可以使用关联器创建表达式，把一个属性或效果的值链接到另一个属性上。还可以使用关联器来建立父子关系。使用关联器时，只需把关联器图标从一个属性拖曳到另一个属性上即可。

3. 当你想在某个图层上抠个"洞"，将其下方图层的对应区域显示出来时，就应该使用轨道蒙版。创建轨道蒙版时，你需要用到两个图层，一个图层用作蒙版（上面有"洞"），另一个图层用来填充蒙版上的"洞"。你可以为轨道蒙版图层或填充图层制作动画。在为轨道蒙版图层制作动画时，你需要创建移动蒙版。

4. After Effects 提供好几种重映射时间的方法。通过时间重映射，你可以方便地加快、放慢、停止或反向播放素材。重映射时间时，你可以使用图表编辑器的时间重映射图中的值来确定和控制影片中的哪一帧在哪个时间点播放。当打开某个图层的时间重映射时，After Effects 会在图层的起点和终点分别添加一个时间重映射关键帧。通过设置多个时间重映射关键帧，你可以创建复杂的运动效果。每添加一个时间重映射关键帧，你就会得到一个时间点，在该时间点上你可以改变影片的播放速度或方向。

使用蒙版

本课概览

本课主要讲解以下内容。

- 使用【钢笔工具】创建蒙版
- 更改蒙版模式
- 通过控制顶点和方向手柄调整蒙版形状
- 羽化蒙版边缘
- 替换蒙版内容
- 在 3D 空间中调整图层的位置，使其与周围场景混合
- 添加阴影
- 添加暗角

学习本课大约需要 **1** 小时

项目：广告序列

有时候，你不需要（或不想）把整个镜头内容都放入最终合成中。此时，你可以使用蒙版来轻松控制要显示哪一部分。

7.1　关于蒙版

在 After Effects 中，蒙版是一个路径或轮廓，用来调整图层效果与属性。蒙版最常见的用法是修改图层的 Alpha 通道。蒙版由线段和顶点组成，其中线段指用来连接顶点的直线或曲线，顶点用来定义每段路径的起点和终点。

蒙版可以是开放路径，也可以是封闭路径。开放路径的起点和终点不是同一个，例如直线就是一条开放路径。封闭路径是一条连续且无始无终的路径，例如圆形。封闭路径蒙版可以用来为图层创建透明区域，而开放路径蒙版不能用来为图层创建透明区域，但它可以用作效果参数，例如你可以使用效果沿着蒙版来创建灯光。

一个蒙版必定属于特定图层，而一个图层可以包含多个蒙版。

你可以使用形状工具绘制各种形状（如多边形、椭圆、星形）的蒙版，也可以使用【钢笔工具】绘制任意路径。在某个图层处于选中状态时绘制形状，该形状会成为所选图层的蒙版，开始绘制时，鼠标指针右下角会出现一个含实心圆的方框（ 🖋⊙ ）。绘制形状时，若无图层处于选中状态，则 After Effects 会自动创建一个形状图层，开始绘制时，鼠标指针右下角出现一个星形图标（ 🖋★ ）。

7.2　准备工作

本课中，我们将为平板计算机的屏幕创建蒙版，并用一段影片代替屏幕上的原始内容。然后，调整新素材，使其符合透视原理。最后，添加阴影、暗角，进一步增强画面效果。

开始之前，先预览一下最终影片，并创建好要使用的项目。

① 检查你硬盘上的 Lessons/Lesson07 文件夹中是否包含以下文件。若没有，先下载它们。

· Assets 文件夹：SeaTurtle.mov、TabletVideo.mov。

· Sample_Movies 文件夹：Lesson07.mp4。

② 使用 Windows Movies & TV 或 QuickTime Player 播放 Lesson07.mp4 示例影片，了解本课要创建的效果。观看完之后，关闭 Windows Movies & TV 或 QuickTime Player。如果存储空间有限，你可以把示例影片从硬盘中删除。

学习本课之前，最好先把 After Effects 恢复成默认设置（参见前言"恢复默认配置文件"中的内容）。你可以使用以下快捷键完成这个操作。

③ 启动 After Effects 时，立即按 Ctrl+Alt+Shift（Windows）或 Command+Option+Shift（macOS）组合键，弹出一个消息框，询问【是否确实要删除您的首选项文件？】，单击【确定】按钮，即可删除你的首选项文件，恢复默认设置。在【主页】窗口中，单击【新建项目】按钮。

此时，After Effects 新建并打开一个未命名的项目。

④ 在菜单栏中依次选择【文件】>【另存为】>【另存为】，在弹出的【另存为】对话框中，转到 Lessons/Lesson07/Finished_Project 文件夹下。

⑤ 输入项目名称"Lesson07_Finished.aep"，单击【保存】按钮，保存项目。

创建合成

首先导入两段素材，然后根据其中一段素材的长宽比和持续时间创建合成。

① 在【项目】面板中双击空白区域，打开【导入文件】对话框。

② 在【导入文件】对话框中，转到 Lessons/Lesson07/Assets 文件夹下，按住 Shift 键，同时选择 SeaTurtle.mov 和 TableVideo.mov 两个文件，然后单击【导入】按钮。

③ 在【项目】面板中取消选择两个文件，然后选择 TabletVideo.mov 文件，将其拖曳到面板底部的【新建合成】图标上，效果如图 7-1 所示。

图 7-1

After Effects 自动为我们创建一个名为 TabletVideo 的合成，并在【合成】和【时间轴】面板中打开它。

④ 在菜单栏中依次选择【文件】>【保存】，保存当前项目。

创建蒙版的小技巧

如果你用过 Illustrator、Photoshop 等应用程序，应该会熟悉蒙版、贝塞尔曲线。如果你不熟悉，下面给出的一些技巧可以帮你高效地创建它们。

· 尽可能少用顶点。

· 单击起点，封闭蒙版。单击蒙版路径，从菜单栏中依次选择【图层】>【蒙版和形状路径】>【已关闭】，可打开已封闭的蒙版。

· 按住 Ctrl（Windows）或 Command（macOS）键，使用【钢笔工具】单击路径上的最后一个点，向开放路径添加锚点。在锚点处于选中状态时，可以继续添加锚点。

7.3 使用钢笔工具创建蒙版

当前平板计算机的屏幕上是黑漆漆的一片，什么都没有。为了把一段海龟游动的视频加上去，我们需要先为屏幕创建蒙版。

💡 提示 你还可以使用 After Effects 自带的 Mocha（摩卡）插件创建蒙版。更多关于使用 Mocha 插件的内容，请阅读 After Effects 的帮助文档。

① 把【当前时间指示器】拖至 2:00 处，该处视频正好全彩显示出来。

② 在【时间轴】面板中，确保 TabletVideo.mov 图层处于选中状态，然后在工具栏中选择【钢笔工具】，如图 7-2 所示。

【钢笔工具】可以用来绘制直线或曲线。由于平板计算机的显示区域呈现为矩形，所以接下来，我们将使用【钢笔工具】来绘制直线。

图 7-2

③ 单击平板计算机屏幕的左下角，设置第一个点，如图 7-3（左）所示。

④ 单击平板计算机屏幕的左上角，设置第二个点。After Effects 会自动用直线把两个点连起来。

⑤ 单击平板计算机屏幕的右上角，设置第三个点。然后单击布料与屏幕右边缘的交点，设置第四个点，如图 7-3（中）所示。

⑥ 把【钢笔工具】放到第一个点（屏幕左下角）上，当钢笔旁边出现小圆圈时，如图 7-3（右）所示，单击关闭蒙版路径。

图 7-3

7.4 编辑蒙版

绘制好的蒙版并没有把屏幕内部遮起来，而是把屏幕外部遮起来了。为了解决这个问题，我们需要反转蒙版。你还可以使用贝塞尔曲线创建更精确的蒙版。

7.4.1 反转蒙版

本项目中，我们需要蒙版内部透明，蒙版外部不透明。因此，我们需要反转蒙版。

① 在【时间轴】面板中，选择 TabletVideo.mov 图层，按 M 键，显示蒙版的【蒙版路径】属性。

反转蒙版的方法有两种：一种是在【蒙版模式】弹出菜单中选择【相减】，另一种是勾选蒙版模式右侧的【反转】。

> 💡 提示 快速连按两次 M 键，将显示所选图层的所有蒙版属性。

② 勾选 Mask 1 右侧的【反转】，如图 7-4 所示。

图 7-4

此时，蒙版发生了反转。

③ 按 F2 键，或单击【时间轴】面板的空白区域，取消选择 TabletVideo.mov 图层。

关于蒙版模式

　　蒙版混合模式（蒙版模式）控制着一个图层中的蒙版怎样与另一个蒙版发生作用。默认情况下，所有蒙版都处在【相加】模式之下，该模式会把同一图层上所有蒙版的透明度的值相加。你可以为每个蒙版指定不同的模式，如图 7-5 所示，但是不能制作蒙版模式随时间变化的动画。

　　为图层创建的第一个蒙版会与该图层的 Alpha 通道发生作用。但如果 Alpha 通道没有把整幅图像定义为不透明，那么蒙版将与该图层的帧发生作用。你在【时间轴】面板中创建的每个蒙版都会与其上方的蒙版发生作用。在【时间轴】面板中，运用蒙版模式所得到的结果取决于高层蒙版的模式设置。你只能在同一个图层的各个蒙版之间应用蒙版模式。借助蒙版模式，可以创建出拥有多个透明区域的复杂蒙版形状。例如，可以设置蒙版模式把两个蒙版组合在一起，将它们的交叉区域设为不透明度区域。

图 7-5

7.4.2　创建曲线蒙版

　　曲线与任意多边形蒙版使用贝塞尔曲线定义蒙版形状。贝塞尔曲线让你能够灵活地控制蒙版形状。通过贝塞尔曲线，你能创建（带锐角的）直线、平滑曲线，或二者的结合体。

　　下面我们将使用贝塞尔曲线调整布料、红球、海胆壳（遮住了屏幕的一部分）周围的蒙版边缘。

　　❶ 在【时间轴】面板中选择 TabletVideo.mov 图层的蒙版——Mask 1。选择 Mask 1 将激活该蒙版，并选中所有顶点。

　　❷ 在工具栏中选择【添加"顶点"工具】（ ），该工具隐藏在【钢笔工具】之下，如图 7-6 所示。

　　❸ 使用【添加"顶点"工具】沿着蒙版下边缘单击，添加一个顶点。

图 7-6

　　❹ 向下拖曳新添加的顶点至红球与屏幕的交点上。

　　❺ 在布料附近再添加一个顶点，将其向下拖曳到布料与红球的交点上。

　　❻ 在海胆壳与屏幕底边的两个交点上，分别添加一个顶点，如图 7-7 所示。

　　❼ 在工具栏中选择【转换"顶点"工具】（ ），该工具隐藏于【添加"顶点"工具】之下。

　　❽ 在【合成】面板中单击布料与红球交接处的顶点，把尖角点变成平滑点。

　　❾ 调整方向控制手柄，使蒙版紧紧贴合布料和红球的轮廓，如图 7-8 所示。

图 7-7

图 7-8

⑩ 调整海胆壳与屏幕底边交接处的顶点的方向控制手柄，如图 7-9 所示。

图 7-9

⑪ 在【时间轴】面板中，取消选择 TabletVideo.mov 图层，检查蒙版边缘。若需要做进一步调整，只要选择 TabletVideo.mov 图层的 Mask 1，然后使用【转换"顶点"工具】进一步调整蒙版形状即可。

⑫ 在菜单栏中依次选择【文件】>【保存】，保存当前项目。

7.5 羽化蒙版边缘

创建好的蒙版整体上看起来不错，但是屏幕边缘的地方有些太过锐利，显得不真实。为了解决这个问题，我们需要对蒙版边缘进行羽化。

① 在【时间轴】面板中选择 TabletVideo.mov 图层，按 F 键，把蒙版的【蒙版羽化】属性显示出来。

② 把羽化值设置为 3.0、3.0 像素，如图 7-10 所示。

③ 隐藏 TabletVideo.mov 图层的属性。在菜单栏中依次选择【文件】>【保存】，保存当前项目。

图 7-10

创建贝塞尔曲线蒙版

前面我们使用【转换"顶点"工具】把角顶点转换为了带有贝塞尔控制手柄的平滑顶点,但其实,你可以一开始就创建贝塞尔曲线蒙版。你可以在【合成】面板中使用【钢笔工具】单击创建第一个顶点,然后在放置第二个顶点的位置单击,并沿着曲线方向拖曳,当得到需要的曲线时,释放鼠标。继续添加顶点,直到得到你想要的形状。最后单击第一个顶点,或者双击最后一个顶点,结束创建蒙版。再切换回【选取工具】,进一步调整蒙版形状。

7.6 替换蒙版内容

接下来,我们要用一段海龟游动的视频替换蒙版内容,将其自然地融合到整个场景之中。

💡 **提示** 对向图层应用效果之后,你可以使用蒙版更好地控制效果在图层上的影响范围,还可以使用表达式为蒙版制作动画。

❶ 在【项目】面板中,选择 SeaTurtle.mov 文件,将其拖曳到【时间轴】面板中,并置于 TabletVideo.mov 图层之下,如图 7-11 所示。

图 7-11

❷ 在【合成】面板底部的【放大率弹出式菜单】中选择【合适大小(最大 100%)】,这样你可以看见整个合成画面。

💡 **注意** 如果你当前使用的是配备有 Retina 显示屏的 Mac 计算机,你看到的将是【合适大小(最大 200%)】。

❸ 选择【选取工具】,然后在【合成】面板中略微向左拖曳 SeaTurtle.mov 图层,使其位于平板计算机屏幕的中央,如图 7-12 所示。

图 7-12

④ 把【当前时间指示器】拖曳到 2:07 处。在【时间轴】面板中，向右拖曳 SeaTurtle.mov 图层，使其从 2:07 处开始，与 TabletVideo.mov 图层同时结束，如图 7-13 所示。

图 7-13

通过触摸方式缩放和移动图像

如果你当前使用的设备支持触控，如 Microsoft Surface、Wacom Cintiq Touch、多点触控板等，你可以使用手指缩放和移动图像。After Effects 支持我们在【合成】【图层】【素材】【时间轴】面板中使用触控手势缩放和移动图像。

缩放：两根手指向里捏，缩小图像；两根手指向外张开，放大图像。

移动：在面板的当前视图中，同时滑动两根手指，可以上下左右地移动图像。

调整视频剪辑的位置和尺寸

相对于平板计算机屏幕，海龟视频的尺寸太大了，角度也不太对。为此，我们需要把海龟视频图层转换成 3D 图层，这样可以更好地控制它的形状和大小。

① 把【当前时间指示器】拖曳到 2:07 处，选择 SeaTurtle.mov 图层。

② 按 S 键，显示出【缩放】属性，把【缩放】值设置为 90%。按 Shift+R 组合键，同时显示出【旋转】属性。

③ 在 SeaTurtle.mov 图层处于选中状态时，单击图层的 3D 开关（⬡），如图 7-14 所示。

图 7-14

此时，在【合成】面板中出现 3D 变换控件，同时在【时间轴】面板中出现【方向】【X 轴旋转】【Y 轴旋转】属性。当前【时间轴】面板中的大多数属性有 3 个值，从左到右依次表示图像的

x轴、y轴、z轴，其中z轴控制图层深度。在 3D 变换控件中，你可以看到这些坐标轴。

💡 **注意** 有关 3D 图层的更多内容，我们将在第 12 课"使用 3D 功能"和第 13 课"使用 3D 摄像机跟踪器"中讲解。

④ 选择【选取工具】，然后在【合成】面板中使用 3D 变换控件调整视频在屏幕中的位置。

拖曳红色箭头，沿水平方向移动图层；拖曳绿色箭头，沿垂直方向移动图层；拖曳蓝色箭头，改变图层深度。拖曳红色弧线上的实心圆，绕x轴旋转图层；拖曳绿色弧线上的实心圆，绕y轴旋转图层；拖曳蓝色弧线上的实心圆，绕z轴旋转图层。

⑤ 继续做一些调整，参考图 7-15 修改旋转值。当然，这里的数值仅供参考，具体设置成多少取决于前面你是如何移动 SeaTurtle.mov 图层的。

图 7-15

💡 **提示** 在工具栏中选择【旋转工具】，然后从设置菜单中选择一个选项，可控制 3D 变换控件影响的是旋转值还是方向值。你还可以直接在【时间轴】面板中输入数值，这样就不用在【合成】面板中做拖曳调整了。

⑥ 隐藏 SeaTurtle.mov 图层的属性。在菜单栏中依次选择【文件】>【保存】，保存当前项目。

7.7 调整不透明度

视频出现得有点突然。为了解决这个问题，我们可以调整海龟图层的不透明度，使其缓慢出现。

❶ 在时间标尺上，确保【当前时间指示器】仍位于 2:07 处，选中 SeaTurtle.mov 图层，按 T 键，显示其【不透明度】属性。

❷ 把【不透明度】属性值更改为 0%，然后单击秒表图标，创建一个初始关键帧。

❸ 把【当前时间指示器】移动到 3:15 处，把【不透明度】属性值更改为 100%。

❹ 隐藏【不透明度】属性，取消选择所有图层。

❺ 按 Home 键，或者使用鼠标把【当前时间指示器】拖曳到时间标尺的起始位置，然后按空格键，预览效果，如图 7-16 所示。再次按空格键，停止预览。

图 7-16

7.8 添加阴影

到这里，屏幕上的视频就添加好了。为了进一步增强真实感，我们可以在屏幕上添加一个阴影。

① 在【时间轴】面板中单击空白区域，取消选择所有图层。然后，从菜单栏中依次选择【图层】>【新建】>【纯色】。

② 在【纯色设置】对话框中，在【名称】处输入"Shadow"，单击【制作合成大小】按钮，选择一种深灰色（R=34、G=34、B=34），然后单击【确定】按钮，如图7-17所示。

图 7-17

这里，我们不会重新绘制 TabletVideo.mov 图层的蒙版形状，而是先将其复制到 Shadow 图层，然后再进行调整。

③ 按 Home 键，或者使用鼠标把【当前时间指示器】拖曳到时间标尺的起始位置。

④ 在【时间轴】面板中，选择 TabletVideo.mov 图层，按 M 键，显示图层的【蒙版路径】属性。

⑤ 选择 Mask 1，然后从菜单栏中依次选择【编辑】>【复制】，或者按 Ctrl+C（Windows）或 Command+C（macOS）组合键。

⑥ 在【时间轴】面板中选择 Shadow 图层，然后从菜单栏中依次选择【编辑】>【粘贴】，或者按 Ctrl+V（Windows）或 Command+V（macOS）组合键。

⑦ 隐藏 TabletVideo.mov 图层的属性。

接下来，我们将使蒙版内部区域变得不透明，蒙版外部区域变得透明。

⑧ 选择 Shadow 图层，按 F 键，显示出【蒙版羽化】属性，如图7-18所示。

图 7-18

⑨ 把【蒙版羽化】属性值设置为 0。

⑩ 取消勾选【反转】。此时，Shadow 图层遮住了 SeaTurtle.mov 图层，如图7-19所示。

图 7-19

7.8.1 调整蒙版形状

邻近的对象应该有投影，但不应该影响到整个屏幕。下面我们使用【钢笔工具】缩小蒙版，使其仅仅遮住屏幕右下角。

❶ 在工具栏中选择【删除"顶点"工具】（ ），该工具隐藏在【转换"顶点"工具】之下。

❷ 单击左上角顶点，将其删除，如图 7-20 所示。

图 7-20

❸ 在工具栏中选择【选取工具】，然后朝屏幕右下角拖曳左下与右上顶点，如图 7-21 所示。

图 7-21

❹ 在工具栏中选择【添加"顶点"工具】，该工具隐藏在【删除"顶点"工具】之下。

❺ 向上方路径（对角线）添加顶点，然后使用【转换"顶点"工具】与【选取工具】调整路径位置与形状，如图 7-22 所示。

图 7-22

7.8.2 羽化阴影边缘

阴影边缘不应该是锐利的。为此，我们要调整蒙版的羽化，使阴影渐渐融于屏幕其余部分。

❶ 把【当前时间指示器】拖曳到 3:15 处。

❷ 在工具栏中选择【蒙版羽化工具】（ ），该工具隐藏于【转换"顶点"工具】之下。

前面我们用过【蒙版羽化】属性来等量调整蒙版周围的羽化量。相比之下，【蒙版羽化工具】更灵活，你可以在封闭蒙版的不同位置应用不同的羽化量。

③ 在【时间轴】面板中选择 Shadow 图层，然后在【合成】面板中单击左下顶点，创建一个羽化点。

④ 再次单击羽化点，并按住鼠标左键不放，向外拖曳羽化点，为整个蒙版增加羽化量，如图 7-23 所示。

图 7-23

当前，羽化区域（虚线部分）均匀地扩展到蒙版。下面再添加一些羽化点，进一步提高灵活性。

⑤ 单击海胆壳右侧的顶点，如图 7-24 所示。

图 7-24

新添加一个羽化点之后，羽化收缩至屏幕底部与右侧的蒙版边缘，但是在蒙版顶部仍然有羽化。有投影的对象不应该被挡住。

⑥ 单击海胆壳左侧顶点下方的虚线，沿着屏幕向上拖曳羽化边界，如图 7-25 所示。

图 7-25

此时，阴影不会遮住任何物体。

⑦（该步骤可选）在边界的其他地方创建一个羽化点，调整羽化，并进行拖曳。

现在阴影看起来已经蛮不错了，但是它遮住了部分画面。为此，我们需要调整它的不透明度，减弱其效果。

⑧ 在【时间轴】面板中选择 Shadow 图层，然后按 T 键，显示出【不透明度】属性，把属性值修改为 20%，如图 7-26 所示。

图 7-26

⑨ 再次按 T 键，隐藏【不透明度】属性，然后按 F2 键，或者在【时间轴】面板中单击空白区域，取消选择所有图层。

7.8.3 应用混合模式

在图层之间应用不同的混合模式，可以产生不同的混合效果。混合模式用来控制一个图层与其下图层的混合方式或作用方式。After Effects 中的混合模式和 Photoshop 中的混合模式是一样的。

① 在【时间轴】面板菜单中依次选择【列数】>【模式】，显示出【模式】栏。

② 在 Shadow 图层的【模式】下拉列表中选择【变暗】，然后取消选择所有图层，以便观察结果，如图 7-27 所示。

图 7-27

【变暗】混合模式会加深屏幕画面，并增强 Shadow 图层之下的颜色。

③ 在菜单栏中依次选择【文件】>【保存】，保存当前项目。

7.9 添加暗角

设计动态图形时，最常用的一个效果是暗角效果。在模拟光线通过镜头变化时，人们常常会使用这种效果。在画面中添加暗角，可以有效地把观众的视线集中到中心主题上，从而凸显要表现的主题。

① 在【时间轴】面板中单击空白区域，取消对所有图层的选择，然后在菜单栏中依次选择【图层】>【新建】>【纯色】，打开【纯色设置】对话框。

② 在【纯色设置】对话框中，设置图层名称为 Warm Vignette，单击【制作合成大小】按钮，使用【吸管工具】从平板计算机左侧花瓶的金属圈上选择一种深棕色，然后单击【确定】按钮，如图 7-28 所示。

图 7-28

使用【矩形工具】和【椭圆工具】

顾名思义,【矩形工具】用来创建矩形或正方形;【椭圆工具】() 用来创建椭圆形或圆形。在【合成】或【图层】面板中,你可以使用这些工具,通过拖放方式创建不同形状的蒙版。

如果你想绘制正方形或圆形,那么在使用【矩形工具】或【椭圆工具】拖曳时必须同时按住 Shift 键。如果想从中心向外创建蒙版,则需要在拖曳时按住 Ctrl(Windows)或 Command(macOS)键。开始拖曳时,同时按住 Ctrl+Shift(Windows)或 Command+Shift(macOS)组合键将从中心锚点创建正方形或圆形蒙版。

请注意,在没有选中任何图层的情形下,使用这些工具绘制出的是形状,而非蒙版。

除了【钢笔工具】之外,After Effects 还提供了其他一些工具,方便创建矩形或椭圆形蒙版。

❸ 在工具栏中选择【椭圆工具】,该工具隐藏于【矩形工具】之下。

❹ 在【合成】面板中,把鼠标指针放到画面的左上角。按住鼠标左键并向右下角拖曳,创建一个椭圆形状,如图 7-29 所示。若需要,你可以使用【选取工具】调整椭圆的形状和位置。

图 7-29

❺ 选择 Warm Vignette 图层,展开其 Mask 1 属性,显示所有蒙版属性。

❻ 在 Mask 1 的【模式】下拉列表中,选择【相减】。

❼ 修改【蒙版羽化】值为 200、200 像素,如图 7-30 所示。

图 7-30

即便用了这么大的羽化值，暗角看起来还是有点过强，显得有点压抑。可以通过调整【蒙版扩展】属性来让暗角更柔和、自然。【蒙版扩展】属性值（单位为像素）表示调整边缘与原蒙版边缘的距离。

⑧ 修改【蒙版扩展】值为 90 像素。

最后，使用混合模式进一步弱化暗角效果。

⑨ 选择 Warm Vignette 图层，在【模式】下拉列表中选择【屏幕】，如图 7-31 所示。

图 7-31

⑩ 隐藏 Warm Vignette 图层的所有属性。在菜单栏中依次选择【文件】>【保存】，保存当前项目。

⑪ 取消选择所有图层，按空格键预览影片，如图 7-32 所示。然后再次按空格键，停止预览。

图 7-32

7.10　复习题

1. 什么是蒙版？
2. 方向手柄有什么用？
3. 开放蒙版和闭合蒙版有何区别？
4. 【蒙版羽化工具】为何好用？

7.11　复习题答案

1. 在 After Effects 中，蒙版是一个路径或轮廓，用来调整图层效果与属性。蒙版最常见的用法是修改图层的 Alpha 通道。蒙版由线段和顶点组成。
2. 方向手柄用来控制贝塞尔曲线的形状和角度。
3. 开放蒙版用来控制效果或文本位置，它不能定义透明区域。闭合蒙版定义的区域会影响到图层的 Alpha 通道。
4. 【蒙版羽化工具】可以让你灵活地控制不同位置的羽化量。使用【蒙版羽化工具】时，单击添加一个羽化点，然后拖曳它即可。

使用人偶工具对对象变形

本课概览

本课主要讲解以下内容。

- 使用【人偶位置控点工具】添加位置控点
- 使用【人偶高级控点工具】使图像变形
- 使用【人偶重叠控点工具】定义重叠区域
- 使用【人偶弯曲控点工具】旋转和缩放图像
- 使用【人偶固化控点工具】固化图像
- 为控点位置制作动画
- 使用人偶草绘工具记录动画
- 使用 Character Animator 制作面部表情动画

学习本课大约需要 **1** 小时

项目：动态插画

人偶工具可以用来对屏幕上的对象进行拉伸、挤压、伸展，以及其他变形处理。无论你创建的是仿真动画，还是现代艺术作品，人偶工具都能大大拓展你的自由创作空间。

8.1 准备工作

在 After Effects 中，借助人偶工具，你可以向栅格图像与矢量图形添加自然的动态效果。After Effects 的人偶工具包含五大工具，这些工具用来扭曲变形图像、定义重叠区域、旋转和缩放图像、固化图像等。另外，人偶草绘工具用来实时记录动画。本课我们将使用人偶工具制作一个广告动画，其中有一只螃蟹在挥舞着蟹螯。

开始之前，先预览一下最终影片，并创建好要使用的项目。

① 检查你硬盘上的 Lessons/Lesson08 文件夹中是否包含以下文件。若没有，先下载它们。

* Assets 文件夹：crab.psd、text.psd、Water_background.mov。

* Sample_Movies 文件夹：Lesson08.mp4。

② 使用 Windows Movies & TV 或 QuickTime Player 播放 Lesson08.mp4 示例影片，了解本课要创建的效果。观看完之后，关闭 Windows Movies & TV 或 QuickTime Player。如果存储空间有限，你可以把示例影片从硬盘中删除。

学习本课之前，最好先把 After Effects 恢复成默认设置（参见前言"恢复默认配置文件"中的内容）。你可以使用以下快捷键完成这个操作。

③ 启动 After Effects 时，立即按 Ctrl+Alt+Shift（Windows）或 Command+Option+Shift（macOS）组合键，弹出一个消息框，询问【是否确实要删除您的首选项文件？】，单击【确定】按钮，即可删除你的首选项文件，恢复默认设置。在【主页】窗口中，单击【新建项目】按钮。

此时，After Effects 新建并打开一个未命名的项目。

④ 在菜单栏中依次选择【文件】>【另存为】>【另存为】，打开【另存为】对话框。

⑤ 在【另存为】对话框中，转到 Lessons/Lesson08/Finished_Project 文件夹下。

⑥ 输入项目名称"Lesson08_Finished.aep"，单击【保存】按钮，保存项目。

8.1.1 导入素材

下面导入两个 Photoshop 文件和一个背景影片。

① 在菜单栏中依次选择【文件】>【导入】>【文件】，打开【导入文件】对话框。

② 在【导入文件】对话框中，转到 Lessons/Lesson08/Assets 文件夹下，按住 Ctrl 或 Command 键，选择 crab.psd 和 Water_background.mov 文件，然后单击【导入】按钮。在【项目】面板中可以看到导入的素材。

③ 在【项目】面板中双击空白区域，再次打开【导入文件】对话框。在 Lessons/Lesson08/Assets 文件夹中，选择 text.psd 文件。

④ 在【导入为】下拉列表中，选择【合成 - 保持图层大小】（在 macOS 中，可能需要单击【选项】才能看到【导入为】下拉列表）。然后单击【导入】按钮。

⑤ 在 text.psd 对话框中，选择【可编辑的图层样式】，单击【确定】按钮，如图 8-1 所示。在【项目】面板中可以看到以合成形式导入的文件，它的图层位于一个单独的文件夹中。

图 8-1

8.1.2 创建合成

和其他项目一样，我们先要创建一个新合成。

① 在【合成】面板中，单击【新建合成】按钮，打开【合成设置】对话框，如图 8-2 所示。

图 8-2

② 设置【合成名称】为 Blue Crab。

③ 在【预设】中选择【NTSC DV】。该预设会自动为合成设置宽度、高度、像素长宽比、帧速率。

④ 在【持续时间】中，输入"1000"（即 10 秒）。

⑤ 修改【背景颜色】为深青色（R=5、G=62、B=65），然后单击【确定】按钮，关闭【合成设置】对话框，如图 8-3 所示。

After Effects 将在【时间轴】与【合成】面板中打开新合成。

图 8-3

8.1.3 添加背景

在有背景的情形下，为图像制作动画相对容易一些，因此，首先我们要向合成中添加背景。

① 按 Home 键，或者直接把【当前时间指示器】拖曳到时间标尺的起始位置。

② 把 Water_background.mov 文件拖入【时间轴】面板中。

③ 单击图层左侧的【锁定】图标（🔒），将图层锁定，防止意外修改，如图 8-4 所示。

图 8-4

8.1.4　为导入的文本制作动画

最终影片中包含两行动画文本。由于在把 text.psd 文件作为合成导入时保留了原始图层，所以你可以在其【时间轴】面板中编辑它，独立地编辑各个图层并为它们制作动画。下面我们将为每个图层添加一个动画预设。

① 把 text 合成从【项目】面板拖入【时间轴】面板中，并使其位于所有图层的最顶层，如图 8-5 所示。

图 8-5

② 双击 text 合成，在其自身的【时间轴】面板中打开它。

③ 在 text 合成的【时间轴】面板中，按住 Shift 键，同时选中两个图层，如图 8-6 所示。然后在菜单栏中依次选择【图层】>【创建】>【转换为可编辑文字】。

图 8-6

当前，text 合成的两个图层都处于可编辑状态，你可以对它们应用动画预设。

④ 把【当前时间指示器】拖至 3:00 处。然后取消选择两个图层，只选中 BLUE CRAB 图层。

⑤ 在【效果和预设】面板中，搜索【扭转飞入】，然后将其拖曳到 BLUE CRAB 图层之上，如图 8-7 所示。

默认情况下，动画预设只持续 2.5 秒左右，这里文本从 3:00 开始飞入，到 5:16 结束。After Effects 会为该效果自动添加关键帧。

图 8-7

⑥ 把【当前时间指示器】拖曳到 5:21 处，选择 charter services 图层。

⑦ 在【效果和预设】面板中，搜索【缓慢淡化打开】，然后将其拖曳到 charter services 图层之上。

⑧ 返回到 BLUE CRAB 图层的【时间轴】面板中，把【当前时间指示器】拖曳到时间标尺的起始位置。按空格键，预览动画，如图 8-8 所示。再次按空格键，停止预览。

图 8-8

⑨ 在菜单栏中依次选择【文件】>【保存】，保存当前项目。

8.1.5 制作缩放动画

接下来，我们向画面中添加螃蟹，并为它制作动画，使其刚开始出现时充满整个画面，然后快速缩小，最终移动到文本上方。

① 从【项目】面板中把 crab.psd 文件拖曳到【时间轴】面板中，并使其位于最顶层。

② 按 Home 键，或者直接把【当前时间指示器】拖曳到时间标尺的起始位置。

③ 在【时间轴】面板中，选择 crab.psd 图层，按 S 键，显示其【缩放】属性，如图 8-9 所示。

图 8-9

④ 修改【缩放】属性值为 400%。

⑤ 单击【缩放】属性左侧的秒表图标，创建一个初始关键帧。

⑥ 把【当前时间指示器】移动到 2:00 处，修改【缩放】属性值为 75%，如图 8-10 所示。
螃蟹缩小正常，但是位置不对。

⑦ 按 Home 键，把【当前时间指示器】移动到时间标尺的起始位置。

图 8-10

⑧ 按 P 键，显示图层的【位置】属性，修改【位置】属性值为 360、82。此时，螃蟹上移并充满整个合成画面。

⑨ 单击【位置】属性左侧的秒表图标，创建一个初始关键帧。

⑩ 把【当前时间指示器】拖曳到 1:15 处，修改【位置】属性值为 360、228。

⑪ 把【当前时间指示器】拖曳到 2:00 处，修改【位置】属性值为 360、182。

⑫ 沿着时间标尺，把【当前时间指示器】从开始位置拖曳 2 秒，观看螃蟹动画，如图 8-11 所示。

图 8-11

⑬ 隐藏 crab.psd 图层的所有属性。在菜单栏中依次选择【文件】>【保存】，保存当前项目。

8.2 关于人偶工具

人偶工具可以把栅格和矢量图像转换成虚拟的提线木偶。当你拉动提线木偶的某根提线时，木偶上与该提线相连的部分就会随之移动，例如拉动与木偶的手相连的提线，木偶的手就会抬起。人偶工具使用控点指定提线附着的部位。

人偶工具根据控点位置对图像的各个部分进行扭曲变形，你可以自由地设置控点，并为它们制作动画。控点控制着图像哪些部分会发生移动、旋转，哪些部分固定不动，以及当发生重叠时哪些部分位于前面。

After Effects 中有 5 种控点，每种控点对应一种工具。

* 【人偶位置控点工具】（ ✦ ）：用来设置和移动位置控点，这些控点用来改变图像中点的位置。

* 【人偶固化控点工具】（ ￼ ）：用来设置固化控点，受固化的部分不易发生扭曲变形。

* 【人偶弯曲控点工具】（ ￼ ）：用来设置弯曲控点，允许你对图像的某个部分进行旋转、缩放，同时又不改变位置。

* 【人偶高级控点工具】（ ￼ ）：用来设置高级控点，允许你完全控制图像的旋转、缩放、位置。

* 【人偶重叠控点工具】（ ￼ ）：用来设置重叠控点，指定发生重叠时图像的哪一部分位于上方。

一旦设置了控点，图像内部区域就会被自动划分成大量三角形网格，每一部分网格都与图像像素相关联，当网格移动时，相应像素也会跟着移动。在为位置控点制作动画时，越靠近控点网格变形越厉害，同时会尽量保持图像的整体形状不变。例如，当你为角色手部的控点制作动画时，角色的手部和胳膊都会变形，但是其他大部分都保持在原来的位置上。

> 💡 **注意** 只有设置了变形控点的帧才会计算网格。如果你在【时间轴】面板中添加了很多控点，这些点会根据网格原来的位置进行放置。

▎8.3 添加位置控点

位置控点是人偶动画的基本组件。控点的位置和放置方式决定着对象在屏幕上的运动方式。你只需要放置位置控点和显示网格，After Effects 会帮助我们创建网格并指定每个控点的影响范围。

在选择【人偶位置控点工具】后，工具栏中会显示人偶工具的相关选项。在【时间轴】面板中，每个控点都有自己的属性，After Effects 会自动为每个控点创建一个初始关键帧。

❶ 在工具栏中选择【人偶位置控点工具】，如图 8-12 所示。

图 8-12

❷ 把【当前时间指示器】拖曳到 1:27 处，此时螃蟹刚缩小到最终尺寸。

❸ 在【合成】面板中，在螃蟹左螯的中间位置单击，放置一个位置控点。

此时，一个黄点出现在螃蟹左螯的中间位置，这个黄点就是位置控点。如果使用【选取工具】移动该位置控点，整只螃蟹都会随之移动。接下来，我们需要添加更多控点，使网格的其他部分保持不动。

❹ 继续使用【人偶位置控点工具】，在螃蟹右螯的中间位置单击，放置另一个位置控点，如图 8-13 所示。

接下来，我们就可以使用【选取工具】移动蟹螯了。添加的控点越多，每个控点影响的区域就越小，每个区域的拉伸程度也会越小。

❺ 选择【选取工具】，拖曳其中一个位置控点，观察效果，如图 8-14 所示。按 Ctrl+Z（Windows）或 Command+Z（macOS）组合键，恢复原样。

图 8-13

图 8-14

❻ 再次选择【人偶位置控点工具】，在两只眼睛的顶部、每条腿的末端各放置一个位置控点（注意本章所述的蟹腿不包括蟹螯），如图 8-15 所示。

图 8-15

⑦ 在【时间轴】面板中，依次展开【网格 1】>【变形】属性，其中列出了所有位置操控点。

8.4 添加高级控点和弯曲控点

你可以使用和位置控点相同的方法移动高级控点，还可以使用高级控点旋转与缩放图像区域。下面我们将使用高级控点替换蟹螯上的位置控点。弯曲控点不会影响位置，但是你可以使用它们旋转或缩放图像的某个区域，同时保持该区域的位置不变。接下来，我们会在螃蟹的最后两条腿中间添加弯曲控点。然后显示网格，After Effects 会创建网格，并指定每个操控点影响的区域。

① 在工具栏中选择【选取工具】，选中并删除蟹螯上的各个位置控点。

② 在工具栏中选择【人偶高级控点工具】，该工具隐藏于【人偶位置控点工具】之下。

③ 先在螃蟹左螯的中间位置放置一个高级控点，然后再在螃蟹右螯的中间位置放置另外一个高级控点，如图 8-16 所示。

图 8-16

请注意，在高级控点外面有一个圆圈，并且圆圈上有一个方框。向外或向内拖曳圆圈上的方框执行缩放操作；沿顺时针或逆时针方向拖曳圆圈执行旋转操作。

④ 在工具栏中选择【人偶弯曲控点工具】，该工具隐藏于【人偶高级控点工具】之下。

⑤ 先在螃蟹左后腿的中间位置放置一个弯曲控点，再在螃蟹右后腿的中间位置放置另外一个弯曲控点，如图 8-17 所示。

图 8-17

有时你可能想为某些操控点命名。这里，我们为蟹螯和眼睛上的控点命名。

⑥ 在【时间轴】面板中，选择【操控点 13】，按 Enter 或 Return 键，将其重命名为 Left Pincer，再次按 Enter 或 Return 键，使修改生效，如图 8-18 所示。

图 8-18

⑦ 隐藏控点属性，然后把相应的控点（依次为操控点 14、操控点 3、操控点 4）分别重命名为 Right Pincer、Left Antenna、Right Antenna，如图 8-19 所示。默认操控点名称是根据它们的创建顺序进行编号的。其实你不必为螃蟹腿上的操控点命名，当然如果需要，你也可以这样做。

图 8-19

⑧ 在工具栏中勾选【显示】，显示变形网格。

螃蟹的颜色和网格颜色几乎一模一样，为了方便区分，我们需要修改网格颜色，网格颜色由图层左侧的颜色标签指定。

⑨ 在【时间轴】面板中，单击 crab.psd 图层左侧的颜色标签，然后从弹出的菜单中选择一种反差大的颜色，如红色或粉色。

⑩ 选择 crab.psd 图层中的【网格 1】，再次显示出网格。

⑪ 在工具栏中，把【密度】值修改为 12，增加网格密度，如图 8-20 所示。你可能需要再次选择【网格 1】才能看见网格。

【密度】属性控制着网格中包含多少个三角形。增加网格中三

图 8-20

角形的数量，动画会更平滑，但同时会增加渲染时间。

> 💡 提示　你可以把网格扩展到图层轮廓之外，这样可以确保描边包含在变形之中。在工具栏中，增加
> 【扩展】属性值，即可扩展网格。

⑫ 在菜单栏中依次选择【文件】>【保存】，保存当前项目。

定义重叠区域

如果你的动画中一个对象或角色的一部分从另一个对象和角色前面经过，你可以使用【人偶重叠控点工具】指定出现区域重叠时哪个区域在前面。在工具栏中选择【人偶重叠控点工具】，如图 8-21 所示，勾选【显示】，显示网格，然后单击网格中的重叠区域，把重叠控点放到应该显示在前面的区域中。

图 8-21

你可以通过工具栏中的选项调整重叠控点的效果。【置前】控制观看者能够看清的程度，把该值设置为 100%，可以防止身体交叠的部分透显出来。【范围】控制着控点对重叠区域的影响范围，受影响的区域在【合成】面板中使用较浅颜色显示。

8.5　设置固定区域

动画中，螃蟹的蟹螯、蟹腿、眼睛都是活动的，但是蟹壳应该固定不动。下面我们将使用【人偶固化控点工具】添加固化控点，确保蟹壳不会受其他部位运动的影响。

① 在工具栏中选择【人偶固化控点工具】，该工具隐藏于【人偶弯曲控点工具】之下。

② 如果网格没有显示，在工具栏中勾选【显示】。

③ 在每个蟹螯、蟹腿、眼睛根部分别设置一个固化控点，把整个蟹壳固定住，如图 8-22 所示。

图 8-22

④ 在【时间轴】面板中，隐藏 crab.psd 图层的所有属性。

⑤ 在菜单栏中依次选择【文件】>【保存】，保存当前项目。

挤压与拉伸

挤压与拉伸是传统动画制作中使用的技术，它们能够塑造对象的真实感和重量感。现实生活中，当一个运动的对象撞到静止不动的物体（例如地面）时，就会出现挤压和拉伸现象。正确应用挤压和拉伸，角色的体积不会发生变化。在使用人偶工具为卡通人物或类似对象制作动画时，要考虑他们与其他对象的交互方式。

理解挤压和拉伸原理最简单的方法是观看地面上弹跳的球。当球着地时，其底部会变平（挤压）；当球弹起时，底部会拉伸，如图 8-23 所示。

图 8-23

8.6 为控点位置制作动画

前面我们已经设置好了控点位置。接下来，我们要改变它们让螃蟹动起来。固化控点可以防止指定区域（这里指蟹壳）变形过大。

设置控点时，After Effects 为每个控点在 1:27 处创建了初始关键帧。接下来，我们会为这些控点制作动画，让蟹螯、蟹腿、眼睛动起来，然后再让它们回到原来的位置。

① 在【时间轴】面板中选择 crab.psd 图层，按 U 键，显示该图层的所有关键帧，选择【操控】，显示出操控点。

② 在工具栏中选择【选取工具】。把【当前时间指示器】拖曳到 4:00 处，选择位于螃蟹左螯上的高级控点。向左拖曳控点外部的圆圈，向外旋转蟹螯，然后拖曳中心控点，让蟹螯几乎保持垂直。对右侧蟹螯执行同样的操作（向右拖曳圆圈），如图 8-24 所示。

图 8-24

③ 把【当前时间指示器】拖曳至 5:00 处，移动 Left Pincer 和 Right Pincer 控点，让两个蟹螯进一步远离。然后向外拖曳每个圆圈上的小方框，使蟹螯略微放大，如图 8-25 所示。

④ 在 6:19，把蟹螯向内扳回。然后在 8:19，再次调整蟹螯，使它们再次垂直。在 9:29，把蟹螯缩小到原来的尺寸，并移动蟹螯，让它们完全转向内侧。

⑤ 沿着时间标尺移动【当前时间指示器】，观看蟹螯动画。

图 8-25

接下来，我们把眼睛靠得更近一些。由于第一个关键帧已经存在，所以我们只要再创建一个关键帧即可。

⑥ 把【当前时间指示器】拖曳到 7:14 处，并把眼睛上的控点拉得近一些。

接下来，再为蟹腿制作动画。我们希望蟹腿的移动早于蟹螯，并且移动的幅度很小。

⑦ 把【当前时间指示器】拖曳到 1:19 处，移动螃蟹每条腿上的控点，使蟹腿略微变长，并向外弯曲。使用两条大后腿上的弯曲控点，让两条后腿略微变大一些。

⑧ 分别在 2:01、4:00、6:17 调整每根蟹腿，让它们在视频播放过程中稍微向上或向下、向内或向外移动。请注意，不管往哪个方向移动，要确保每个控点每次移动时的移动量大致相同。在 8:10，使用弯曲控点把两条大后腿恢复成原来的大小。

⑨ 隐藏 crab.psd 图层的所有属性。按 F2 键，或单击【时间轴】面板中的空白区域，取消选择所有图层。然后按 Home 键，或者直接把【当前时间指示器】拖曳到时间标尺的起始位置。

⑩ 按空格键，预览动画，如图 8-26 所示。然后再次按空格键，停止预览。如果你想进一步调整动画，此时可以调整每个帧上的操控点。

图 8-26

⑪ 在菜单栏中依次选择【文件】>【保存】，保存当前动画。

8.7　使用人偶工具制作波浪

人偶工具不仅可以用来为图层上的图像制作动画，还可以用来向视频图层添加扭曲等特殊效果。下面我们将使用高级控点制作波浪。

① 在【时间轴】面板中，单击 Water background.mov 图层左侧的【锁定】图标，解除图层锁定，这样你才能编辑它。

② 把【当前时间指示器】拖曳到 4:00 处，这时你可以清晰地看到流水。

③ 选择 Water background.mov 图层。

④ 在工具栏中选择【人偶高级控点工具】，然后在螃蟹的上下左右分别创建一个高级控点。

⑤ 在工具栏中取消勾选【显示】，这样你可以清楚地看到水体。

⑥ 旋转各个操控点，为水体制作波浪，如图 8-27 所示。这个过程中，你可能需要缩放水体和调整控点位置，才能保证扭曲后的水体仍然能够充满整个画面。如果对制作的效果不满意，你可以随时删掉操控点，从头再来一次。

图 8-27

⑦ 按 Home 键，或直接把【当前时间指示器】拖曳到时间标尺的起始位置。然后按空格键，预览动画。再次按空格键，停止预览。

⑧ 在【时间轴】面板中，隐藏所有属性，然后保存项目。

8.8 记录动画

只要你愿意，你完全可以手动修改每个关键帧上每个操控点的位置，但这样做太费时。事实上，你可以不这样制作关键帧动画，而是使用人偶草绘工具实时地把操控点拖曳到目标位置。一旦你开始拖曳操控点，After Effects 就会自动记录操控点的运动，并在你释放鼠标时停止记录。当你拖曳操控点时，合成也随之发生移动。停止记录时，【当前时间指示器】会返回到记录起始点，这样方便你记录同一时间段中其他操控点的路径。

接下来，我们将使用人偶草绘工具重新创建蟹螯运动的动画。

① 在菜单栏中依次选择【文件】>【另存为】>【另存为】，在弹出的【另存为】对话框中，设置项目名称为 Motionsketch.aep，将其保存到 Lesson08/Finished_Project 文件夹中。

💡提示　默认情况下，动画播放速度和录制时的速度一样。但你可以更改录制速度和播放速度的比率。在录制之前，请单击工具栏中的【记录选项】，在【操控录制选项】对话框中修改【速度】值即可。

② 把【当前时间指示器】移动到 1:27 处。

③ 在【时间轴】面板中选择 crab.psd 图层，按 U 键显示该图层的所有关键帧。

④ 向下滚动到 Left Pincer 和 Right Pincer 操控点。拖选这两个操控点在 2:08 之后的所有关键帧，然后删除它们，如图 8-28 所示。

这样，我们就把蟹螯动画的关键帧全部删除了，同时把其他操控点的动画保留了下来。根据固化控点的位置，你可能需要稍微移动一下蟹螯，以配合其他控点的移动。

⑤ 在工具栏中选择【人偶位置控点工具】。

图 8-28

⑥ 若操控点不可见，在【时间轴】面板中选择【操控】，在【合成】面板中显示出操控点。

⑦ 在【合成】面板中选择 Left Pincer 操控点，按住 Ctrl（Windows）或 Command（macOS）键，激活人偶草绘工具，此时在鼠标指针旁边出现一个时钟图标。

⑧ 按住 Ctrl 或 Command 键不放，把 Left Pincer 操控点拖曳到不同位置，然后释放鼠标。此时，【当前时间指示器】返回到 1:27 处。

> 💡 注意 ┃ 人偶草绘工具只记录位置变化，不记录旋转与大小变化。

⑨ 按住 Ctrl 或 Command 键，把 Right Pincer 操控点拖曳到目标位置。拖曳时，可以参考螃蟹轮廓和另一只蟹螯的运动路径。释放鼠标，停止录制，如图 8-29 所示。

图 8-29

⑩ 预览最终动画。

至此，我们已经使用人偶工具制作出了一段逼真、有趣的动画。请记住，你可以使用人偶工具对多种类型的对象进行变形与操控。

更多内容

使用 Character Animator 制作角色动画

如果你对自己的演技信心满满，那么你很可能会选用 Character Animator 软件来制作角色动画，而不会费劲地添加关键帧。当你要制作一个很长的场景，或者需要匹配角色的嘴型和配音时，Character Animator 软件会非常有用，而且使用过程中也充满了乐趣。

Character Animator 是 Creative Cloud 的一部分，如果你是 Creative Cloud 会员，就可以免费使用它。使用 Character Animator 时，需要先导入使用 Photoshop 或 Illustrator 创建的角色，然后在摄像头前做出这个角色的面部表情和头部运动，你的角色就会在屏幕上模仿你的动作，如图 8-30 所示。如果你开口说话，那么角色嘴唇也会根据你说的话做出相应运动。

你可以使用键盘快捷键、鼠标、平板计算机控制身体其他部分（例如腿部、胳膊）的运动。你还可以设置跟随行为，例如，当一只兔子的脑袋朝左摆动时，让它的耳朵也跟着一起向左摆动。

Character Animator 提供了一些有趣的交互式教程，这些教程可以帮助你快速上手并使用它。

图 8-30

制作流畅动画的小技巧

· 为不同运动部位创建不同图层，例如在一个图层上画嘴，在另外一个图层上画右眼等。

· 为各个图层指定合适的名称，以便 Character Animator 区分它们。使用特定单词（例如 pupil）有助于 Character Animator 把角色相应部分对应到摄像机图像上。

· 录制之前，练习面部与其他肢体动作。一旦设置好静止姿势，你可以尝试不同嘴型、扬眉动作、摇头和其他动作，了解一下角色是如何模拟这些细微和夸张的肢体动作的。

· 录制时，要正对着麦克风说话。许多口型都是由声音触发的，如 uh-oh，而且角色的嘴部动作要和你说的话保持同步。

· 刚开始的时候，可以先考虑使用一个现成的角色模板。为图层正确命名，有助于后续操作。

· 多尝试为没有面部和身体的对象制作动画。例如，你可以使用 Character Animator 尝试为漂浮的云、飘动的旗帜、开放的花朵制作动画。制作中，要多想些创意，并从中体会创作的乐趣。

8.9　复习题

1. 【人偶位置控点工具】和【人偶高级控点工具】有何不同？
2. 什么时候使用【人偶固化控点工具】？
3. 请说出制作控点位置动画的两种方法。

8.10　复习题答案

1. 【人偶位置控点工具】用来创建位置控点，这些控点指定了图像变形时部分图像的位置。
   【人偶高级控点工具】用来创建高级控点，这些控点控制部分图像的缩放、旋转、位置。
2. 【人偶固化控点工具】用来设置固化控点，当对象中非固化部分发生变形时，受固化的部分不易发生扭曲变形。
3. 制作控点位置动画时，你可以在【时间轴】面板中手动修改每个操控点的位置。但相比之下，更快的方法是使用人偶草绘工具：选择【人偶位置控点工具】，按住 Ctrl 或 Command 键，拖曳操控点，After Effects 会自动记录它的运动。

使用 Roto 笔刷工具

本课主要讲解以下内容。

- 使用【Roto 笔刷工具】从背景中提取前景对象
- 调整跨越多个帧的分离边界
- 使用【调整边缘工具】修改蒙版
- 冻结剪辑蒙版
- 制作属性动画，获得富有创意的效果
- 面部跟踪

学习本课大约需要 **1** 小时

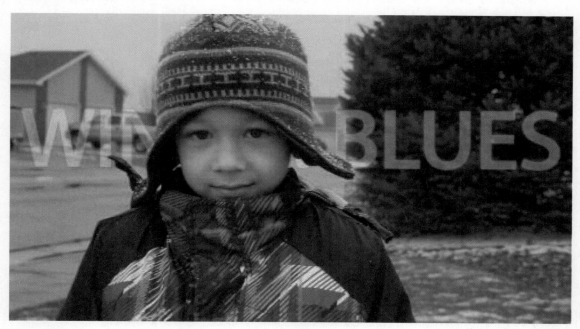

项目：电视广告

　　使用【Roto 笔刷工具】（ ），你可以把一个跨越多个帧的对象从背景中快速分离出来。相比于传统的动态遮罩技术，使用【Roto 笔刷工具】能够节省大量时间，还能得到更好的处理结果。

9.1 关于动态遮罩

在影片的多个图像帧上绘图时，其实就是在用动态遮罩。例如，动态遮罩常见的用途是跟踪对象，它将路径用作蒙版，把对象从背景中分离出来，这样你就能单独处理分离出来的对象了。After Effects 中传统的方法是，先绘制遮罩，然后制作遮罩路径动画，再使用遮罩定义蒙版（蒙版也是一种遮罩，用来隐藏图像的某个部分，以便叠加另一幅图像）。传统方法虽然有效，但耗时，而且也很枯燥，当目标对象频繁移动或背景十分复杂时更是如此。

如果背景或前景对象拥有一致且鲜明的颜色，你可以使用颜色键控（color keying）方法把对象从背景中分离出来。如果拍摄使用的背景是绿色或蓝色（绿屏或蓝屏）的，使用键控要比使用动态遮罩简单得多。不过，在处理复杂背景时，键控方式的效率十分低下。

在 After Effects 中，【Roto 笔刷工具】的速度要比传统的动态遮罩快得多。你可以使用【Roto 笔刷工具】定义前景和背景元素。然后 After Effects 将创建蒙版，并跟踪蒙版的运动。【Roto 笔刷工具】为我们做了大量工作，我们只需做一点收尾工作就行了。

9.2 准备工作

本课中，我们将使用【Roto 笔刷工具】把一个男孩从湿冷的冬日背景中分离出来。然后在不影响男孩的情形下，重新处理背景颜色，并添加一个动态文本。

开始之前，先预览一下最终影片，并创建好要使用的项目。

① 检查你硬盘上的 Lessons/Lesson09 文件夹中是否包含以下文件。若没有，先下载它们。

- Assets 文件夹：boy.mov、Facetracking.mov。
- Sample_Movies 文件夹：Lesson09.mp4。

② 使用 Windows Movies & TV 或 QuickTime Player 播放 Lesson09.mp4 示例影片，了解本课要创建的效果。观看完之后，关闭 Windows Movies & TV 或 QuickTime Player。如果存储空间有限，你可以把示例影片从硬盘中删除。

学习本课之前，最好先把 After Effects 恢复成默认设置（参见前言"恢复默认配置文件"中的内容）。你可以使用以下快捷键完成这个操作。

③ 启动 After Effects 时，立即按 Ctrl+Alt+Shift（Windows）或 Command+Option+Shift（macOS）组合键，弹出一个消息框，询问【是否确实要删除您的首选项文件？】，单击【确定】按钮，即可删除你的首选项文件，恢复默认设置。

④ 在【主页】窗口中，单击【新建项目】按钮。

此时，After Effects 新建并打开一个未命名的项目。

⑤ 在菜单栏中依次选择【文件】>【另存为】>【另存为】，打开【另存为】对话框。

⑥ 在【另存为】对话框中，转到 Lessons/Lesson09/Finished_Project 文件夹下。

⑦ 输入项目名称"Lesson09_Finished.aep"，单击【保存】按钮，保存项目。

创建合成

下面导入素材文件，并基于导入文件创建合成。

❶ 在【合成】面板中，单击【从素材新建合成】按钮，打开【导入文件】对话框，如图 9-1 所示。

图 9-1

❷ 在【导入文件】对话框中，转到 Lessons/Lesson09/Assets 文件夹下，选择 boy.mov 文件，然后单击【导入】按钮，效果如图 9-2 所示。

图 9-2

After Effects 基于 boy.mov 文件中的设置自动为我们创建了一个名为 boy 的合成。该合成时长为 3 秒，帧大小为 1920 像素 ×1080 像素，帧速率为 29.97 帧 / 秒，这也是视频拍摄时使用的帧速率。

❸ 在菜单栏中依次选择【文件】>【保存】，保存当前项目。

9.3 创建分离边界

我们使用【Roto 笔刷工具】指定视频剪辑的前景和背景区域，并添加描边区分两者，然后 After Effects 在前景和背景之间创建分离边界。

9.3.1 创建基础帧

为了使用【Roto 笔刷工具】分离出前景对象，首先要为基础帧添加描边，把前景和背景区域区分开。你可以从视频剪辑的任意一帧开始操作，但是这里，我们将把第一帧用作基础帧。首先添加描边，把男孩作为前景对象识别出来。

① 沿着时间标尺拖曳【当前时间指示器】，预览视频素材。

② 按 Home 键，把【当前时间指示器】移动到时间标尺的起始位置。

③ 在工具栏中选择【Roto 笔刷工具】。

接下来，你就可以在【图层】面板中使用【Roto 笔刷工具】了。

④ 在【时间轴】面板中，双击 boy.mov 图层，在【图层】面板中打开视频剪辑，如图 9-3 所示。

图 9-3

⑤ 在【图层】面板底部的【放大率弹出式菜单】中选择【适合】，这样才能够看到整个影像画面。

默认情况下，【Roto 笔刷工具】会为前景创建绿色描边。接下来，我们先为前景（男孩）添加描边。一般来说，最有效的做法是先使用粗线描边，然后再使用细一点的笔刷调整边缘。

⑥ 在菜单栏中依次选择【窗口】>【画笔】，打开【画笔】面板，从中选择一个 100 像素大小的尖角画笔。（你可能需要调整【画笔】面板大小才能看见所有画笔。）

在描绘前景人物时，一定要考虑人物的骨骼结构。不同于传统的动态遮罩，使用【Roto 笔刷工具】时并不需要精确勾勒对象边界。先从粗的描边开始，然后到小区域，After Effects 会自动判断边界在何处。

⑦ 从男孩的头部开始，自上而下画一条绿线，一直画到画面底部为止，如图 9-4 所示。

图 9-4

💡 提示　使用鼠标滚轮，可以快速放大或缩小【图层】面板。

After Effects 使用粉红色轮廓线标出前景对象。但是它大约只识别出了人物的一半，因为一开始采样时只取了对象的一小块区域。接下来，我们将添加更多前景笔触，以帮助 After Effects 查找边缘。

⑧ 使用大号画笔，在男孩的外套上从左到右画一笔，如图 9-5 所示。

⑨ 使用小一点的画笔，在遗漏的区域中拖绘，把它们添加到前景。

> 💡提示 按住 Ctrl（Windows）或 Command（macOS）键拖曳鼠标指针可以快速增大或减小画笔：向左拖曳，减小画笔；向右拖曳，增大画笔。

图 9-5

使用【Roto 笔刷工具】选取前景的过程中，难免会把一部分背景也加入前景之中。现在，如果你还没有取到前景中的所有细节也没关系。接下来，我们会使用背景笔触画笔从前景中去除多余的区域。

⑩ 按住 Alt（Windows）或 Option（macOS）键，切换到红色背景笔触画笔。

⑪ 在背景区域中绘制红色笔触，把描绘区域从前景中去除。在前景和背景笔刷间来回切换以对蒙版进行精细调整。不要忘记把男孩帽子底下的区域从前景中去除，如图 9-6 所示。事实上，你只需在那个区域中轻轻一点，就可以把它从前景中去掉。

图 9-6

更多内容

使用 After Effects 编辑 Premiere Pro 剪辑

在一个项目的制作过程中，你可以使用 Premiere Pro 和 After Effects 处理同一段视频剪辑，并在两个应用程序之间轻松传递视频剪辑。

若想在 After Effects 中编辑 Premiere Pro 视频剪辑，请按照以下步骤操作。

❶ 在 Premiere Pro 中，使用鼠标右键（Windows）或按住 Control 键（macOS）单击视频剪辑，在弹出的菜单中选择【替换为 After Effects 合成】。

此时，After Effects 启动，并打开 Premiere Pro 视频剪辑。

❷ 当 After Effects 询问是否保存项目时，单击【保存】按钮。然后在 After Effects 中对视频剪辑做相应处理，这与其他 After Effects 项目一样。

③ 处理完毕后，保存项目，返回到 Premiere Pro 中。

你在 After Effects 中所做的更改会反映在【时间轴】面板中。

　　使用【Roto 笔刷工具】时，画笔笔触不必十分精确，只要确保蒙版与前景对象边缘相差 1 到 2 个像素即可。稍后我们还会对蒙版进行精细调整。由于 After Effects 会使用基础帧的信息来调整其他部分的蒙版，所以我们要把蒙版调整得准确些。

　　⑫ 单击【图层】面板底部的【切换 Alpha】按钮（ ），此时选取区域为白色，未选取区域为黑色，蒙版清晰可见，如图 9-7 所示。

　　⑬ 单击【图层】面板底部的【切换 Alpha 叠加】按钮（ ），此时前景为彩色，背景为红色，如图 9-8 所示。

　　⑭ 单击【图层】面板底部的【切换 Alpha 边界】按钮（ ），可以看到围绕着男孩的粉色轮廓线，如图 9-9 所示。

图 9-7

图 9-8

图 9-9

　　使用【Roto 笔刷工具】时，【Alpha 边界】是展现边界精确与否的最好方式，因为边界内外区域一览无余。不过，在【Alpha】和【Alpha 叠加】模式下，你可以更好地观察蒙版，并且不会受到背景的干扰。

9.3.2　精细调整边界

　　前面我们使用【Roto 笔刷工具】创建了一个基础帧，其中包含的分离边界把前景从背景中分开。After Effects 会把分离边界应用到图层的整个长度上。在【图层】面板底部的时间标尺之下，显示的是 Roto 笔刷和调整边缘间距。当 After Effects 为某一帧计算出分离边界时，在【时间轴】面板中该帧的下方就会出现绿色条。

　　当向前或向后观看视频素材时，分离边界会随着前景对象（本例中指小男孩）移动。下面我们将逐步查看作用范围内的每一帧，并根据需要调整分离边界。

图 9-10

　　❶ 在【效果控件】面板中，把【品质】设置为【标准】，如图 9-10 所示。

　　选择【标准】时，After Effects 就会以较低的分辨率处理各个帧，分离边界的计算速度会变快，但是蒙版包含的边缘细节会减少。当选择【最佳】时，蒙版会包含更多边缘细节，但是处理速度会下降不少。对大多数项目来说，选择【标准】就可以了。

　　❷ 按主键盘（非数字小键盘）上的数字键 2，向后移动一帧。

> 💡 提示　按主键盘（非数字小键盘）上的数字键 2，将向后移动一帧（即移动到下一帧）。按数字键 1，将向前移动一帧（即移动到上一帧）。

从基础帧开始，After Effects 跟踪对象的边缘，并尽量跟踪对象的运动。分离边界精确与否取决于前景和背景元素的复杂程度。本例中，随着外套在画面中露出得越来越多，你会发现男孩右袖子（视频剪辑左边缘）上的分离边界起了变化。此外，棉帽下襟和兜帽边缘都需要做进一步调整。

③ 使用【Roto 笔刷工具】，在前景和背景上涂抹，进一步调整当前帧上的蒙版范围。当蒙版准确了，即停止调整。

若画得不对，可以随时撤销，重新再画。在作用范围内逐帧移动时，对当前帧的每次修改都会影响到它后面的所有帧。使用 Roto 笔刷描画得越精细，最后的分离效果越好。建议在每次下笔描画之后，就向前走几帧，看看它对分离边界有什么影响。

> 💡 **提示** 当分离边界传播到某个帧上时，After Effects 会把这个帧缓存下来。在时间标尺上缓存的帧用绿条表示。如果你一下跳到前方较远处的一个帧上，After Effects 可能需要花较长时间来计算分离边界。

④ 再次按数字键 2，移动到下一帧。

⑤ 使用【Roto 笔刷工具】，继续在前景和背景上涂抹，进一步调整分离边界。

⑥ 重复步骤 4 和 5，直到图层结束，如图 9-11 所示。

图 9-11

要特别注意的是，帽子的左耳罩与树木发生了重叠，当两个暗部区域发生重叠时，一般很难找到清晰的边缘。我们一定要尽量让分离边界接近前景物体的边缘。

⑦ 当整个图层的分离边界全部调整完毕后，在菜单栏中依次选择【文件】>【保存】，保存当前项目，如图 9-12 所示。

图 9-12

【调整柔和遮罩】和【调整实边遮罩】效果

After Effects 提供了两种用于调整蒙版的相关效果：【调整柔和遮罩】和【调整实边遮罩】。【调整柔和遮罩】效果和【调整实边遮罩】效果几乎完全一样，但它会以恒定的宽度把效果应用到整个遮罩上。如果你想在整个遮罩上捕捉微妙的变化，可以使用【调整柔和遮罩】效果。

在【效果控件】面板中，勾选【Roto 笔刷和调整边缘】中的【微调 Roto 笔刷遮罩】，则【调整实边遮罩】效果对边缘的调整效果和 Roto 笔刷一样。

9.4 精调蒙版

尽管 Roto 笔刷已经处理得相当不错了，但是蒙版中还是夹杂着一些背景，或者没有完全包含所有前景。这时，我们就需要对蒙版边缘进行精调，以便删除蒙版中混入的背景，以及把未包含的前景纳入蒙版中。

9.4.1 调整【Roto 笔刷和调整边缘】效果

使用【Roto 笔刷工具】时，After Effects 会向图层应用【Roto 笔刷和调整边缘】效果。我们可以在【效果控件】面板中调整【Roto 笔刷和调整边缘】效果的各个参数，以进一步调整蒙版边缘。

❶ 在【图层】面板中，按空格键，预览视频剪辑。观看完整个视频剪辑之后，再次按空格键，停止预览。

观看视频剪辑时，你可以发现分离边界不太规整。接下来，我们将使用【减少震颤】来解决这个问题。

❷ 在【效果控件】面板中，把【羽化】值修改为 10，把【减少震颤】值修改为 20%，如图 9-13 所示。

图 9-13

【减少震颤】值控制着在相邻帧上做加权平均时当前帧有多大影响力。根据蒙版的松紧程度，你可能需要把【减少震颤】值增加到 50%。

❸ 再次预览视频剪辑，可以发现当前蒙版边缘已经变得非常平滑了。

9.4.2 使用【调整边缘工具】

男孩的棉衣和面部都是硬边缘，但是他的帽子是有绒毛的，【Roto 笔刷工具】无法分辨具有细微差别的边缘。【调整边缘工具】( ) 允许你把更多细节（例如几缕头发）添加到分离边界所指定的区域中。

虽然在创建了基础帧之后你就可以使用【调整边缘工具】，但最好还是在你调整完整个视频剪辑的分离边界之后再用它。鉴于 After Effects 会传播分离边界，过早使用【调整边缘工具】将导致蒙版难以使用。

❶ 返回到剪辑的第一帧，然后放大画面，直至可以看清棉帽边缘。若有必要，你可以把【图层】面板最大化，并使用【手形工具】移动图层，以便看到整个帽子。

❷ 在工具栏中选择【调整边缘工具】，该工具隐藏于【Roto 笔刷工具】之下。然后，在【图层】面板中回到视频剪辑的起始位置。

棉帽相对柔软，所以选用小尺寸画笔会比较合适。对于带有绒毛的对象，使用小尺寸画笔可能会得到更好的效果。并且描绘时，画笔要与对象的边缘重叠。

③ 把画笔大小修改为 10 像素。

使用【调整边缘工具】时，画笔要沿着蒙版边缘移动描绘，如图 9-14 所示。

④ 在【图层】面板中，把【调整边缘工具】移动到帽檐之上，拖绘时让笔刷盖住分离边界，包含那些模糊区域。你可以沿着帽子使用【调整边缘工具】反复描绘，直到得到满意的效果。

图 9-14

释放鼠标后，After Effects 会切换到 X 光透视模式，这种模式会显示更多边缘细节，方便你观察【调整边缘工具】对蒙版所做的修改。

⑤ 沿着时间标尺，拖曳【当前时间指示器】，检查边缘。在屏幕上可以看到帽子更多的区域，扩展调整边缘的边界，把帽子的顶部区域也包含进来。与【Roto 笔刷工具】一样，使用【调整边缘工具】时按住 Alt 或 Option 键，可以从蒙版中减去某些区域。

⑥ 缩小画面，查看整个场景。若前面已经把【图层】面板最大化，把【图层】面板恢复到原来的大小。然后在菜单栏中依次选择【文件】>【保存】，保存当前项目。

> 💡 注意　使用【调整边缘工具】之前，请先对整个视频剪辑的蒙版大致调整一下。

9.5　冻结 Roto 笔刷工具的调整结果

前面我们花了大量时间和精力为整个视频剪辑创建分离边界。After Effects 会把分离边界缓存下来，这样当再次调用的时候，就无须重新计算了。为了方便访问这些数据，我们需要把它们冻结起来。这样做会减轻系统负担，加快 After Effects 的运行速度。

在把分离边界冻结之后，在解冻之前，你无法再编辑它。并且重新冻结分离边界会很耗时，所以在执行冻结操作之前，你最好尽可能地先把分离边界调整好。

❶ 单击【图层】面板右下角的【冻结】按钮，如图 9-15 所示。

图 9-15

After Effects 在冻结【Roto 笔刷工具】和【调整边缘工具】的调整结果时会显示一个进度条。在不同系统下，冻结操作耗费的时间各不相同。After Effects 冻结各帧的信息时，缓存标志线会变成蓝色。当冻结操作完成后，在【图层】面板中的时间标尺之上会显示一个蓝色警告条，提示分离边缘已经被冻结了。

💡 注意 冻结操作耗费时间的多少取决于你所用的系统。

❷ 在【图层】面板中，单击【切换 Alpha 边界】图标，查看蒙版。然后单击【切换透明网格】图标（▨）。沿着时间标尺，拖曳【当前时间指示器】，查看从背景中抠出的人物，如图 9-16 所示。

图 9-16

❸ 再次单击【切换 Alpha 边界】图标，显示分离边界。

❹ 在菜单栏中依次选择【文件】>【保存】，保存当前项目。

After Effects 会把冻结的分离边界信息和项目一起保存下来。

9.6 更改背景

把前景图像从背景中分离的原因各种各样，其中最常见的是把整个背景换掉，也就是把主体对象放入一个不同的背景中。如果你只想简单地更改一下前景或背景，而不修改其他部分，那你完全可以考虑使用动态遮罩技术。本课中，我们将把背景颜色改成蓝色，以加强冬天的氛围，使主体人物更加突出。

❶ 关闭【图层】面板，返回到【合成】面板中，然后把【当前时间指示器】移动到时间标尺的起始位置。在【合成】面板底部的【放大率弹出式菜单】中选择【适合】，效果如图 9-17 所示。

【合成】面板显示的合成中只包含 boy.mov 图层，它是从视频剪辑中分离出来的前景。

❷ 若 boy.mov 图层的属性处于展开状态，把它们隐藏起来。

❸ 单击【项目】选项卡，显示【项目】面板。再次把 boy. mov 素材从【项目】面板拖入【时间轴】面板中，并使其位于原有的 boy.mov 图层之下。

图 9-17

❹ 单击新图层，按 Enter 或 Return 键，将其重命名为 Background，再次按 Enter 或 Return 键，使修改生效，如图 9-18 所示。

❺ 在 Background 图层处于选中状态时，从菜单栏中依次选择【效果】>【颜色校正】>【色相/饱和度】。

❻ 在【效果控件】面板中，执行以下操作，如图 9-19 所示。

• 勾选【彩色化】。

• 修改【着色色相】为 −122°。

• 修改【着色饱和度】为 29。

• 修改【着色亮度】为 −13。

图 9-18

图 9-19

⑦ 在菜单栏中依次选择【文件】>【增量保存】。

执行增量保存之后，你可以再次返回到项目的早期版本以便做相应的修改。当你想尝试某些效果时，【增量保存】功能是非常有用的。【增量保存】功能会保留之前保存过的项目，然后新建一个同名的项目，并在文件名之后添加一个数字编号。

9.7　添加动画文本

到这里，整个项目就差不多完成了。最后还有一项工作，那就是在男孩和背景之间添加动画文本。

① 取消选择所有图层，然后把【当前时间指示器】移动到时间标尺的起始位置。

② 在菜单栏中依次选择【图层】>【新建】>【文本】，新建一个空文本图层。

在【时间轴】面板中，你可以看到新建的空文本图层，并且在【合成】面板中也出现了一个光标。

③ 在【合成】面板中，输入 "WINTER BLUES"。

④ 在【合成】面板中，选择所有文本，然后在【字符】面板中执行以下操作，如图 9-20 所示。

· 在字体系列下拉列表中，选择 MyriadPro 字体。

· 在字体样式下拉列表中，选择 Semibold。

· 设置字体大小为 300 像素。

· 在【设置两个字符间的字偶间距】
下拉列表中选择【视觉】。

· 填充颜色选择白色。

· 描边颜色选择黑色。

· 设置描边宽度为 1 像素，并选择
【在填充上描边】。

图 9-20

💡 注意　如果你的计算机中未安装 MyriadPro 字体，请使用 Adobe Fonts 安装它。关于如何使用 Adobe Fonts 安装字体，请阅读第 3 课中的相关内容。

💡 注意 我们会在第 8 步中准确调整文本的位置，现在你的文本位置可以和这里的不一样。

⑤ 在【时间轴】面板中，单击文本图层，取消选择文本。然后按 T 键，显示其【不透明度】属性，修改【不透明度】值为 40%，如图 9-21 所示。

图 9-21

⑥ 单击【效果和预设】选项卡，展开面板。然后在搜索框中输入"发光"，双击【风格化】之下的【发光】预设。

此时，文本呈现出了一些纹理质感，默认设置就够用了。

⑦ 在【时间轴】面板中，向下拖曳 WINTER BLUES 图层，使其位于 boy.mov 和 Background 图层之间。若【当前时间指示器】不在时间标尺的起始位置，将其移动到时间标尺的起始位置。

接下来，为文本制作动画，使其从画面右侧移动到左侧。

⑧ 在 WINTER BLUES 图层处于选中状态时，按 P 键，显示其【位置】属性，修改【位置】值为 1925、540。单击【位置】属性左侧的秒表图标，设置一个关键帧，如图 9-22 所示。

图 9-22

此时文本处于画面之外，所以当影片刚开始播放时，文本是不可见的。

⑨ 把【当前时间指示器】移动到 3:01（剪辑末尾）处，修改【位置】属性值为 −1990、540，如图 9-23 所示。

图 9-23

此时，文本向左移动，After Effects 自动创建一个关键帧。

⑩ 在【时间轴】面板中，取消对所有图层的选择，把【当前时间指示器】移动到时间标尺的起始位置。按空格键，预览视频剪辑，如图 9-24 所示。

图 9-24

⑪ 在菜单栏中依次选择【文件】>【保存】，保存当前项目。

9.8 导出影片

最后，渲染影片，并将其导出。

① 在菜单栏中依次选择【文件】>【导出】>【添加到渲染队列】，打开【渲染队列】面板。

② 在【渲染队列】面板中，单击【最佳设置】，打开【渲染设置】对话框。

③ 在【渲染设置】对话框中，在【分辨率】下拉列表中选择【二分之一】，在【帧速率】下拉列表中，选择【使用合成帧速率】，然后单击【确定】按钮。

④ 如果你使用的是 macOS，请直接跳到第 5 步；如果你使用的是 Windows 操作系统，请单击【输出模块】旁边的箭头，选择【无损】。

⑤ 单击【输出模块】右侧的蓝字，在【输出模块设置】对话框中选择【关闭音频输出】，单击【确定】按钮。

⑥ 单击【输出到】右侧的蓝字，在【将影片输出到】对话框中转到 Lesson09/Finished_Project 文件夹下，单击【保存】按钮。

⑦ 单击【渲染队列】面板右上角的【渲染】按钮。

⑧ 保存并关闭项目。

恭喜你！到这里，你已经学会如何把前景对象从背景中分离出来了（包括棘手的细节），并且还学习了调整背景、制作文本动画的方法。相信你已经学会使用【Roto 笔刷工具】，并将其应用到自己的项目之中。

更多内容

面部跟踪

After Effects 提供了强大的面部跟踪功能，使用这个功能，我们可以轻松地跟踪人物面部或面部的特定部位，如嘴唇、眼睛。而在此之前，跟踪人物面部需要使用 Roto 笔刷或复杂键控功能。

💡注意 打开 Lesson09_extra_credit.aep 文件后，你可能需要重新链接 Facetracking.mov 素材。

❶ 在菜单栏中依次选择【文件】>【新建】>【新建项目】。

❷ 在【合成】面板中，单击【从素材新建合成】按钮，在弹出的【导入文件】对话框中，转到 Lessons/Lesson09/Assets 文件夹下，选择 Facetracking.mov 文件，然后单击【导入】按钮。

❸ 在【时间轴】面板中，选择 Facetracking.mov 图层。然后在工具栏中选择【椭圆工具】，该工具隐藏于【矩形工具】之下。

❹ 在人物面部拖曳，绘制一个椭圆蒙版，大致盖住人物面部，如图 9-25 所示。

图 9-25

❺ 使用鼠标右键单击【蒙版 1】，在弹出菜单中选择【跟踪蒙版】。

❻ 在【跟踪器】面板中，从【方法】下拉列表中选择【脸部跟踪（仅限轮廓）】，如图 9-26 所示。

图 9-26

【脸部跟踪（仅限轮廓）】用于跟踪整个面部。【脸部跟踪（详细五官）】用于跟踪面部轮廓，以及嘴唇、眼睛等独特的面部特征。你可以把详细面部数据导出，用在 Character Animator 之中，或者在 After Effects 中应用特效，或者将其与另一个图层（例如眼罩或帽子）关联在一起。

❼ 在【跟踪器】面板中，单击【向前跟踪所选蒙版】按钮（▶），效果如图 9-27 所示。

图 9-27

跟踪器会跟踪面部，并随着面部运动而更改蒙版的形状和位置。

❽ 按 Home 键，把【当前时间指示器】移到时间标尺的起始位置，然后沿着时间标尺拖曳【当前时间指示器】，观察蒙版是如何随着人物面部变化的。

⑨ 在【效果和预设】面板中，搜索【亮度和对比度】。然后把【亮度和对比度】效果拖曳到【时间轴】面板中的 Facetracking.mov 图层之上。

⑩ 在【时间轴】面板中，依次展开【效果】>【亮度和对比度】>【合成选项】属性。

⑪ 单击【合成选项】右侧的【+】图标，在 Mask Reference 1 中，选择 Mask 1，把【亮度】值修改为 50。

此时，面部蒙版区域会变亮，但是显得太亮了，使得蒙版边缘过于突兀。接下来，我们把亮度值调得小一点。

⑫ 修改【亮度】值为 20。

⑬ 展开 Mask 1 的属性，修改【蒙版羽化】值为 70、70 像素，如图 9-28 所示。

图 9-28

⑭ 把当前项目保存到 Lesson09/Finished_Project 文件夹中。然后关闭项目。

借助面部跟踪器，不仅可以让人物面部变模糊、变亮，还可以添加其他各种效果。当然，你还可以翻转蒙版，把人物面部保护起来，仅修改人物面部之外的区域。

9.9　复习题

1. 什么时候使用【Roto 笔刷工具】?
2. 什么是分离边界?
3. 什么时候使用【调整边缘工具】?

9.10　复习题答案

1. 凡是可以使用传统动态遮罩进行处理的地方，都可以使用【Roto 笔刷工具】。【Roto 笔刷工具】尤其适用于从背景中删除前景元素。

2. 分离边界是前景和背景之间的分割线。你可以在 Roto 笔刷作用范围内使用【Roto 笔刷工具】调整各帧的分离边界。

3. 当你需要为带有模糊或纤细边缘的对象调整分离边界时，请使用【调整边缘工具】。【调整边缘工具】会让带有精细细节的区域（例如毛发）变得半透明。在使用【调整边缘工具】之前，我们必须先对整个视频编辑的分离边界做调整。

颜色校正

本课概览

本课主要讲解以下内容。

- 视频转场
- 使用蒙版跟踪器跟踪部分场景
- 使用自动色阶消除色偏
- 使用【Lumetri 颜色】效果调色
- 使用【仿制图章工具】复制对象

- 使用色阶校色
- 使用 Keylight (1.2) 效果抠图
- 使用颜色范围抠图
- 使用 CC Toner 效果营造氛围

学习本课大约需要 **1** 小时

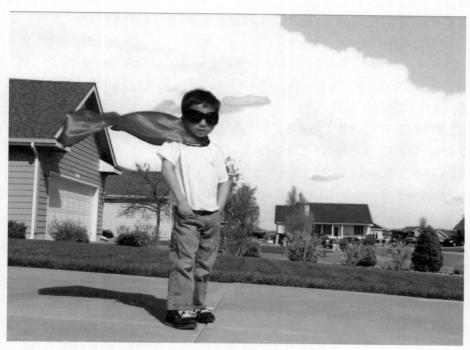

项目：音乐视频中的一个序列

处理视频素材时，大多数时候都需要做颜色校正和颜色分级。在 After Effects 中，你可以轻松地消除色偏、调亮图像，以及塑造画面氛围。

10.1 准备工作

顾名思义，颜色校正指的是对拍摄图像的颜色进行调整，使其较为精确地还原拍摄现场中人眼看到的真实颜色。严格来说，颜色校正指使用校色工具和校色技术纠正拍摄图像中的白平衡和曝光错误，使前后拍摄的影像在色彩上保持一致。你也可以使用同样的校正工具和校色技术来做颜色分级。颜色分级是对图像颜色的主观性调整，其目标是把观众的视线引导到画面的主要元素上，或者营造画面氛围或塑造画面风格，使整个画面更好看、更有情调。

本课我们将校正一段视频剪辑的颜色，把拍摄时设置错误的白平衡纠正过来。首先，我们要把两段视频素材拼接起来，其中一段视频拍摄的是一位年轻的超级英雄戴墨镜的场景，另一段视频拍摄的是超级英雄准备起飞的场景。然后，再应用各种颜色校正效果来调整和加强图像画面。在这个过程中，我们还会使用蒙版跟踪和运动跟踪，用更戏剧化的云朵替换天空。

开始之前，先预览一下最终影片，并创建好要使用的项目。

① 检查你硬盘上的 Lessons/Lesson10 文件夹中是否包含以下文件。若没有，先下载它们。

· Assets 文件夹：storm_clouds.jpg、superkid_01.mov、superkid_02.mov。

· Sample_Movies 文件夹：Lesson10.mp4。

② 使用 Windows Movies & TV 或 QuickTime Player 播放 Lesson10.mp4 示例影片，了解本课要创建的效果。观看完之后，关闭 Windows Movies & TV 或 QuickTime Player。如果存储空间有限，你可以把示例影片从硬盘中删除。

学习本课之前，最好先把 After Effects 恢复成默认设置（参见前言"恢复默认配置文件"中的内容）。你可以使用以下快捷键完成这个操作。

③ 启动 After Effects 时，立即按 Ctrl+Alt+Shift（Windows）或 Command+Option+Shift（macOS）组合键，弹出一个消息框，询问【是否确实要删除您的首选项文件？】，单击【确定】按钮，即可删除你的首选项文件，恢复默认设置。

④ 在【主页】窗口中，单击【新建项目】按钮。

此时，After Effects 新建并打开一个未命名的项目。

⑤ 在菜单栏中依次选择【文件】>【另存为】>【另存为】，打开【另存为】对话框。

⑥ 在【另存为】对话框中，转到 Lessons/Lesson09/Finished_Project 文件夹下，输入项目名称"Lesson10_Finished.aep"，单击【保存】按钮，保存项目。

创建合成

下面我们将基于两段视频素材创建一个新合成。

① 在菜单栏中依次选择【文件】>【导入】>【文件】，打开【导入文件】对话框。

② 在【导入文件】对话框中，转到 Lessons/Lesson10/Assets 文件夹下，按住 Shift 键，同时选中 storm_clouds.jpg、superkid_01.mov、superkid_02.mov 这 3 个文件，单击【导入】按钮。

③ 在【项目】面板中，取消对所有文件的选择。选择 superkid_01.mov 文件，再按住 Shift 键，单击 superkid_02.mov 文件，把它们拖曳到【项目】面板底部的【新建合成】图标上。

④ 在【基于所选项新建合成】对话框中，执行以下操作，如图 10-1 所示。

- 在【创建】中选择【单个合成】。
- 在【选项】中，从【使用尺寸来自】下拉列表中选择 superkid_01.mov。
- 勾选【序列图层】。
- 勾选【重叠】。
- 在【持续时间】中，输入"0:18"。
- 在【过渡】下拉列表中，选择【溶解前景图层】。
- 单击【确定】按钮。

> **注意** 你还可以在创建合成之后再添加过渡，具体操作为：先选择图层，然后依次选择【动画】>【关键帧辅助】>【序列图层】，再勾选【重叠】并设置持续时间和过渡。

图 10-1

在视频监视器中预览项目

在为广播视频做颜色校正时，请尽量使用视频监视器，而不是计算机显示器。计算机显示器和视频监视器的伽马值存在很大差别。在计算机显示器上看着不错，在视频监视器上可能就显得太亮太白。在做颜色校正之前，请先校准你的视频监视器或计算机显示器。关于校准计算机显示器的更多内容，请阅读 After Effects 的帮助文档。

Adobe 数字视频应用程序使用 Mercury Transmit 把视频帧发送到外部视频显示器上。视频设备厂商 AJA、Blackmagic Design、Bluefsh444、Matrox 提供了相应插件，可以把来自 Mercury Transmit 的视频帧发送到它们的硬件上。这些 Mercury Transmit 插件也可以在 Premiere Pro、Prelude、After Effects 中运行。Mercury Transmit 无需外部插件就可以使用连接到计算机显卡的监视器和通过 FireWire（火线）连接的 DV 设备。

① 把视频监视器连接到你的计算机，启动 After Effects 软件。

② 在菜单栏中依次选择【编辑】>【首选项】>【视频预览】（Windows），或者 After Effects >【首选项】>【视频预览】（macOS），然后勾选【启用 Mercury Transmit】。

③ 在视频设备列表中，选择你使用的视频设备。AJA Kona 3G、Blackmagic Playback 等设备表示连接到计算机上的视频设备。Adobe Monitor 设备是指连接到显卡上的计算机显示器。

Adobe DV 是指通过 FireWire（火线）连接到你的计算机上的 DV 设备。

④ 单击设备名称右侧的【设置】，会弹出设备控制面板或管理界面，里面包含更多控制选项，如图 10-2 所示。

图 10-2

⑤ 单击【确定】按钮，关闭【首选项】对话框。

选择【序列图层】后，After Effects 会按顺序放置两个图层，而非把它们全部放到起始位置（0:00）上。前面我们指定了重叠帧数为 18，并添加了过渡效果，所以播放完第一段视频后，After Effects 会以【溶解前景图层】的方式过渡到第二段视频。

After Effects 在【合成】和【时间轴】面板中新创建了一个名为 superkid_01 的合成，并将其显示出来。

⑤ 在【项目】面板中，选择 superkid_01 合成，按 Enter 或 Return 键，输入合成名称"Taking Flight"，再次按 Enter 或 Return 键，使修改生效，如图 10-3 所示。

图 10-3

⑥ 按空格键，播放视频剪辑，观看过渡效果，然后再按空格键，停止播放。

⑦ 在菜单栏中依次选择【文件】>【保存】，保存当前项目。

10.2　使用色阶工具纠正偏色

After Effects 提供了好几种用于校正颜色的工具。有些工具用起来非常简单，可能只需要你轻轻单击一下即可完成处理。不过，我们还是要理解手动调色的方法，掌握这些方法有助于你得到自己想要的效果。下面我们将使用色阶效果调整图像中的阴影，消除蓝色色偏，以及让画面更加生动、好看。我们会分别处理这两段视频，让我们先从第二段视频开始。

❶ 把时间标尺上的【当前时间指示器】拖曳到 4:00 处。

❷ 在【时间轴】面板中单击空白区域，取消对图层的选择。然后，选择 superkid_02.mov 图层。

❸ 按 Enter 或 Return 键，把所选图层重命名为 Wide Shot。再次按 Enter 或 Return 键，使修改生效，如图 10-4 所示。

图 10-4

❹ 在 Wide Shot 图层处于选中状态时，在菜单栏中依次选择【效果】>【颜色校正】>【色阶（单独控件）】。

乍一看，【色阶（单独控件）】有点令人生畏，如图 10-5 所示，但是它可以让你很好地调整拍摄的图像。【色阶（单独控件）】会把输入颜色的范围或 Alpha 通道色阶重映射为新的输出色阶范围，功能与 Photoshop 中的色阶调整图层十分类似。

【通道】下拉列表用来指定要调整的通道，直方图显示图像中每个亮度值上的像素数。当选择 RGB 通道时，你可以调整整个图像的亮度和对比度。

为了消除色偏，我们必须先知道图像中的哪块区域是灰色（白色或黑色）的。在示例图像中，车道是灰色的，人物的衬衫是白色的，鞋子和眼镜是黑色的。

图 10-5

❺ 打开【信息】面板，然后把鼠标指针移动到车库的门框上。当移动鼠标指针时，你可以在【信息】面板中看到 RGB 值在不断变化，如图 10-6 所示。

图 10-6

> 💡 注意 你可能需要调整【信息】面板的大小，才能看到 RGB 值。

在车库门框的一个区域中，其 RGB 值为 R=186、G=218、B=239。为了确定这 3 个值应该是多少，首先使用 255（RGB 值可取到的最大值）除以这 3 个值中的最大者（239），即 255/239，得到 1.08。为了补偿颜色，消除画面多余的蓝色，我们把原来的 R（186）和 G（218）值分别乘以 1.08，得到新的 R（200）和 G（233）值（近似值）。

> 💡 **提示** 为了得到更精确的值，需要先对图像的多个灰色或白色区域进行采样，再求这些采样值的平均值，然后使用这些值来确定调整量。

⑥ 单击【效果控件】选项卡，将面板显示出来。然后在【效果控件】面板中展开【红色】和【绿色】属性。

⑦ 在【红色输入白色】中输入"200"；在【绿色输入白色】中输入"233"，如图 10-7 所示。

图 10-7

这样，画面中的蓝色色偏就得到了纠正，整个画面看起来更暖了。

对于每个通道，【输入】设置会增大值，【输出】设置会减小值。例如，减小【红色输入白色】值会增加画面高光区中的红色，增大【红色输出白色】值会增加画面阴影和暗调区域中的红色。

做数学计算可以让你快速得到相对合适的设置值。当然，如果你愿意，你可以多尝试几种不同的设置，从中找出最适合所选素材的值。

⑧ 在【效果控件】面板中，隐藏【色阶（单独控件）】效果的各个属性。

10.3 使用 Lumetri 颜色效果调色

前面在调整第二段视频的色彩平衡时我们使用了色阶效果。接下来，我们将使用【Lumetri 颜色】效果来调整第一段视频。

> 💡 **注意** After Effects 中的【Lumetri 颜色】效果类似于 Premiere Pro 中的颜色面板。了解更多有关【Lumetri 颜色】效果的内容，请在 After Effects 帮助中搜索"Color workflows"。

【Lumetri 颜色】效果提供了专业的颜色分级和校正工具，你可以使用这些工具调整图像的颜色、对比度、亮度和曲线。你可以应用简单的颜色校正，也可以使用高级颜色校正工具。

第一段视频本身看起来已经相当不错了，在此基础上，再做一些精细调整会得到更好的效果。

❶ 按 Home 键，或者直接把【当前时间指示器】拖曳到时间标尺的起始位置。

❷ 在【时间轴】面板中，选择 superkid_01.mov 图层，按 Enter 或 Return 键，输入名称"Close Shot"，再次按 Enter 或 Return 键，使修改生效，如图 10-8 所示。

图 10-8

❸ 在 Close Shot 图层处于选中状态时，在菜单栏中依次选择【效果】>【颜色校正】>【Lumetri 颜色】。

此时，【效果控件】面板中显示出【Lumetri 颜色】效果的各个参数。

❹ 在【效果控件】面板中，展开【基本校正】。

❺ 在【白平衡】中，单击【白平衡选择器】右侧的吸管，然后单击男孩衬衫上的白色区域，调整白平衡，如图 10-9 所示。

图 10-9

【白平衡】设置决定着【Lumetri 颜色】把哪种颜色看作白色，这会对其他所有颜色产生影响。在找到合适的白平衡后，整个图像的颜色都会得到精确还原。

❻ 收起【基本校正】，展开【曲线】。

在【Lumetri 颜色】效果中，曲线用来调整视频图像的颜色和亮度。你可以使用曲线调整整个图像的黑白色阶和中间调的明暗，也可以调整特定颜色通道的曲线来平衡图像颜色或做风格化调整。

调整曲线时，先单击创建一个锚点，然后再拖曳锚点，此时图像中的变化会立刻在【合成】面板中呈现出来。

❼ 选择蓝色通道，单击曲线，创建一个锚点，略微向下拖曳，消除图像中的蓝色色偏，如图 10-10 所示。

❽ 在【效果控件】面板中，隐藏【Lumetri 颜色】效果的各个参数。

❾ 在菜单栏中依次选择【文件】>【保存】，保存当前项目。

图 10-10

10.4 替换背景

这两段视频都是在天空晴朗的时候拍摄的，天上的云朵不多。为了向天空中增添点戏剧色彩，我们先把视频图像中的天空抠出来，然后替换成带有暴风云的天空。具体做法是，先使用蒙版跟踪器为天空建立蒙版，然后把天空抠出，再用另一幅图像代替它。

10.4.1 使用蒙版跟踪器

蒙版跟踪器会对蒙版进行变形，以便跟踪影片中对象的运动。这与第 9 课 "更多内容" 中讲的面部跟踪类似。例如，你可以使用蒙版跟踪器为一个运动的对象建立蒙版，然后向它应用特定效果。本例中，我们将使用蒙版跟踪器来跟踪视频画面中的天空，当拍摄视频的手持摄像机移动时，视频中的天空就会产生相对运动。视频中有大量蓝色位于阴影、角落和其他区域，所以如果不事先做隔离，将很难抠出天空。

① 把【当前时间指示器】拖曳到 2:22 处，这是第一个视频的最后一帧。

② 在【时间轴】面板中选择 Close Shot 图层。然后从工具栏中选择【钢笔工具】。

③ 在【合成】面板中，沿着房子的屋顶轮廓线绘制蒙版，绘制好的蒙版如图 10-11 所示。即使蒙版把男孩头顶的一部分区域包含进去也没关系，因为男孩的头部不包含蓝色，不会被抠出。

图 10-11

④ 在【时间轴】面板中，在 Close Shot 图层处于选中状态时，按 M 键，显示其【蒙版】属性。

⑤ 在【蒙版模式】菜单中选择【无】，如图 10-12 所示。

图 10-12

蒙版模式（蒙版混合模式）控制着图层中蒙版间的交互方式。默认情况下，所有蒙版的混合模式都是【相加】，该模式会把同一图层上所有重叠蒙版的透明度值相加。当选择【相加】蒙版模式后，蒙版之外的区域会消失不见。在【蒙版模式】菜单中选择【无】之后，整个画面都会在【合成】面板中显示出来，而非只显示蒙版区域，这样方便编辑。

⑥ 使用鼠标右键单击（Windows）或按住 Control 键单击（macOS）【蒙版 1】，在弹出菜单中选择【跟踪蒙版】。

After Effects 打开【跟踪器】面板。蒙版跟踪器不会根据跟踪对象的形状改变蒙版形状，蒙版形状始终保持不变，但跟踪器会根据视频中的运动来改变蒙版的位置、旋转、缩放。接下来，我们将使用它跟踪建筑物的边缘，并且跟踪过程中不必手动调整和跟踪蒙版。由于视频拍摄时没有使用三脚架，所以我们需要跟踪蒙版的位置、缩放和旋转。

⑦ 在【跟踪器】面板中，从【方法】下拉列表中选择【位置、缩放及旋转】。单击【向后跟踪所选蒙版】按钮（◀），从 2:22 开始向后跟踪，如图 10-13 所示。

图 10-13

⑧ 跟踪完成后，手动预览视频，查看蒙版。在各个帧上，如果出现蒙版位置不对的情况，则分别在相应帧上调整蒙版位置，如图 10-14 所示。调整时，你可以移动整个蒙版或者重新调整各个点的位置，但是不要删除任何点，因为这会改变后面所有帧的蒙版。

> 💡 注意　如果需要调整蒙版的帧有很多，并非只有几个，那还是建议你把蒙版删除，重新绘制一个。

图 10-14

10.4.2　使用 Keylight(1.2) 效果抠出天空

前面我们已经为天空创建好了蒙版，接下来，我们把蒙版区域中的蓝色抠出来。具体做法是，先复制图层，然后应用蒙版模式分离蒙版。

① 把【当前时间指示器】拖曳到 2:02 处，然后选择 Close Shot 图层，在菜单栏中依次选择【编辑】>【重复】，再按 Ctrl+V 组合键粘贴。

此时，After Effects 在 Close Shot 图层之上创建出一个一模一样的图层——Close Shot 2。

② 选择 Close Shot 图层，在【蒙版模式】菜单中选择【相减】。

③ 选择 Close Shot 2 图层，按 M 键，显示其【蒙版】属性，在【蒙版模式】菜单中选择【相加】，如图 10-15 所示。

图 10-15

在应用了【相减】蒙版模式之后，该蒙版将从其上方的蒙版中减去。【相加】蒙版模式会把蒙版添加到其上方的蒙版上。本例中，你要确保 Close Shot 2 图层中只有天空被选中。在没有选中任何图层时，放大合成窗口，你会发现在两个图层交叉的地方有一条模糊的线。

④ 选择 Close Shot 图层，快速按两次 M 键，显示其所有蒙版属性，把【蒙版扩展】值修改为 -1.0 像素。

【蒙版扩展】控制着 Alpha 通道上的蒙版作用范围距离蒙版路径有多少个像素。我们刚刚缩小了 Close Shot 图层上的蒙版，这样两个蒙版就不会发生重叠了。

⑤ 隐藏 Close Shot 图层的属性。

⑥ 选择 Close Shot 2 图层，在菜单栏中依次选择【效果】> Keying > Keylight (1.2)。

此时，【效果控件】面板中显示出 Keylight 1.2 效果的各个控制参数。

⑦ 单击 Screen Colour 右侧的吸管，然后在小男孩头部附近的天空区域中单击采样，如图 10-16 所示。

图 10-16

这样大部分天空就被抠出来了，但是如果你的蒙版与建筑物的阴影区域有重叠，这些区域很可能也会受到影响。此时，我们可以使用 Screen Balance 予以修正。

⑧ 把 Screen Balance 值修改为 0。

此时，建筑物比以前更亮了。

Screen Balance 控制饱和度的测量方式：当平衡值为 1 时，根据颜色其他两个属性值中的较小者进行测量；当平衡值为 0 时，根据颜色其他两个属性值中的较大者进行测量；当平衡值为 0.5 时，根据颜色其他两个属性值的平均值进行测量。一般而言，蓝屏时，该参数值在 0.95 左右效果最佳；绿屏时，该参数值在 0.5 左右效果最佳，但具体数值取决于图像的颜色。对于大部分视频剪辑来说，可以先尝试把平衡值设置为接近于 0 的数值，再设置为接近于 1 的数值，然后比较哪个值得到的效果最理想。

⑨ 在【合成】面板中，单击【切换透明网格】按钮，可以清晰地看到被抠出的区域。

⑩ 在【效果控件】面板中，展开 Screen Matte，然后把 Clip White 值修改为 67，如图 10-17 所示。

图 10-17

Screen Matte 指图像其他部分被抠掉之后留下的蒙版。有时蒙版的部分区域也会被意外抠出。Clip White 值把灰色（透明）像素转换为白色（不透明）像素。

这个过程与调整图层的色阶非常类似。任何大于 Clip White 值的区域都被视作白色，类似地，任何小于 Clip White 值的区域都被视作黑色。

⑪ 在【效果控件】面板中，在 Keylight(1.2) 顶部区域有一个 View 下拉列表，从中选择 Final Result。

⑫ 隐藏 Close Shot 2 图层的所有属性。

10.4.3 添加新背景

抠出天空后，接下来向场景中添加云彩。

❶ 单击【项目】选项卡，展开【项目】面板，然后把 storm_clouds.jpg 文件拖入【时间轴】面板中，并将其置于 Close Shot 图层之下。

❷ 向左拖曳 storm_clouds 图层的末端，缩短图层，使其与 Close Shot 图层的末端对齐，如图 10-18 所示。

图 10-18

现在，天空中有了云朵，但是戏剧感不够。接下来，把云朵放大一些，并调整它们的位置。

❸ 在 storm_clouds 图层处于选中状态时，按 S 键，显示其【缩放】属性，把【缩放】值修改为 222%。

❹ 按 Shift+P 组合键，显示 storm_clouds 图层的【位置】属性，修改其值为 580.5、255.7，如图 10-19 所示。

图 10-19

10.5 使用自动色阶效果校色

虽然云彩有了戏剧效果，但是对比度不够，而且还有些色偏，这两点都让它与前景元素不太搭。下面我们将使用【自动色阶】效果予以纠正。

【自动色阶】效果会自动设置图像的高光和阴影，它首先把图像每个颜色通道中的最亮和最暗像素定义为白色和黑色，然后按比例重新调整图像中的中间像素。由于【自动色阶】是分别调整各个颜色通道的，所以它有可能消除色偏，也有可能造成色偏。本例中，我们将使用【自动色阶】的默认设置来消除图像中的橙色色偏，并对画面整体颜色做平衡。

① 在【时间轴】面板中，在 storm_clouds 图层处于选中状态时，从菜单栏中依次选择【效果】>【颜色校正】>【自动色阶】。

② 在【效果控件】面板中，把【修剪白色】修改为 1%，略微提亮一下云彩，如图 10-20 所示。

图 10-20

【修剪黑色】和【修剪白色】分别控制图像中将多少阴影和高光修剪为新的极端阴影和高光颜色。修剪值设置过高会减少阴影或高光的细节，一般建议设置为 1%。

③ 在【时间轴】面板中，隐藏所有图层的属性，然后从菜单栏中依次选择【文件】>【保存】，保存当前项目。

10.6 跟踪云朵运动

现在天空中的云朵已经放好了，而且看上去还不错。但是，如果浏览整个视频剪辑，你会发现当前景随着摄像机运动而移动时，云朵却是静止的，云朵也应该随着前景一起运动才对。我们可以使用运动跟踪来解决这个问题。

After Effects 在做运动跟踪时会把一个帧中选定区域的像素与每个后续帧中的像素进行匹配。跟踪点用来指定要跟踪的区域。

① 按 Home 键，或者直接把【当前时间指示器】拖曳到时间标尺的起始位置。

② 在【时间轴】面板中，选择 Close Shot 图层，单击鼠标右键（Windows）或按住 Control 键单击（macOS），在弹出菜单中依次选择【跟踪和稳定】>【跟踪运动】，如图 10-21 所示。

图 10-21

此时，After Effects 会在【图层】面板中显示 Close Shot 图层，并激活【跟踪器】面板。

③ 在【跟踪器】面板中，勾选【位置】【旋转】【缩放】，如图 10-22 所示。

此时，After Effects 在【图层】面板中显示两个跟踪点。每个跟踪点的外框表示搜索区域（After Effects 扫描区域），内框表示特征区域（After Effects 要搜索的内容），中心的"x"表示连接点。

图 10-22

> 💡 注意　我们将在第 14 课"高级编辑技术"中讲解更多有关跟踪对象的内容。关于使用跟踪点的内容，请参考本书第 14 课中的"移动和调整跟踪点大小"。

④ 在第一个跟踪点的内框（特征区域）中单击空白区域，并按住鼠标左键不放，把整个跟踪点拖曳到左侧房子的一个屋檐角上。请注意，你想跟踪的区域必须有强烈的对比。

⑤ 在第二个跟踪点的特征区域中单击空白区域，并按住鼠标左键不放，把整个跟踪点拖曳到对面房子的屋脊点上。

⑥ 在【跟踪器】面板中，单击【编辑目标】按钮。在【运动目标】对话框中，从【图层】下拉列表中选择 3. storm_clouds.jpg，单击【确定】按钮，如图 10-23 所示。

图 10-23

After Effects 把跟踪数据应用到目标图层。本例中，它会跟踪 Close Shot 图层的运动，并把跟踪数据应用到 storm_clouds.jpg 图层，这样两个图层的运动就能保持同步了。

⑦ 在【跟踪器】面板中，单击【向前分析】按钮（ ▶ ）。你可能需要向下滚动面板才能看到所有选项。

此时，After Effects 开始逐帧分析跟踪区域的位置，以跟踪视频剪辑中摄像机的运动。

⑧ 分析完成后，在【跟踪器】面板中，单击【应用】按钮，再单击【确定】按钮把数据应用到 x 和 y 上。

⑨ 在【合成】面板中，单击 Flight 选项卡，将其激活。然后沿着时间标尺拖曳【当前时间指示器】浏览视频，你会看到云和前景元素一起运动。隐藏 Close Shot 图层的属性，这样让【时间轴】面板看起来比较简洁。

因为在【跟踪器】面板中勾选了【缩放】，After Effects 会根据需要重新调整图层尺寸，使之与 Close Shot 图层保持同步。此时，云不再保持静止不动。接下来，调整图层的锚点。

⑩ 在【时间轴】面板中，选择 storm_clouds.jpg 图层，按 A 键，显示其【锚点】属性，把锚点位置修改为 313、601。

⑪ 再次按 A 键，隐藏【锚点】属性。在菜单栏中依次选择【文件】>【保存】，保存当前项目。

10.7　替换第二个视频剪辑中的天空

下面我们使用与前面类似的操作来替换第二个视频剪辑中的天空，但具体操作稍有不同。我们会使用【颜色范围】效果抠出天空，而不是使用 Keylight (1.2) 效果。

10.7.1　创建蒙版

与处理第一个视频时一样，我们先绘制一个蒙版把天空分离出来，防止把整个图像中的蓝色全部抠出来。此外，我们还会使用蒙版跟踪器来确保蒙版在整个视频中都处在正确的位置上。

① 把【当前时间指示器】拖曳到 2:23 处，这是第二段视频的第一帧。

② 在【时间轴】面板中，单击 Close Shot、Close Shot 2、storm_clouds.jpg 图层的视频开关，把它们全部隐藏，这样你才能清晰地看到整个 Wide Shot 图层。

③ 在【时间轴】面板中选择 Wide Shot 图层。

④ 在工具栏中选择【钢笔工具】，沿着建筑物边缘绘制蒙版，保留图像底部，删除天空。绘制蒙版时，请确保小男孩的蓝裤子全部位于你绘制的形状之中，这样它就不会随着天空一起被抠出，如图 10-24 所示。

图 10-24

⑤ 再次选择 Wide Shot 图层，按 Ctrl+D（Windows）或 Command+D（macOS）组合键，复制图层。此时，在【时间轴】面板中，一个名为 Wide Shot 2 的新图层出现在原来的 Wide Shot 图层之上。

⑥ 选择原来的 Wide Shot 图层，按两次 M 键，显示其蒙版属性，把【蒙版扩展】修改为 1 像素。此时，蒙版的影响范围从轮廓线向外扩展了 1 个像素。

⑦ 选择 Wide Shot 2 图层，按两次 M 键，显示其蒙版属性，然后勾选【反转】，如图 10-25 所示。

图 10-25

此时，Wide Shot 2 图层的蒙版区域被反转了，即 Wide Shot 图层中的蒙版区域不在 Wide Shot 2 图层中。为了看得更清楚一些，可以临时把 Wide Shot 图层隐藏起来，然后再将其显示出来。

⑧ 在 Wide Shot 2 图层中，选择 Mask 1，使用鼠标右键单击（Windows）或者按住 Control 键单击（macOS）Mask 1，在弹出菜单中，选择【跟踪蒙版】。

⑨ 在【跟踪器】面板中，从【方法】下拉列表中选择【位置】，然后单击【向前跟踪所选蒙版】按钮。

此时，蒙版跟踪器会随着摄像机的移动跟踪蒙版。

⑩ 分析完成后，把【当前时间指示器】拖曳到 2:23 处。在 Wide Shot 图层之下，使用鼠标右键单击（Windows）或者按住 Control 键单击（macOS）Mask 1，在弹出菜单中选择【跟踪蒙版】。

⑪ 在【跟踪器】面板中，从【方法】下拉列表中选择【位置】，然后单击【向前跟踪所选蒙版】按钮。

⑫ 隐藏所有图层的属性。

10.7.2　使用【颜色范围】效果抠像

使用【颜色范围】效果可以抠出指定范围内的颜色，该效果特别适用于抠取那些亮度不均匀的颜色。Wide Shot 视频剪辑中天空的颜色范围变化较大，从深蓝色到靠近地平线的浅蓝色，非常适合使用【颜色范围】效果来抠取。

① 在时间标尺上，把【当前时间指示器】拖曳到 2:23 处。

② 在【时间轴】面板中，选择 Wide Shot 2 图层。在菜单栏中依次选择【效果】>【抠像】>【颜色范围】。

③ 在【效果控件】面板中，单击【预览】窗口右侧的【关键颜色】（Key Color）吸管。然后在【合成】面板中，单击天空中的蓝色（中间色调）进行取样，如图 10-26 所示。

在【效果控件】面板的【预览】窗口中，你可以看到被抠出的区域显示为黑色。

④ 在【效果控件】面板中，单击【添加到关键颜色】（Add To Key Color）吸管，然后在【合成】面板中单击另外一片天空区域。

图 10-26

⑤ 重复步骤 4，直到抠出整个天空，包括云朵，如图 10-27 所示。抠像时，请不要担心会影响小男孩的衬衫；稍后我们会处理云朵颜色。

图 10-27

10.7.3 添加新背景

抠出天空后，接下来添加带有云朵的天空。

① 单击【项目】选项卡，显示【项目】面板。然后把 storm_clouds.jpg 文件从【项目】面板拖入【时间轴】面板中，使其位于 Wide Shot 图层之下。

② 在【时间轴】面板中，在 storm_clouds.jpg 图层处于选中状态时，按 S 键，显示其【缩放】属性，然后把【缩放】值修改为 150、150%。

③ 在 storm_clouds.jpg 图层处于选中状态时，按 P 键，显示其【位置】属性，然后将其修改为 356、205，或其他你希望的位置。

> ♀ 提示 手动输入这些值时，按 Tab 键，可以快速在各个属性字段之间进行跳转。

④ 在 storm_clouds.jpg 图层处于选中状态时，在菜单栏中依次选择【效果】>【颜色校正】>【自动色阶】。

⑤ 在【效果控件】面板中，把【修剪白色】修改为 1%，略微提亮云彩，如图 10-28 所示。

图 10-28

10.7.4 跟踪摄像机运动

由于拍摄视频时没有使用三脚架，所以摄像机会发生移动。这时，云朵也应该随摄像机一起移动。与处理上一个视频时一样，我们要跟踪画面的移动，使云朵与前景元素同步移动。

❶ 把【当前时间指示器】拖曳到 2:23 处。然后选择 Wide Shot 图层，使用鼠标右键单击（Windows）或按住 Control 键单击（macOS）它，在弹出菜单中依次选择【跟踪和稳定】>【跟踪运动】。

❷ 在【跟踪器】面板中，勾选【位置】【旋转】【缩放】。

❸ 在其中一个跟踪点的特征区域（内框）中单击空白区域，并按住鼠标左键不放，把整个跟踪点拖曳到右侧房子的屋顶尖上。然后把另一个跟踪点的跟踪区域拖曳到左侧房子的屋顶尖上。

❹ 在【跟踪器】面板中，单击【编辑目标】按钮。在【运动目标】对话框中，从【图层】下拉列表中选择 6. storm_clouds.jpg，单击【确定】按钮，如图 10-29 所示。请注意，这里选择的是第二个 storm_clouds.jpg 文件，并非第一个（第三个图层）。我们需要的是与 Wide Shot 图层有关联的那个。

❺ 在【跟踪器】面板中单击【向前分析】按钮。

图 10-29

❻ 分析完成后，在【跟踪器】面板中单击【应用】按钮，再单击【确定】按钮把数据应用到 x 和 y 上。

❼ 在【合成】面板中，单击【合成: Taking Flight】选项卡，将其激活。然后预览视频，可以看到云朵和其他元素在一起运动。

虽然云朵在随着摄像机运动，但是由于它所在的图层被缩放了，所以云的位置可能不正确。

❽ 隐藏所有图层的属性。

❾ 确保没有选择任何图层。然后选择最底部的 storm_clouds.jpg 图层，按 A 键，显示其【锚点】属性，将其设置为 941、662，使其位置正确，如图 10-30 所示。

图 10-30

❿ 把 Close Shot、Close Shot 2，以及第一个 storm_clouds.jpg 图层显示出来。

⓫ 在菜单栏中依次选择【文件】>【保存】，保存当前项目。

10.8 颜色分级

前面我们所做的颜色调整要么是为了纠正不准确的白平衡，要么是为了使两段视频的颜色统一起来。除此之外，我们还可以通过对颜色和色调的调整来营造一种氛围，或者增强影片的画面感。接下来，我们将对影片做最后的调整，先向画面添加冷蓝色，使整个画面显得柔和、梦幻，然后添加暗角。

10.8.1 使用 CC Toner 上色

CC Toner 是一种建立在原图层亮度基础上的颜色映射效果。借助这种效果，我们可以映射两种（两色调）、3 种（三色调）或 5 种（五色调）颜色。接下来，我们将使用 CC Toner 向视频的明亮区域添加冷蓝色，向中间调区域添加钢蓝色，向暗调区域添加暗蓝色。

① 在菜单栏中依次选择【图层】>【新建】>【调整图层】，新建一个调整图层。

我们可以通过调整图层把一个效果一次性应用到其下所有图层上。由于效果应用在一个单独的图层上，所以你可以灵活地隐藏或编辑这个图层，它会自动影响其他所有图层。

② 在【时间轴】面板中，把【调整图层 1】移动到最顶层。

③ 选择【调整图层 1】图层，按 Enter 或 Return 键，将其重命名为 Steel Blue，再次按 Enter 或 Return 键，使修改生效。

④ 选择 Steel Blue 图层，在菜单栏中依次选择【效果】>【颜色校正】> CC Toner，效果如图 10-31 所示。

图 10-31

⑤ 在【效果控件】面板中，从 Tones 下拉列表中选择 Pentone，然后执行以下操作，如图 10-32 所示。

- 单击 Brights 右侧的颜色框，选择一种冷蓝色（R=120、G=160、B=190）。
- 单击 Midtones 右侧的颜色框，选择一种钢蓝色（R=70、G=90、B=120）。
- 单击 Darktones 右侧的颜色框，选择一种暗蓝色（R=10、G=30、B=60）。
- 把 Blend w.Original 值修改为 75%。

图 10-32

10.8.2　添加模糊

接下来，向整个项目添加模糊效果。首先把图层预合成，然后创建一个部分可见的模糊图层。

① 在【时间轴】面板中，全选所有图层，然后在菜单栏中依次选择【图层】>【预合成】，打开【预合成】对话框。

预合成图层会把所有图层转移到一个新合成中，这样可以很容易地把一个效果一次性应用到合成的所有图层上。

② 在【预合成】对话框中，设置【新合成名称】为 Final Effect，选择【将所有属性移动到新合成】，然后单击【确定】按钮，如图 10-33 所示。

图 10-33

After Effects 使用一个名为 Final Effect 的单一图层代替 Taking Flight 合成中的所有图层。

③ 选择 Final Effect 图层，在菜单栏中依次选择【编辑】>【重复】，创建一个副本。

④ 在 Final Effect 图层处于选中状态时，在菜单栏中依次选择【效果】>【模糊和锐化】>【高斯模糊】。

⑤ 在【效果控件】面板中，设置【模糊度】值为 40，如图 10-34 所示。

图 10-34

此时模糊效果太强了，你可以降低效果所在图层的不透明度。

⑥ 在 Final Effect 图层处于选中状态时，按 T 键，显示其【不透明度】属性，将其值设置为 30%，如图 10-35 所示。

图 10-35

10.8.3 添加暗角效果

接下来,我们新建一个纯色图层为影片添加暗角效果。

① 在菜单栏中依次选择【图层】>【新建】>【纯色】,打开【纯色设置】对话框。

② 在【纯色设置】对话框中做以下设置,如图 10-36 所示。

- 设置【名称】为 Vignette。
- 单击【制作合成大小】按钮。
- 修改颜色为黑色(R=0、G=0、B=0)。
- 单击【确定】按钮。

③ 在工具栏中选择【椭圆工具】,该工具隐藏于【矩形工具】之下。然后双击【椭圆工具】,After Effects 根据图层自动添加一个合适大小的椭圆蒙版。

图 10-36

④ 在【时间轴】面板中,选择 Vignette 图层,按两次 M 键,显示其蒙版属性,把【蒙版模式】修改为【相减】,修改【蒙版羽化】值为 300 像素。

⑤ 按 T 键,显示其【不透明度】属性,修改其值为 50%,如图 10-37 所示。

图 10-37

⑥ 隐藏所有图层的属性。

⑦ 预览影片。

⑧ 保存当前项目。

更多内容

复制场景中的对象

项目制作过程中,我们可以复制一个对象,然后应用运动跟踪使其与场景中的其他元素保持同步运动。下面我们将使用【仿制图章工具】,把 Close Shot 视频中房屋门口一侧的壁灯复制到另一侧。After Effects 中的复制功能与 Photoshop 中的复制功能类似,但是,在 After Effects 中,你可以在整个时间轴上复制,而非只是在单个图像上复制。

① 按 Home 键,或者直接把【当前时间指示器】移动到时间标尺的起始位置。

② 在【时间轴】面板中,双击 Final Effect 图层,打开 Final Effect 合成。我们要修改的是那个不带模糊的合成副本。

③ 在【时间轴】面板中，双击 Close Shot 图层，将其在【图层】面板中打开。我们只能在单个图层上绘制，不能在整个合成中绘制。

④ 在工具栏中选择【仿制图章工具】。

【仿制图章工具】会对源图层的像素进行采样，然后把采集到的像素应用到目标图层上，目标图层既可以是源图层，也可以是同一个合成中的其他图层。选择【仿制图章工具】后，After Effects 会自动显示出【画笔】和【绘画】面板，如图 10-38 所示。

⑤ 打开【画笔】面板，修改【直径】值为 10 像素，【硬度】值为 60%。

⑥ 展开【绘画】面板，设置【模式】为【正常】，【时长】为【固定】，【源】为【当前图层】。勾选【已对齐】和【锁定源时间】，把【源时间】设置为 0 帧。

图 10-38

把【时长】设置为【固定】指定从当前时间向前应用【仿制图章工具】效果。由于我们是从时间标尺的起始位置开始的，因此所做的改变会影响图层的每一帧。

在【绘画】面板中，勾选【已对齐】后，取样点的位置（复制位置）会随后续笔触而发生改变，以适应目标【图层】面板中【仿制图章工具】的移动，这样你可以使用多个笔触来绘制整个复制对象。【锁定源时间】可以让我们复制单个帧。

⑦ 在【图层】面板中，把鼠标指针置于壁灯之上。按住 Alt（Windows）或 Option（macOS）键单击，指定复制源。

⑧ 单击门左侧，然后拖曳复制的壁灯，如图 10-39 所示。请小心操作，不要复制到门。若发生错误，可以撤销操作，新找一个复制源重新复制。

图 10-39

💡 提示　当复制过程中发生错误时，可以按 Ctrl+Z（Windows）或 Command+Z（macOS）组合键撤销操作，然后重新复制。

⑨ 复制好之后，观看视频，你会发现当场景中的其他部分运动时，复制好的壁灯是静止不动的。也就是说，复制好的壁灯没有和建筑物保持同步运动。对于这个问题，我们可以使用跟踪数据来解决。

⑩ 在【时间轴】面板中，展开 Close Shot 图层的属性，然后依次展开【动态跟踪器】> Tracker 1 > Track Point 1 属性。接着，再依次展开 Close Shot 图层的【效果】>【绘画】> Clone 1 >【变换：Clone 1】属性。

⑪ 把【变换：Clone 1】的【位置】属性的【属性关联器】拖曳到 Track Point 1 的【附加点】属性上，释放鼠标，如图 10-40 所示。（你可能需要放大【时间轴】面板才能同时看到两个属性。）

这样，我们就用表达式把复制的壁灯的位置和前面生成的跟踪数据关联起来了。此时，壁灯将随着图像一起运动，但是位置不对，我们需要调整它的锚点来纠正它和门的关系。

图 10-40

⑫ 调整【变换】> Clone 1 >【锚点】属性，把壁灯移动到门旁边。

调整锚点值时，你可能需要缩小画面才能看到壁灯的位置，并且你调整之后的值可能和这里的不一样。

⑬ 预览整个视频，检查壁灯位置是否正确。若无问题，关闭【图层】面板中的 Close Shot 选项卡和【时间轴】面板中的 Final Effect 选项卡。再次预览整个合成，检查是否有问题。

⑭ 在菜单栏中依次选择【文件】>【保存】，保存当前项目。

10.9　复习题

1. 颜色校正和颜色分级有何不同？
2. 在 After Effects 中如何抠出背景？
3. 什么时候使用蒙版跟踪器？

10.10　复习题答案

1. 颜色校正的目的是纠正视频中的白平衡和曝光错误，或者把一段视频的颜色和另一段视频统一起来。相比之下，颜色分级的主观性更强，其目标是优化源素材，把观众视线吸引到场景中的主要对象上，或者根据喜欢的色调创建一套色板。
2. 在 After Effects 中抠背景的方法有很多。本课我们学习了如何使用 Keylight (1.2) 和【颜色范围】效果抠出背景，然后用另外一个图像替换它。
3. 跟踪一个蒙版时，若该蒙版的形状不发生变化，变化的只是位置、缩放、旋转，就需要使用蒙版跟踪器。例如，你可以使用蒙版跟踪器来跟踪视频中的一个人、车轮，或天空的一个区域。

第 11 课

创建动态图形模板

本课概览

本课主要讲解以下内容。

- 向【基本图形】面板中添加属性
- 保护部分项目免受时间拉伸
- 导出动态图形模板文件（.mogrt 格式）
- 允许在 .mogrt 文件中替换图像
- 为嵌套合成中的图层创建基本属性
- 使用 Premiere Pro 中的动态图形模板

学习本课大约需要 **1** 小时

项目：电视节目片头动态图形模板

借助于动态图形模板，你可以在保留项目风格和设置的同时，允许其他人在 Premiere Pro 中控制特定的可编辑部分。

▌11.1　准备工作

在 After Effects 中，你可以使用【基本图形】面板创建动态图形模板，让你的同事在 Premiere Pro 中编辑合成的某些方面。创建模板时，你可以指定哪些属性是可编辑的，然后通过 Creative Cloud 库把模板分享给他人，或者直接把制作好的动态图形模板文件（.mogrt 格式）发送给同事使用。你还可以使用【基本图形】面板在嵌套的合成内部创建基本属性。

本课中我们将为一个电视节目片头制作一个动态图形模板，其中主标题保持不变，其他诸如副标题、背景图像、效果设置等都可以改变。

开始之前，先预览一下最终影片，并创建好要使用的项目。

❶ 检查你硬盘上的 Lessons/Lesson11 文件夹中是否包含以下文件。若没有，先下载它们。

- Assets 文件夹：Embrace.psd、Holding_gun.psd、Man_Hat.psd、Stylized_scene.psd。
- Sample_Movies 文件夹：Lesson_11.mp4。

❷ 使用 Windows Movies & TV 或 QuickTime Player 播放 Lesson11.mp4 示例影片，了解本课要创建的效果。观看完之后，关闭 Windows Movies & TV 或 QuickTime Player。如果存储空间有限，你可以把示例影片从硬盘中删除。

学习本课之前，最好先把 After Effects 恢复成默认设置（参见前言"恢复默认配置文件"中的内容）。你可以使用以下快捷键完成这个操作。

❸ 启动 After Effects 时，立即按 Ctrl+Alt+Shift（Windows）或 Command+Option+Shift（macOS）组合键，弹出一个消息框，询问【是否确实要删除您的首选项文件？】，单击【确定】按钮，即可删除你的首选项文件，恢复默认设置。在【主页】窗口中，单击【新建项目】按钮。

此时，After Effects 新建并打开一个未命名的项目。

❹ 在菜单栏中依次选择【文件】>【另存为】>【另存为】，打开【另存为】对话框。

❺ 在【另存为】对话框中，转到 Lessons/Lesson11/Finished_Project 文件夹下，输入项目名称 "Lesson11_Finished.aep"，单击【保存】按钮，保存项目。

▌11.2　创建主合成

在 After Effects 中，创建模板之前需要先创建一个合成，该合成是创建模板的基础。接下来，我们创建一个主合成，其中包含背景图像、动态标题和副标题。

11.2.1　创建合成

下面导入素材，创建合成。

❶ 在【项目】面板中双击空白区域，打开【导入文件】对话框。

❷ 转到 Lessons/Lesson11/Assets 文件夹下，然后选择 Embrace.psd 文件，单击【导入】按钮，在 Embrace.psd 对话框中单击【确定】按钮。

❸ 在【合成】面板中，单击【新建合成】按钮。

❹ 在【合成设置】对话框中，做以下设置，然后单击【确定】按钮，如图 11-1 所示。

- 设置【合成名称】为 Title sequence。
- 在【预设】下拉列表中选择【HDTV 1080 25】。
- 设置【持续时间】为 10:00。
- 设置【背景颜色】为黑色。

图 11-1

⑤ 把 Embrace.psd 文件拖入【时间轴】面板中，如图 11-2 所示。

图 11-2

把背景文件显示出来有助于设置文本位置。

11.2.2 添加动态文本

本项目包含整个节目系列的标题，它从屏幕顶部出现，然后往下移动，并逐渐变大，每一集的标题逐个字母出现，然后爆炸并从屏幕上消失。下面我们创建两个图层，并为它们制作动画。

① 在工具栏中选择【横排文字工具】，然后在【合成】面板中单击，出现一个插入点。

此时，After Effects 向【时间轴】面板添加一个新图层，并打开【字符】面板。

② 在【合成】面板中，输入文本"SHOT IN THE DARK"。

③ 在【字符】面板中，打开字体下拉列表，从中选择 Calder 字体，字体样式分别为 Dark Grit Shadow 和 Calder Dark。如果你尚未安装这些字体，在菜单栏中依次选择【文件】>【从 Adobe 添加字体】，然后使用 Adobe Fonts 激活它们。当然，你还可以选择系统中已经安装的其他字体。

💡 提示 有关安装字体的更多内容，请阅读第 3 课中"使用 Adobe Fonts 安装字体"一节。

④ 在【合成】面板中，全选输入的文本，然后在【字符】面板中做以下设置，如图 11-3 所示。

- 字体系列：Calder。
- 字体样式：Dark Grit Shadow。
- 填充颜色：白色。
- 描边：无。
- 字体大小：140 像素。
- 字符间距：10。

⑤ 选择【选取工具】，然后在【合成】面板中，把标题置于场景上半部分的中间。

图 11-3

⑥ 把【当前时间指示器】拖曳到 2:00 处。选择 Shot in the Dark 图层，按 P 键，然后按 Shift+S 组合键，同时显示【位置】和【缩放】属性，分别单击各个属性左侧的秒表图标，创建初始关键帧，如图 11-4 所示。

图 11-4

⑦ 按 Home 键，把【当前时间指示器】快速移动到时间标尺的起始位置，把【缩放】值修改为 50%。使用【选取工具】把标题拖曳到【合成】面板顶部的中间。After Effects 自动为【位置】和【缩放】属性创建关键帧，如图 11-5 所示。

图 11-5

⑧ 取消选择所有图层，把【当前时间指示器】拖曳到 2:10 处。然后在工具栏中选择【横排文字工具】，在【合成】面板中，输入"EPISODE 3: A LIGHT IN THE DISTANCE"。

⑨ 在【合成】面板中，选择输入的文本，然后在【字符】面板中做以下设置，如图 11-6 所示。

- 字体系列：Calder。
- 字体样式：Dark。

- 字体大小：120 像素。
- 水平缩放：50%。

> 💡 **注意** 如果你没有在第 3 步中使用 Adobe Fonts 激活 Calder Dark，现在请你激活它。当然，你还可以选择其他已经安装在系统中的字体。

图 11-6

⑩ 把【当前时间指示器】拖曳到 9:00 处。在【效果和预设】面板的搜索框中，输入"爆炸"。然后选择【爆炸 2】，将其拖曳到【时间轴】面板中的 Episode 3: A Light in the Distance 图层上。

⑪ 把【当前时间指示器】拖曳到 2:10 处。在【效果和预设】面板的搜索框中，输入"打字机"。然后选择【打字机】，将其拖曳到【时间轴】面板中的 Episode 3: A Light in the Distance 图层上，如图 11-7 所示。

图 11-7

⑫ 把【当前时间指示器】拖曳到 9:00 处。在工具栏中选择【选取工具】，然后把文本放在屏幕下三分之一的中间位置上，如图 11-8 所示。

图 11-8

⑬ 按 Home 键，或者直接把【当前时间指示器】移动到时间标尺的起始位置。然后按空格键预览影片，如图 11-9 所示，再次按空格键，停止预览。

图 11-9

⑭ 隐藏两个文本图层的属性。在菜单栏中依次选择【文件】>【保存】，保存当前项目。

11.2.3　为背景图像制作动画

前面我们已经为文本制作好了动画，接下来，该为背景图像制作动画了。由于这是一个"黑色"剧情系列，所以我们会向画面中添加令人不安的效果。届时我们将使用一个调整图层来应用效果，并且让该效果在文本显示在屏幕上之后才出现。

① 在【时间轴】面板中，选择 Embrace.psd 图层。

② 在菜单栏中依次选择【图层】>【新建】>【调整图层】，把新创建的调整图层命名为 Background effect。

此时，After Effects 立即在所选的图层之上新创建了一个调整图层。该调整图层会影响到其下的所有图层。

③ 把【当前时间指示器】拖曳到 5:00 处。按 Alt+[（Windows）或 Option+[（macOS）组合键，修剪图层，使其入点在 5:00 处，如图 11-10 所示。

图 11-10

④ 在【效果和预设】面板的搜索框中，输入"不良电视信号"。然后选择【不良电视信号 3 - 弱】，将其拖曳到【时间轴】面板中的 Background effect 图层上，如图 11-11 所示。

图 11-11

⑤ 按 Home 键，或者直接把【当前时间指示器】移动到时间标尺的起始位置。然后按空格键预览影片，再次按空格键，停止预览。

影片播放时，先是系列标题从上滑入，然后剧集标题出现，再是图像变得扭曲失真。快播放到时间标尺末尾的时候，剧集标题从屏幕上爆炸消失。一旦出现扭曲失真效果，图像将很难看清楚。为解决此问题，我们可以修改效果中的设置，让图像变得清晰些。

⑥ 在【效果控件】面板中，从【波浪类型】下拉列表中选择【平滑杂色】，如图 11-12 所示。然后再次预览影片，观察有何变化。

⑦ 在菜单栏中依次选择【文件】>【保存】，保存当前项目。

图 11-12

11.3　创建模板

我们使用【基本图形】面板创建自定义控件，并把它们作为动态图形模板分享出去。创建时，只要把属性拖入【基本图形】面板中添加你想编辑的控件即可。在【基本图形】面板中，你可以自定义控件名称，把它们按功能划分到不同分组中。你既可以在【窗口】菜单中选择【基本图形】，单独打开【基本图形】面板，也可以在【工作区】中选择【基本图形】，进入【基本图形】工作区，其中包含创建模板所需要的大部分面板，包括【效果和预设】面板。

① 在菜单栏中依次选择【窗口】>【工作区】>【基本图形】，进入【基本图形】工作区。

② 在【基本图形】面板中，从【主合成】下拉列表中选择 Title sequence。此时，我们的模板将以 Title sequence 合成作为基础。

③ 输入模板名称"Shot in the Dark sequence"，如图 11-13 所示。

图 11-13

11.4　向基本图形面板中添加属性

我们可以把大部分效果的控件、变换属性和文本属性添加到动态图形模板中。在接下来要制作的动态图形模板中，我们将允许他人替换和调整剧集标题，调整【不良电视信号 3- 弱】效果的设置，以及替换背景图像。

11.4.1　允许编辑文本

由于每个剧集的标题都不一样，所以我们需要让剧情标题是可编辑的。每个文本图层都有一个【源文本】属性，我们可以把这个属性添加到【基本图形】面板中。

① 在【时间轴】面板中，展开 Episode 3 图层的【文本】属性。

② 把【源文本】属性拖入【基本图形】面板中，如图 11-14 所示。

图 11-14

③ 在【基本图形】面板中，单击左侧的 Episode 3 标签，选择文本，然后输入"Episode name"。

④ 单击 Episode name 属性右侧的【编辑属性】，在【源文本属性】对话框中，勾选【启用字体大小调整】，单击【确定】按钮，如图 11-15 所示。

图 11-15

此时，在【基本图形】面板中，在 Episode name 属性之下出现一个文本大小滑动条。

> ♡ 注意　你可以在动态图形模板中为某些属性添加下拉列表。下拉列表需要用到一些脚本，更多内容，请阅读 After Effects 的帮助文档。

⑤ 在【时间轴】面板中，选择 Episode 3 图层，按 P 键，显示其【位置】属性。然后把【位置】属性拖入【基本图形】面板中。

⑥ 单击左侧的 Episode 3 属性标签，选择文本，然后输入"Position"。

此时，剧集标题、文本大小、位置都是可编辑的，使用该动态图形模板的用户可以根据需要编辑它们。而其他属性则处于保护状态，是不可编辑的。

11.4.2　添加效果属性

许多效果属性都可以添加到动态图形模板中。在【基本图形】面板中，单击【独奏支持的属性】按钮，可以查看合成中有哪些属性可以添加到【基本图形】面板中。下面我们将把用于控制效果外观的属性添加到【基本图形】面板中，根据实际情况，你可能需要调整这些属性，把所选的背景图像变得更亮或更暗。

❶ 在【基本图形】面板中，单击【独奏支持的属性】按钮，把那些可添加到【基本图形】面板中的属性在【时间轴】面板中显示出来。

❷ 在【时间轴】面板中，隐藏 Shot in the Dark 和 Episode 3 图层的属性，因为我们并不需要把它们的属性添加到模板中。

❸ 在 Background effect 图层的【颜色平衡】属性之下，把【亮度】属性拖入【基本图形】面板中。然后再把【饱和度】属性拖入【基本图形】面板中。

❹ 在 Background effect 图层的【杂色】属性之下，把【杂色数量】属性拖入【基本图形】面板中，如图 11-16 所示。

❺ 在【基本图形】面板中，尝试拖曳各个属性的控制滑块，并观察效果外观是如何变化的。按 Ctrl+Z（Windows）或 Command+Z（macOS）组合键，撤销尝试。

图 11-16

11.4.3 属性分组

事实上，到目前为止，你很难轻松说出添加到【基本图形】面板中的各个属性是用来控制画面中的哪个部分的。你可以修改各个属性的名称，进一步明确它们的作用对象和功能，但是一个更好的解决办法是把这些属性分组。接下来，我们就把添加到【基本图形】面板中的各个属性分组，根据作用范围，把它们分成 Episode title 和 Background effect 两个组。

❶ 在【基本图形】面板左下角的下拉列表中，选择【添加组】（默认显示为【添加格式设置】），如图 11-17 所示。

❷ 输入组名"Episode title"，然后把 Episode title 和 Episode title 的【位置】属性拖入该分组中。此时，【大小】滑块会随 Episode title 一起移动到分组中。

❸ 取消选择所有属性，再次从面板左下角的下拉列表中选择【添加组】，然后把新分组命名为 Background effect。

❹ 把颜色平衡（HLS）饱和度、颜色平衡（HLS）亮度、杂色数量属性拖入 Background effect 分组中，如图 11-18 所示。

图 11-17

图 11-18

⑤ 在【时间轴】面板中，隐藏所有图层的属性。然后在菜单栏中依次选择【文件】>【保存】，保存当前项目。

11.5 允许图像替换

在这个模板中，我们允许用户把背景图像替换成其他图像。因此，我们要向动态图形模板中添加一个占位图像，以便用户在 Premiere Pro 中做替换。

❶ 把 Embrace.psd 图层从【时间轴】面板拖曳到【基本图形】面板中。

❷ 单击 Embrace.psd 标签，选择文本，然后输入"Episode image"，如图 11-19 所示。

图 11-19

❸ 在菜单栏中依次选择【文件】>【保存】，保存当前项目。

11.6 保护指定区域的时间

After Effects 和 Premiere Pro 中的响应式设计功能让用户可以创建出自适应的动态图形。尤其是"响应式设计 - 时间"功能，它既可以用来保护动态图形模板中合成指定区域的持续时间，同时又允许在不受保护的区域拉伸时间。在 After Effects 中，你可以保护动态图形模板中的合成或内嵌合成的指定区域的时间。

接下来，我们将对剧集名称过渡的持续时间进行保护。这样，用户就可以在 Premiere Pro 中调整其他部分的时间，例如缩短文本爆炸前的时间，加快或放慢其他不影响受保护区域的时间。

❶ 在【时间轴】面板中，把【工作区域开头】拖曳到 2:00 处。

❷ 把【工作区域结尾】拖曳到 5:00 处，如图 11-20 所示。

这段工作区域是受保护区域，该区域不会做时间拉伸。

图 11-20

③ 在菜单栏中依次选择【合成】>【响应式设计 - 时间】>【通过工作区域创建受保护的区域】。此时，受保护区域在【时间轴】面板中显示出来。

④ 在菜单栏中依次选择【文件】>【保存】，保存当前项目。

11.7 导出模板

前面我们已经把属性添加到了【基本图形】面板中，并进行了重命名，以便使用 Premiere Pro 的编辑人员懂得它们的含义，还对它们进行了测试。接下来，我们要把模板导出，以提供给其他同事使用。你可以把动态图形模板文件（.mogrt 格式）通过 Creative Cloud 分享出去，也可以把它保存到本地硬盘上。模板文件中包含所有源图像、视频和属性。

> 💡 提示　如果你没有原始项目文件可用，你可以在 After Effects 中把 .mogrt 文件作为项目文件打开。在【打开】对话框中选择 .mogrt 文件时，After Effects 会要求你指定一个文件夹，用来存放提取的文件。After Effects 会从模板文件提取各种文件，并重新创建项目文件。

① 在【基本图形】面板中，单击【导出动态图形模板】按钮，如图 11-21 所示。

② 在【导出为动态图形模板】对话框中，选择【本地模板文件夹】，单击【确定】按钮，如图 11-22 所示。

图 11-21　　　　　　　　　　　　　图 11-22

默认情况下，Premiere Pro 会在你的计算机中查找动态图形模板文件夹中的动态图形模板。不过，你可以选择把模板保存到另外一个地方，或者保存到 Creative Cloud 库，方便你使用其他设备访问。

③ 在菜单栏中依次选择【文件】>【保存】，保存当前项目后，关闭项目。

创建基本属性

【基本图形】面板除了用来创建动态图形模板之外，还可以用来创建基本属性，我们可以通过基本属性访问嵌套合成中的特定属性。借助于基本属性，我们可以快速访问那些需要经常编辑的属性,而不必打开嵌套的合成来查找指定图层的属性。

为了创建基本属性,需要先打开嵌套的合成。在【基本图形】面板中,从【主合成】下拉列表中选择嵌套的合成。然后,把合成中图层的属性拖入【基本图形】面板中。接着,你就可以对拖入的属性重命名并为它们分组了,这些操作和创建模板时是一样的。

使用基本属性时,需要先在【时间轴】面板中展开嵌套合成的属性,然后再展开【基本属性】属性,其中的属性和你在【基本图形】面板中创建的一样,如图 11-23 所示。

图 11-23

更多内容

在 Premiere Pro 中使用动态图形模板

我们可以在 Premiere Pro 中使用模板编辑片头标题。

① 打开 Premiere Pro。在【主页】窗口中,单击【新建项目】按钮。

② 输入项目名称"Shot in the Dark opening",保存位置指定为 Lessons/Lesson11/Finished_Project 文件夹,单击【确定】按钮。

③ 在菜单栏中依次选择【窗口】>【工作区】>【图形】,打开【基本图形】面板,然后打开其他可能用到的面板。

④ 在菜单栏中依次选择【文件】>【新建】>【序列】,在弹出的【新建序列】对话框中依次选择【HDV】>【HDV 1080p25】,单击【确定】按钮。

⑤ 在【基本图形】面板中,确保【本地模板文件夹】处于勾选状态,找到你创建的模板。Premiere Pro 包含几个标准的模板,它们按字母顺序显示,如图 11-24 所示。

⑥ 把你的模板从【基本图形】面板拖入【时间轴】面板的新序列中。出现提示时,单击【更改序列设置】按钮匹配剪辑。

载入模板时,Premiere Pro 会显示一条媒体离线信息。

⑦ 模板载入完成后,按空格键,预览剪辑。然后沿着时间标尺拖曳【当前时间指示器】,直到你可以看见剧集标题和效果。

⑧ 在【项目】面板中双击空白区域。然后转到 Lesson11/ Assets 文件夹中，按住 Ctrl 键单击 4 个 PSD 文件，单击【打开】按钮。在每个文件的对话框中，单击【确定】按钮。

⑨ 在【基本图形】面板中，单击【编辑】选项卡，如果在【基本图形】面板中看不到模板控件，请双击【项目监视器】面板，然后修改【基本图形】面板中的设置。

⑩ 把一个图像从【项目】面板拖到【基本图形】面板中的 Episode image 缩览图上。Premiere Pro 将更改【节目】面板和缩览图中的背景图像。

⑪ 按空格键，再次预览影片。

⑫ 在【时间轴】面板中，拖曳图层加长它，然后再次预览，可以看到开始时的标题动画变长，图像效果的时间同样变长，但是剧集标题动画时间并未受影响，如图 11-25 所示。

⑬ 根据你的需要，做其他调整，然后保存文件，关闭 Premiere Pro。

图 11-24

图 11-25

11.8　复习题

1. 为什么要在 After Effects 中保存动态图形模板？
2. 如何把控件添加到【基本图形】面板中？
3. 如何组织【基本图形】面板中的控件？
4. 如何分享动态图形模板？

11.9　复习题答案

1. 保存动态图形模板可以让其他人编辑合成的特定属性，同时又不会失去原有的风格。
2. 要把控件添加到【基本图形】面板中，把相关属性从【时间轴】面板直接拖入【基本图形】面板中即可。
3. 为了组织【基本图形】面板中的控件，需要把控件划分成不同组。具体操作为：从【基本图形】面板左下角的下拉列表中选择【添加组】，为分组指定名称，然后把相应属性拖入其中即可。此外，你还可以添加注释，帮助用户更好地理解你的意图。
4. 与他人分享动态图形模板的方法有以下3种：把动态图形模板导出到Creative Cloud库中；把动态图形模板导出到本地的模板文件夹中；直接把 .mogrt 文件发送给他人。

使用 3D 功能

本课概览

本课主要讲解以下内容。

- 创建 3D 环境
- 从多个视图观看 3D 场景
- 查看 3D 地平面
- 创建 3D 图层
- 沿着 x 轴、y 轴、z 轴旋转和放置图层
- 使用 3D 变换控件
- 为摄像机图层制作动画
- 添加灯光以创建阴影和景深
- 挤压文本和形状
- 使用 After Effects 与 Cinema 4D Lite

学习本课大约需要 1 小时

项目：一家制片公司的动态 Logo

在 After Effects 中，只要单击【时间轴】面板中的一个开关，即可把一个 2D 图层转换为 3D 图层，从而打开一个充满无限可能的全新世界。After Effects 中包含的 Maxon Cinema 4D Lite 能够给你的创作带来更大的灵活性。

12.1 准备工作

After Effects 不仅可以在二维空间（x、y）中处理图层，它还可以在三维空间（x、y、z）中处理图层。本书前面讲解的内容基本都是在二维空间下的操作。在把一个 2D 图层转换为 3D 图层之后，After Effects 会为它添加 z 轴，对象可以沿着 z 轴在立体空间中向前或向后移动。把 z 轴上的深度和各种灯光、摄像机角度相结合，我们可以创建出更逼真的 3D 对象，这些对象的运动更自然，光照和阴影更真实，透视效果和聚焦效果更好。本课中，我们将讲解如何创建 3D 图层，以及如何为它制作动画。届时，我们会为一家虚拟的公司制作一个名称动画，并使用 Cinema 4D Lite 制作 3D 文本。

开始之前，先预览一下最终影片，并创建好要使用的项目。

❶ 检查你硬盘上的 Lessons/Lesson12 文件夹中是否包含以下文件。若没有，先下载它们。

* Assets 文件夹：Sky.jpg。
* Start_Project_File 文件夹：Lesson12_Start.aep。
* Sample_Movies 文件夹：Lesson12.mp4。

❷ 使用 Windows Movies & TV 或者 QuickTime Player 打开并播放 Lesson12.mp4 示例影片，了解本课要创建的效果。观看完之后，关闭 Windows Movies & TV 或 QuickTime Player。如果存储空间有限，你可以把示例影片从硬盘中删除。

学习本课之前，最好先把 After Effects 恢复成默认设置（参见前言"恢复默认配置文件"中的内容）。你可以使用以下快捷键完成这个操作。

❸ 启动 After Effects 时，立即按 Ctrl+Alt+Shift（Windows）或 Command+Option+Shift（macOS）组合键，弹出一个消息框，询问【是否确实要删除您的首选项文件？】，单击【确定】按钮，即可删除你的首选项文件，恢复默认设置。在【主页】窗口中，单击【打开项目】按钮。

❹ 转到 Lessons/Lesson12/ Start_Project_File 文件夹下，选择 Lesson12_Start.aep 文件，单击【打开】按钮。

❺ 在菜单栏中依次选择【文件】>【另存为】>【另存为】，打开【另存为】对话框。

❻ 在【另存为】对话框中，转到 Lessons/Lesson12/Finished_Project 文件夹下，输入项目名称"Lesson12_Finished.aep"，单击【保存】按钮，保存项目，如图 12-1 所示。

图 12-1

该项目文件中包含一个名为 Red Leaf Media 的合成，这个合成中包含一个名为 Last Leaf 的形状图层。

❼ 在菜单栏中依次选择【文件】>【导入】>【文件】，转到 Lessons/Lesson12/Assets 文件夹下，选择 Sky.jpg 文件，单击【导入】按钮。

❽ 把 Sky.jpg 文件拖入 Red Leaf Media 合成的【时间轴】面板中，并将其放到图层最下方。

⑨ 选择 Sky.jpg 图层，在菜单栏中依次选择【图层】>【变换】>【适合复合】。

⑩ 单击 Sky.jpg 图层左侧的【锁定】图标，将其锁定，防止意外编辑，如图 12-2 所示。

图 12-2

⑪ 在菜单栏中依次选择【文件】>【保存】，保存当前项目。

12.2 创建 3D 图层

为了在 3D 空间中移动某个对象，首先必须把该对象变为 3D 对象。2D 空间中的所有图层都只有 x（宽度）和 y（高度）两个维度，它们只能沿着 x、y 两个轴移动。在 After Effects 中，要想让一个二维图层在三维空间中移动，需要打开它的 3D 图层开关（ ），这样你就可以沿着 z 轴（深度）操作图层上的对象。下面我们先创建形状图层，然后把它们转换成 3D 图层，并制作动画，让它们在天空中盘旋滚动。

12.2.1 复制形状图层

当前我们的画面中只有一片枫叶。下面我们会把枫叶多复制几次，制作多种颜色的枫叶，让它们在天空中盘旋，然后引出公司 Logo。

① 选择 Last Leaf 图层，在菜单栏中依次选择【编辑】>【重复】。

② 选择 Last Leaf 2 图层，按 Enter 或 Return 键，将其重命名为 Red，再次按 Enter 或 Return 键，使修改生效。

③ 选择 Red 图层，按 5 次 Ctrl+D（Windows）或 Command+D（macOS）组合键，复制出另外 5 片枫叶（Red 2、Red 3、Red 4、Red 5、Red 6），如图 12-3 所示。

图 12-3

④ 把 Red 6 图层重命名为 Yellow。

⑤ 在 Yellow 图层处于选中状态时，在工具栏中单击【填充颜色】框，在弹出的【形状填充颜色】对话框中，选择一种黄色（R=255、G=238、B=0），单击【确定】按钮，效果如图 12-4 所示。

图 12-4

⑥ 重复步骤 3，把 Yellow 图层复制 5 次。然后把 Yellow 6 图层重命名为 Orange，将其填充颜色更改为橙色（R=255、G=120、B=0）。

⑦ 重复步骤 3，把 Orange 图层复制 5 次。然后把 Orange 6 图层重命名为 Brown，将其填充颜色更改为浅褐色（R=164、G=122、B=85）。

⑧ 选择 Brown 图层，按 4 次 Ctrl+D（Windows）或 Command+D（macOS）组合键，再复制出一些枫叶，如图 12-5 所示。

图 12-5

12.2.2　把 2D 图层转换成 3D 图层

当前，枫叶图层是标准的形状图层，若想把它们转换成 3D 图层，操作起来也很简单，只需要单击打开 3D 图层开关即可。

场景开始时，我们希望枫叶在镜头之外。当图层还是 2D 图层时，我们可以很容易地拖曳图层。因此，在把图层转换成 3D 图层之前，我们要先把它们拖曳到画面之外。然后再转换成 3D 图层，为所有枫叶在当前位置设置初始关键帧。

① 在【放大率弹出式菜单】（位于【合成】面板底部）中选择【33.3%】，把画面之外的空白区域显示出来。

② 把每片枫叶拖曳到画面之外，让它们大致位于画面上方的空白区域中。同时在画面的上方和两侧各放一些不同颜色的枫叶，如图 12-6 所示。

图 12-6

③ 把 Last Leaf 图层移动到合成画面下方，将其与其他枫叶分开，稍后我们再处理它，如图 12-7 所示。

图 12-7

④ 在【时间轴】面板中，选择 Red 图层，然后按住 Shift 键，选择 Brown 5 图层，选中除 Last Leaf 图层之外的所有形状图层。

⑤ 在这些选中的图层中，单击任意一个图层的 3D 图层开关，把它们全部转换成 3D 图层，如图 12-8 所示。

此时，所有选中的图层都变成了 3D 图层。当选中一个 3D 图层时，在【合成】面板中，图层的锚点上就会出现 3D 变换控件。红色箭头代表 x 轴，绿色箭头代表 y 轴，蓝色箭头代表 z 轴。当把【选取工具】置于相应的控件上时，就会显示出字母 x、y 或 z。当把鼠标指针放到某个特定的坐标轴上移动或旋转图层时，图层只会沿着特定的坐标轴进行运动。

⑥ 在图层仍处于选中状态时，按 P 键，然后再按 Shift+S和 Shift+R 组合键，把所有图层的【位置】【缩放】【旋转】属性显示出来。

图 12-8

此时，图层的【变换】属性组中出现 3 个 3D 旋转属性，还有一个方向属性。而且以前只支持两个维度的属性现在增加了第三个维度，即 z 轴值。

⑦ 确保【当前时间指示器】位于时间标尺的开头，然后在任意一个选中的图层上单击【位置】【方向】【旋转】左侧的秒表图标，创建初始关键帧。

⑧ 在图层仍处于选中状态时，把其中一个图层的【缩放】属性值修改为 33%，使所有形状的尺寸都变成约原来尺寸的三分之一。调整枫叶尺寸时，它们的位置可能发生变化，请确保所有小枫叶都在画面之外，如图 12-9 所示。

图 12-9

⑨ 把【当前时间指示器】移动到 1:20 处。

⑩ 在图层仍处于选中状态时，把其中一个图层的【X 轴旋转】【Y 轴旋转】【Z 轴旋转】值更改为 2x+0°，如图 12-10 所示。

图 12-10

修改好旋转值之后，每个图层都会绕着相应的坐标轴旋转两圈。

⑪ 按 U 键，隐藏所有属性。然后按 F2 键，或者单击【时间轴】面板中的空白区域，取消选择所有图层。

⑫ 在菜单栏中依次选择【文件】>【保存】，保存当前项目。

12.3　为 3D 图层制作动画

如你所见，相比于 2D 图层，3D 图层拥有更多选项，但是为 3D 图层创建关键帧的方法与为普通 2D 图层创建关键帧的方法是一样的。下面我们使用 3D 变换控件和旋转属性为枫叶制作动画，让枫叶在天空中盘旋飞舞。

① 确保【当前时间指示器】仍在 1:20 处，在【合成】面板中，从画面之外选择一个枫叶，将其拖入画面之中。

② 把其他所有枫叶拖入画面之中，灵活安排它们的位置，使其看起来好像是随机的，而且还要把不同颜色的枫叶混杂在一起。每片枫叶应该至少经过画面的一半，这样才有充足的空间盘旋，如图 12-11 所示。

图 12-11

③ 把【当前时间指示器】移动到 2:10 处。

④ 选择 Red 图层，然后按住 Shift 键，选择 Brown 5 图层，选中画面中的所有小枫叶。

⑤ 在【时间轴】面板中，按 P 键，显示出所有图层的【位置】属性。

⑥ 修改其中一个图层【位置】属性的 y 坐标值，使所有图层从下方完全超出画面之外，如图 12-12 所示。更改 y 坐标值时，把鼠标指针移动到 y 坐标值上，按住鼠标左键，然后向右拖曳即可。

由于我们选中了所有小枫叶图层，修改其中一个图层的 y 坐标值，其他图层的 y 坐标值也会发生等量变化。

图 12-12

⑦ 按 P 键，隐藏图层的【位置】属性，然后取消选择所有图层。

⑧ 按 Home 键，或者使用鼠标把【当前时间指示器】拖曳到时间标尺的起始位置。按空格键，预览动画，再次按空格键，结束预览，如图 12-13 所示。

图 12-13

预览动画时，可以看到枫叶在盘旋着掉落。但是由于前面我们是同时为所有图层设置的属性，所以所有枫叶的运动路径都是一致的，这显得有点呆板。为了让枫叶的运动显得自然，我们需要调整一些枫叶的运动路径。

⑨ 把【当前时间指示器】拖曳到 1:20 处。选择【选取工具】，在【合成】面板中，按住 Ctrl 键，选择一些位于画面不同位置上的枫叶。

⑩ 使用 3D 变换控件上的红、蓝、绿弧线，调整所选枫叶的旋转角度。

⑪ 在枫叶仍处于选中状态时，按 R 键，显示【旋转】属性，分别把【X 轴旋转】【Y 轴旋转】【Z 轴旋转】值修改为 2x+15°、2x+300°、1x+325°，如图 12-14 所示。

把某个图层的旋转值设置为 $mx+n°$，表示这个图层在两个关键帧之间旋转了 m 圈 $n°$。

⑫ 选择不同的枫叶，重复步骤 9 ~ 11，每次调整要设置不同的属性值。如何使用 3D 变换控件改变方向或者使用什么样的旋转值不重要，只要枫叶彼此之间保持不同就行了。

⑬ 隐藏所有图层的属性，然后取消选择所有图层。按空格键，预览动画，如图 12-15 所示。观察调整后的效果，再次按空格键，结束预览。

图 12-14

图 12-15

> 💡提示　如果你想让 3D 图层之间彼此有交互，而且同时渲染，则在【时间轴】面板中把它们放在一起。在【时间轴】面板中，当 3D 图层之间存在 2D 图层时，我们要创建独立的 3D 素材箱。一个 3D 素材箱中的图层与另一个 3D 素材箱中的图层是分别进行渲染和交互的。

此时，枫叶在天空中盘旋下降的姿态应该非常自然了。如果你想进一步调整枫叶的运动路径和旋转角度，可以在时间标尺上选择另外一个时间点，然后使用 3D 变换工具做调整。

⑭ 在菜单栏中依次选择【文件】>【保存】，保存当前项目。

使用 3D 变换控件

借助于 3D 变换控件，我们可以沿着 x 轴、y 轴、z 轴为一个 3D 图层轻松地调整位置、缩放与旋转角度，如图 12-16 所示。

图 12-16

调整图层的位置时，沿着相应的坐标轴进行拖曳即可，例如，拖曳红色箭头，即可沿着 x 轴方向移动图层。

各个坐标轴上都有一个方块点，拖曳它可以缩放图层，例如，拖曳 y 轴上的绿色方块点，将沿 y 轴方向缩放图层。进行缩放操作时，同时按住 Shift 键，可以实现在所有方向上等比例缩放。

另外，控件中还有 3 条不同颜色的弧线，把鼠标指针放到弧线上，按住鼠标左键拖曳，即可旋转图层。例如，拖曳蓝色弧线，可以沿着 z 轴旋转图层。默认情况下，旋转是以 1° 为单位进行的。

12.4 添加环境光

在 After Effects 中，灯光图层用来将光线照射到其他图层。After Effects 提供了 4 种灯光，分别是平行、聚光、点、环境，你可以从中选择一种灯光使用，并通过各种参数调整它们。默认情况下，灯光指向兴趣点，也就是整个场景的聚焦区域。

下面我们将在场景中添加浅黄色的环境光，增添整个场景的氛围，使其看起来就像是一个有风的秋日。

❶ 按 Home 键，或者使用鼠标把【当前时间指示器】拖曳到时间标尺的起始位置。

❷ 确保没有图层处于选中状态。

❸ 在菜单栏中依次选择【图层】>【新建】>【灯光】。

❹ 在【灯光设置】对话框中，做以下设置，如图 12-17 所示。

* 名称：Fall Light。
* 灯光类型：环境。
* 颜色：淡黄色（R=239、G=244、B=161）。

单击【确定】按钮，创建灯光图层。

❺ 在【时间轴】面板中，单击【锁定】图标，把 Sky.jpg 图层解锁。然后打开 3D 图层开关，将其转换成 3D 图层。

❻ 选择 Sky.jpg 图层，按 T 键，显示出【不透明度】属性，在属性值为 100% 时，创建一个初始关键帧，如图 12-18 所示。

图 12-17

图 12-18

❼ 把【当前时间指示器】拖曳到 2:00 处，把【不透明度】属性值更改为 0%，如图 12-19 所示。

图 12-19

❽ 在【放大率弹出式菜单】（位于【合成】面板底部）中选择【适合】，这样可以清晰地看到整个画面。

❾ 按 Home 键，或者使用鼠标把【当前时间指示器】拖曳到时间标尺的起始位置。按空格键，预览动画，再次按空格键，停止预览。

12.5 图层预合成

当前我们的项目中包含了许多个图层。为保持【时间轴】面板整洁，下面我们会把落叶场景中的图层移动到一个新的合成中，然后嵌套到项目之中。

① 在【时间轴】面板中，选择 Red 图层，按住 Shift 键，选择 Fall Light 图层，然后按住 Ctrl（Windows）或 Command（macOS）键，选择 Sky.jpg 图层，选中除 Last Leaf 图层之外的其他所有图层，如图 12-20 所示。

② 在菜单栏中依次选择【图层】>【预合成】。

③ 在【预合成】对话框中，把【新合成名称】设置为 Falling Leaves，勾选【将所有属性移动到新合成】，单击【确定】按钮。

此时，【时间轴】面板中选中的所有图层被 Falling Leaves 这一个图层所取代，如图 12-21 所示。

④ 在【项目】面板中，选择 Falling Leaves 合成，在菜单栏中依次选择【合成】>【合成设置】。

⑤ 在【合成设置】对话框中，把【持续时间】设置为 2:15，单击【确定】按钮，如图 12-22 所示。

图 12-20

图 12-21

图 12-22

在【时间轴】面板中，Falling Leaves 图层在 2:15 处结束，此时，所有枫叶都落到画面之外，同时 Sky.jpg 图层变得完全透明。

12.6 创建 3D 文本

当枫叶快要全部落下时，公司 Logo（包含 Last Leaf 图层和挤压文字）应该逐渐显现在画面中央。首先，我们要把 Last Leaf 图层移动到其最终位置，然后创建一同出现的文字。

❶ 把【当前时间指示器】移动到 3:23 处，即合成的最后一帧。

❷ 放大视图，使用【选取工具】，把 Last Leaf 图层拖曳到合成中央，即黑色背景中央，如图 12-23所示。

❸ 在【放大率弹出式菜单】中选择【适合】。

图 12-23

12.6.1 创建文本图层

下面我们在枫叶周围添加制片公司的名字。

❶ 在工具栏中选择【横排文字工具】。

After Effects 打开【字符】面板。

❷ 在【字符】面板中，做以下设置。

- 字体：BradleyHand 或其他手写字体。
- 描边：无。
- 字体大小：200 像素。

> 💡 注意　如果你尚未安装任何手写字体，请先使用 Adobe Fonts 安装它。在菜单栏中依次选择【文件】>【从 Adobe 添加字体】，在打开的页面中，搜索需要的字体，并激活它。你可能需要先关闭【字符】面板，然后再次打开才能看到新激活的字体。

❸ 在【字符】面板中，选择【填充颜色】，然后使用【吸管工具】选择一种与枫叶一样的红色。

❹ 在【合成】面板中，单击插入点，输入文本"Red"。

❺ 取消选择所有图层，然后使用相同设置输入文本"Leaf"。

❻ 取消选择所有图层，然后使用相同设置输入文本"Media"，如图 12-24 所示。

图 12-24

❼ 选择 Red 图层，然后从菜单栏中依次选择【图层】>【变换】>【旋转】，在【角度】中输入"-45"，单击【确定】按钮。

❽ 在工具栏中选择【选取工具】，然后把 Red 图层拖曳到枫叶左上角，调整文字 Red，使其与叶片平行。

⑨ 重复步骤 7 ~ 8，把 Leaf 图层放置到右侧，在【角度】中输入"45"。

⑩ 把文字 Media 移动到枫叶之下。

⑪ 根据需要，调整文本大小与位置，如图 12-25 所示。使用某些字体时，你可能还需要把文字放大或缩小一些。

图 12-25

12.6.2 挤压文本与形状

摄像机会从某一个角度靠近 Logo，这个过程中我们希望文本能够凸显出来。借助于 Cinema 4D Lite，我们可以在 After Effects 中轻松地挤压文本和形状。接下来，我们将使用【几何选项】属性为文本增加更多趣味。首先，我们先把所有 Logo 图层转换成 3D 图层。

① 在【时间轴】面板中，把 Falling Leaves 图层移动到其他所有图层之上。

② 选择 Last Leaf 图层，然后按住 Shift 键，选择 Media 图层。

③ 在 Media 图层上，打开 3D 图层开关。

此时，所有选中的图层都变成 3D 图层，如图 12-26 所示。

④ 展开一个图层的属性，另外 3 个图层的属性将一同展开。

⑤ 展开 Media 图层的【几何选项】属性。

图 12-26

> 💡 注意　若【几何选项】当前处于不可用状态，请单击右侧的【更改渲染器】，然后从【渲染器】下拉列表中选择【Cinema 4D】，单击【确定】按钮。

⑥ 在【斜面样式】下拉列表中，选择【凹面】。

⑦ 把【凸出深度】值修改为 50。

⑧ 隐藏所有属性，取消选择所有图层，方便观察效果，如图 11-27 所示。

图 12-27

此时，4 个图层都发生了挤压。虽然从屏幕上看有点膨起，但是从正面看不出它们是有厚度的。

12.7　使用 3D 视图

有时，3D 图层的外表看起来有一定的迷惑性。例如，一个图层看起来好像在 x 轴和 y 轴上缩小了，但其实它只是在沿着 z 轴运动。在【合成】面板中，默认视图并非总是好用的。【合成】面板底部有一个【选择视图布局】下拉列表，用来把【合成】面板划分成不同视图，你可以从中选择相应的视图以从不同角度观看你的三维作品。此外，【合成】面板底部还有一个【3D 视图】下拉列表，你可以从中选择不同的视图。下面我们将从不同角度观察 Logo，检查挤压效果是否满足需要。

❶ 在【合成】面板中，单击面板底部的【选择视图布局】下拉列表，如果你的屏幕足够大，可以从中选择【4 个视图】，否则，选择【2 个视图】。

在【4 个视图】下，你可以从不同视角看场景。顶视图是沿着 y 轴往下观看场景。在顶视图中，你可以看到沿着 z 轴方向，图层是有深度的，但看起来是一个矩形。活动摄像机视图呈现的是从摄像机观看场景的样子，当前活动摄像机视图和正视图是一样的。右视图呈现的是沿着 x 轴观看场景的样子。类似于顶视图，在右视图下，深度也表现为一个矩形。

❷ 若选择的是【4 个视图】，请单击前视图，将其激活；若选择的是【2 个视图】，请单击左侧的视图，将其激活（视图被激活后 4 个角上有蓝色三角形）。然后在【3D 视图】下拉列表中选择【自定义视图 1】，从不同角度观察场景，如图 12-28 所示。

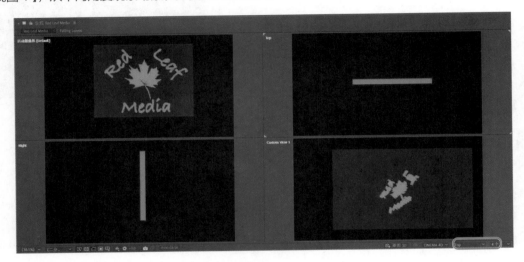

图 12-28

从这个角度，我们可以更清楚地看到文字挤压效果。从不同角度观察 3D 场景有助于精确对齐场景中的各个元素，了解图层之间的作用方式，以及了解对象、灯光、摄像机在 3D 空间中的位置。

12.7.1　显示 3D 地平面

地平面是 3D 空间中一个虚拟的地面，排列对齐 3D 对象时可以参考地平面。把 3D 地平面显示出来有助于对齐对象，判断对象之间的关系。在 After Effects 中，开启实时草图 3D 预览模式后，你可以看到 3D 地平面。在实时草图 3D 预览模式下，复杂场景的实时播放速度会大大加快。但是请注意，这种预览模式仅能产生草图质量的效果，请不要在最终输出时使用。

❶ 在【自定义视图 1】当前处于激活状态时，单击【合成】面板底部的【草图 3D】按钮，开启它。

❷ 单击【3D 地平面】按钮，在场景中显示出地平面网格，如图 12-29 所示。

此时，在【自定义视图 1】中显示出 3D 地平面。每个视图都可以独立地开启或关闭 3D 地平面。在 3D 地平面处于显示状态时，继续往下学习。

图 12-29

12.7.2　使用摄像机工具

当创建了一个 3D 图层之后，工具栏中的各种摄像机工具就变得可用了。我们可以使用这些摄像机工具改变场景视角，以及操控已有的摄像机。

旋转工具包括【绕光标旋转工具】（）、【绕场景旋转工具】（）、【绕相机信息点旋转】（）这 3 个工具。

移动工具包括【在光标下移动工具】（）、【平移摄像机 POI 工具】（）。

推拉工具包括【向光标方向推拉镜头工具】（）、【推拉至光标工具】（）、【推拉至摄像机 POI 工具】（）。

> 💡注意　摄像机工具是用来改变场景视角的，只能用在自定义视图下，在前视图或顶视图等固定视图下无法使用。

接下来，我们学习如何使用各个摄像机工具来改变场景视角。

❶ 在工具栏中，选择【绕光标旋转工具】。

❷ 在【自定义视图 1】窗口中拖曳，改变观察场景的角度。

❸ 选择【在光标下移动工具】，在【自定义视图 1】窗口中拖曳，观察有何变化。

❹ 选择【向光标方向推拉镜头工具】，在【自定义视图 1】窗口中拖曳，观察有何变化。

当我们在某个视图窗口中使用摄像机工具时，其他所有窗口中的视图都不会发生改变。而且图层本身也不会发生改变，改变的只是我们观察它们的视角，就像你有飞翔的本领，能够绕着中央舞台飞行，从不同角度观察场景一样。

12.8　添加摄像机

前面我们学习了如何从不同视角观看 3D 场景。接下来，我们要学习的是如何使用摄像机图层从不同角度和距离观看 3D 图层。当为合成设置好摄像机视图后，你就可以通过那台摄像机来观看图层了。我们可以通过活动摄像机或一台自定义的摄像机来观看合成。如果你没有创建自定义摄像机，那么活动摄像机就是合成默认的视图。

在使用摄像机工具创建了一个自定义视图之后，你可以从菜单栏中依次选择【视图】>【基于 3D

视图生成摄像机】，基于你的自定义视图创建一个摄像机。

这里，我们要创建一个自定义摄像机。

① 取消选择所有图层，在菜单栏中依次选择【图层】>【新建】>【摄像机】。

② 在【摄像机设置】对话框中，在【预设】下拉列表中选择【20毫米】，单击【确定】按钮，如图 12-30 所示。

图 12-30

此时，在【时间轴】面板的最顶层出现名为 Camera 1 的图层（在图层名称左侧有摄像机图标），同时【合成】面板中的视图根据新摄像机的视角进行了更新。创建摄像机之后，【合成】面板中的视图应该有一些变化，因为 20 毫米的视角比默认视角宽一些。如果你没有察觉到场景有变化，可以单击 Camera 1 图层左侧的眼睛图标，确保 Camera 1 图层处于可见状态，如图 12-31 所示。

> 💡 提示 默认情况下，After Effects 会使用一个线框表示摄像机。你可以选择关闭摄像机线框或仅在摄像机处于选中状态时才显示线框。具体做法是，从【合成】面板菜单中选择【视图选项】，在【视图选项】对话框中，从【摄像机线框】下拉列表中选择是否打开以及何时打开，然后单击【确定】按钮。

图 12-31

③ 若当前在四视图下，请单击面板底部的【选择视图布局】下拉列表，从中选择【2 个视图】。

④ 把左边视图改为 right，并且确保右边视图为【活动摄像机】（Camera 1），如图 12-32 所示。

类似于灯光图层，摄像机图层也有兴趣点，用来确定摄像机的拍摄目标。默认情况下，摄像机的兴趣点位于合成的中心。这正是文本目前所在的位置，所以我们不必再调整摄像机的兴趣点了。

⑤ 把【当前时间指示器】拖曳到时间标尺的末尾。选择 Camera 1 图层，按 P 键，显示其【位置】

属性。单击【位置】属性左侧的秒表图标，创建一个初始关键帧。

图 12-32

⑥ 把【当前时间指示器】移动到 1:08 处，此时枫叶正在画面中盘旋飞舞。

⑦ 把【位置】值修改为 −2000、2000、−2000，如图 12-33 所示。

刚开始时，摄像机与 Logo 保持一定角度，也有一定距离，而后随着时间的流逝，摄像机与 Logo 间的角度越来越小，距离也越来越近。虽然是摄像机在绕着 Logo 做运动，但是在我们看起来好像是 Logo 在运动。相比于为 Logo 中的 4 个 3D 图层做运动动画，为摄像机做动画要容易得多。

图 12-33

⑧ 使用鼠标右键（或者按住 Control 键）单击 Camera 1 图层的第二个位置关键帧（位于 3:23 处），在弹出菜单中依次选择【关键帧辅助】>【缓入】。

⑨ 隐藏 Camera 1 图层的【位置】属性。

⑩ 确保【当前时间指示器】在 1:08 处，选择 Media 图层，然后按住 Shift 键，选择 Last Leaf 图层。按 Alt+[（Windows）或 Option+[（macOS）组合键，为所选图层设置入点。

⑪ 选择 Camera 1 图层，按 Alt+[（Windows）或 Option+[（macOS）组合键，为其设置入点。

⑫ 按 Home 键，或者使用鼠标把【当前时间指示器】移动到时间标尺的起始位置。按空格键，预览动画，如图 12-34 所示，再次按空格键，停止预览。

图 12-34

12.9 照亮场景

红色 Logo 在黑色背景下显得格外醒目，但趣味性不够。接下来，我们将向场景中添加照明并调整材质属性，使其更具特色。

12.9.1 添加聚光灯

首先，我们添加一个聚光灯，增强 Logo 的深度感。

1️⃣ 把【当前时间指示器】移动到 3:23 处，即时间标尺上的最后一帧。

2️⃣ 取消选择所有图层，在菜单栏中依次选择【图层】>【新建】>【灯光】。

3️⃣ 在【灯光设置】对话框中，做如下设置，如图 12-35 所示。

- 名称: Spotlight。
- 在【灯光类型】下拉列表中选择【聚光】。
- 颜色: 白色（R=248、G=249、B=242）。
- 强度: 100%；锥形角度: 90°。
- 锥形羽化: 50%。
- 勾选【投影】。
- 阴影深度: 50%；阴影扩散: 150px。

单击【确定】按钮，创建一个灯光图层。

在【时间轴】面板中，灯光图层左侧会出现一个灯泡图标（💡）。

在【合成】面板中，会出现一个线框，用于指出灯光的位置；还有一个十字线图标（⊕），用来代表兴趣点。

图 12-35

12.9.2 创建填充光

聚光灯为 Logo 增加了一些戏剧性，但当摄像机移动到一定位置时，挤压效果会变得不明显。为此，我们可以添加一个填充光，把挤压效果凸显出来。

1️⃣ 在菜单栏中依次选择【图层】>【新建】>【灯光】。

2️⃣ 在【灯光设置】对话框中，做如下设置，如图 12-36 所示。

- 名称: Fill Light。
- 在【灯光类型】下拉列表中选择【环境】。
- 颜色: 淡蓝色（R=179、G=221、B=244）。
- 强度: 65%。

单击【确定】按钮，创建一个灯光图层。

3️⃣ 把【当前时间指示器】移动到 3:00 处，如图 12-37 所示。此时，文本的挤压效果更明显，整个 Logo 的立体感更强了。

4️⃣ 在菜单栏中依次选择【文件】>【保存】，保存当前项目。

图 12-36

图 12-37

12.9.3　投影与材质属性

到这里，整个场景看上去已经很不错了，但还是需要进一步增强 3D 效果。为此，我们修改【材质选项】属性，确定 3D 图层和灯光、阴影的作用方式。

❶ 选择 Last Leaf 图层，然后按住 Shift 键，选择 Media 图层，同时选中组成 Logo 的 4 个图层。连续按两次 A 键，显示出图层的【材质选项】属性。

【材质选项】属性组定义了 3D 图层的表面属性。此外，你还可以设置投影和透光率。

❷ 单击【投影】右侧的蓝字，将其由【关】变为【开】。请注意是【开】，而非【仅】。

此时，Logo 图层在场景灯光的照射下产生投影。

❸ 把【镜面强度】值设置为 35%，使 Logo 图层反射场景中少量的光线。

❹ 把【镜面反光度】值设置为 15%，让 Logo 表面有一点金属光泽，如图 12-38 所示。

❺ 隐藏所有图层的属性，取消选择所有图层。

❻ 从【选择视图布局】下拉列表中选择【1 个视图】，确保活动摄像机视图处于选中状态。

图 12-38

❼ 按空格键，预览整个影片，如图 12-39 所示。先是枫叶在画面中盘旋落下，然后 Logo 旋转着出现在画面中央。再次按空格键，停止预览。

图 12-39

3D 通道效果

有几个 3D 通道效果（3D Channel Extract、Depth Matte、Depth of Field、Fog 3D）可以从嵌套的 3D 合成中提取深度数据（z 轴深度），进而应用特殊效果。首先对 3D 图层进行预合成；然后应用效果到嵌套合成，并在【效果控件】面板中做相应调整。关于深度传递和 3D 通道效果的更多内容，请阅读 After Effects 的帮助文档。

使用 Cinema 4D Lite

After Effects 内置有 Cinema 4D Lite，借助它，动态图形艺术家和动画师可以直接把 3D 对象插入一个 After Effects 场景中，并且不需要做预渲染和复杂的文件转换。在把 3D 对象添加到 After Effects 合成之后，你可以继续在 Cinema 4D Lite 中编辑它们。

使用 Cinema 4D Lite 之前，你必须先在 Maxon 中注册。在未注册的情形下，你仍然可以在 After Effects 中使用 Cinema 4D Lite。

> ♀ **注意** 在 After Effects 中，坐标原点（0，0）位于合成的左上角，而在许多 3D 应用程序（包括 Maxon Cinema 4D）中，坐标原点（0，0，0）通常位于屏幕中心。另外，在 After Effects 中，当鼠标指针沿着屏幕往下移动时，y 值会变大。

在 After Effects 中，我们可以向合成中添加 Cinema 4D 图层。添加时，After Effects 会打开 Cinema 4D Lite，以便你在 C4D 文件中创建 3D 场景。当在 Cinema 4D 中的工作完成后，保存文件，文件会自动更新到 After Effects 中。当然，你还可以再次返回到 Cinema 4D 中做进一步修改。

添加图层时，在菜单栏中依次选择【图层】>【新建】>【Maxon Cinema 4D 文件】，After Effects 会在【时间轴】面板中添加一个图层，并且 Cinema 4D 将打开一个空场景，里面只有 3D 网格，如图 12-40 所示。

图 12-40

在 After Effects 中使用 Cinema 4D 文件时，通常都要在【效果控件】面板中从 Cineware 效果的 Renderer 中选择 Software 或 Standard (Draft)。在渲染最终项目时，要在 Renderer 中选择 Standard(Final)。

更多有关使用 Cinema 4D Lite 的内容，请阅读 Cinema 4D 帮助文档。

12.10 复习题

1. 打开 3D 图层开关后，图层会发生什么变化?
2. 为什么从多个视角观看包含 3D 图层的合成如此重要?
3. 什么是摄像机图层?
4. After Effects 中的 3D 灯光是什么?

12.11 复习题答案

1. 在【时间轴】面板中，打开一个图层的 3D 图层开关后，After Effects 会为该图层添加第三个轴——z 轴。然后，你就可以在三维空间中移动和旋转这个图层了。此外，这个图层还多了几个 3D 图层特有的属性，如【材质选项】属性组。

2. 根据【合成】面板中所采用的视图的不同，3D 图层拥有不同外观，且具有迷惑性。启用 3D 多视图后，你可以在【合成】面板中观察到一个图层相对于其他图层的真实位置。

3. 在 After Effects 中，借助于摄像机图层，你可以从不同角度和距离查看 3D 图层。当为合成设置好摄像机视图后，你就可以通过那台摄像机来观看图层了。我们可以为摄像机的位置、角度制作动画。

4. 在 After Effects 中，灯光图层用来将光线照射到其他图层。After Effects 提供了 4 种灯光，分别是平行、聚光、点、环境，你可以从中选择一种灯光使用，并通过各种参数调整它们。

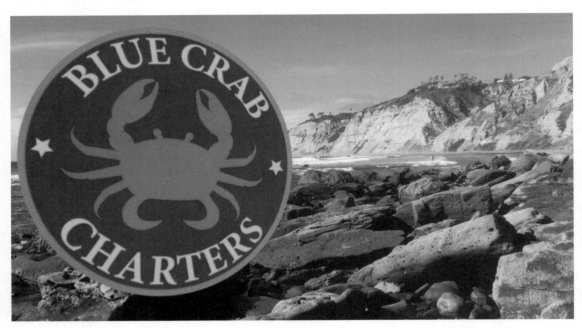

第13课

使用 3D 摄像机跟踪器

本课概览

本课主要讲解以下内容。

- 使用 3D 摄像机跟踪器跟踪素材
- 向跟踪的场景中添加摄像机和文本元素
- 设置地平面和原点
- 为 3D 元素创建真实的阴影
- 使用实底图层锁定元素到平面
- 消除 DSLR 素材中的果冻效应

学习本课大约需要 **1.5** 小时

项目：电视广告

　　3D 摄像机跟踪器通过分析二维画面来创建虚拟的 3D 摄像机。你可以使用这些分析数据把 3D 对象真实自然地融入你的场景中。

238

13.1 关于 3D 摄像机跟踪器效果

【3D 摄像机跟踪器】效果会自动分析 2D 素材中的运动，获取场景拍摄时摄像机所在位置和所用的镜头类型，然后在 After Effects 中新建 3D 摄像机来匹配它。【3D 摄像机跟踪器】效果还会把 3D 跟踪点叠加到 2D 画面上，以便你把 3D 图层添加到源素材中。

这些新添加的 3D 图层和源素材拥有相同的运动和透视变化。此外，你还可以使用【3D 摄像机跟踪器】效果创建"阴影捕手"，使新加的 3D 图层在源画面中产生真实的投影和反光。

【3D 摄像机跟踪器】是在后台执行分析任务的，这期间，你可以继续做其他处理工作。

13.2 准备工作

本课我们将为一家旅游公司制作一则简短的广告。我们先导入素材，并使用【3D 摄像机跟踪器】效果跟踪它。然后添加 3D 文本元素，使之准确跟踪场景。再使用类似方法添加其他图像，最后应用一个效果向场景中快速添加更多字符。

开始之前，先预览一下最终影片，并创建好要使用的项目。

❶ 检查你硬盘上的 Lessons/Lesson13 文件夹中是否包含以下文件。若没有，先下载它们。

- Assets 文件夹：BlueCrabLogo.psd、Quote1.psd、Quote2.psd、Quote3.psd、Shoreline.mov。
- Sample_Movies 文件夹：Lesson13.mp4。

❷ 使用 Windows Movies & TV 或 QuickTime Player 播放 Lesson13.mp4 示例影片，了解本课要创建的效果。观看完之后，关闭 Windows Movies & TV 或 QuickTime Player。如果存储空间有限，你可以把示例影片从硬盘中删除。

学习本课之前，最好先把 After Effects 恢复成默认设置（参见前言"恢复默认配置文件"中的内容）。你可以使用以下快捷键完成这个操作。

❸ 启动 After Effects 时，立即按 Ctrl+Alt+Shift（Windows）或 Command+Option+Shift（macOS）组合键，弹出一个消息框，询问【是否确实要删除您的首选项文件？】，单击【确定】按钮，即可删除你的首选项文件，恢复默认设置。在【主页】窗口中，单击【新建项目】按钮。

此时，After Effects 新建并打开一个未命名的项目。

❹ 在菜单栏中依次选择【文件】>【另存为】>【另存为】，打开【另存为】对话框。

❺ 在【另存为】对话框中，转到 Lessons/Lesson13/Finished_Project 文件夹下。

❻ 输入项目名称"Lesson13_Finished.aep"，单击【保存】按钮，保存项目。

13.2.1 导入素材

本课需要导入 5 个素材。

❶ 在菜单栏中依次选择【文件】>【导入】>【文件】，打开【导入文件】对话框。

❷ 在【导入文件】对话框中，转到 Lessons/Lesson13/Assets 文件夹下，按住 Ctrl 键，单击 Quote1.psd、Quote2.psd、Quote3.psd、Shoreline.mov 文件，把它们同时选中，然后单击【导入】按钮。

❸ 在【项目】面板中，双击空白区域，再次打开【导入文件】对话框。

④ 选择 BlueCrabLogo.psd 文件，单击【导入】按钮。

⑤ 在 BlueCrabLogo.psd 对话框中，选择【合并图层】，然后单击【确定】按钮。

13.2.2　创建合成

接下来，根据 Shoreline.mov 文件的长宽比和持续时间创建新合成。

① 把 Shoreline.mov 文件拖曳到【项目】面板底部的【新建合成】图标上，After Effects 将新建一个名为 Shoreline 的合成，并显示在【合成】和【时间轴】面板中，如图 13-1 所示。

② 沿着时间标尺拖曳【当前时间指示器】，预览视频。

摄像机围绕着海滩场景移动，然后是一些奔跑螃蟹的特写镜头，再然后镜头拉回到海洋和岩石上。接下来，我们要做的是添加文本、螃蟹赞美语和公司标志。

③ 在菜单栏中依次选择【文件】>【保存】，保存当前项目。

图 13-1

修复果冻效应

搭载 CMOS 传感器的数码摄像机（包括在电影业、商业广告、电视节目中广受欢迎的 DSLR 相机（带有视频拍摄功能））通常使用的都是卷帘快门，它是通过 CMOS 传感器逐行扫描曝光方式实现的。在使用卷帘快门拍摄时，如果逐行扫描速度不够快，就会造成图像各个部分的记录时间不同，从而出现图像倾斜、扭曲、失真变形等问题。拍摄时，如果摄像机或拍摄主体在快速运动，卷帘快门就有可能引起图像扭曲，如建筑物倾斜、图像歪斜等。

After Effects 提供了【果冻效应修复】效果，用来自动解决这个问题。使用时，先在【时间轴】面板中选择有问题的图层，然后在菜单栏中依次选择【效果】>【扭曲】>【果冻效应修复】，如图 13-2 所示。

出现果冻效应时，建筑物的柱子发生倾斜

应用【果冻效应修复】效果后，建筑物看起来更稳定了

图 13-2

通常情况下，使用默认设置就能获得理想的修复效果。但是，有时可能需要调整【扫描方向】和分析方法，才能得到理想的效果。

对于已经应用了【果冻效应修复】效果的画面，如果你还想向它应用【3D 摄像机跟踪器】效果，请你先做预合成然后再应用。

13.3　跟踪素材

至此，2D 素材已经准备好了。接下来，我们让 After Effects 跟踪它，并在合适的位置放置 3D 摄像机。

❶ 按 Home 键，或者直接把【当前时间指示器】拖曳到时间标尺的起始位置。

❷ 在【时间轴】面板中，使用鼠标右键单击（Windows）或者按住 Control 键单击（macOS）Shoreline.mov 图层。在弹出的菜单中依次选择【跟踪和稳定】>【跟踪摄像机】，如图 13-3 所示。

图 13-3

此时，After Effects 开始在后台分析视频，跟踪摄像机并显示相关信息。分析结束后，【合成】面板中显示的画面中会出现许多跟踪点，如图 13-4 所示。跟踪点的大小表示它与虚拟摄像机的远近：跟踪点越大表示离摄像机越近，越小表示离摄像机越远。

图 13-4

> 💡 提示　一般情况下，默认分析就能得到令人满意的效果。当然，如果你不满意，还可以进一步做详细分析，从而得到更准确的摄像机位置。在【效果控件】面板的【高级】下，你可以找到【详细分析】选项。

❸ 分析完成后，在菜单栏中依次选择【文件】>【保存】，保存当前项目。

13.4　创建地平面、摄像机和初始文本

现在我们已经有了 3D 场景，但是还需要一台 3D 摄像机。接下来，我们将创建第一个文本元素，并添加摄像机。

> 💡 注意　你还可以在【效果控件】面板中单击【创建摄像机】按钮来添加摄像机。

❶ 按 Home 键，或者直接把【当前时间指示器】拖曳到时间标尺的起始位置。

❷ 在【合成】面板中，把鼠标指针放在靠近大岩石的水面上，直到显示目标。（如果看不到跟踪点和目标，在【效果控件】面板中单击【3D 摄像机跟踪器】效果进行激活即可。）

当把鼠标指针放到 3 个或更多个邻近跟踪点（这些邻近跟踪点能够定义一个平面）之间时，这些点之间就会出现一个半透明的三角形。此外，红色目标表示平面在 3D 空间中的方向。

③ 使用鼠标右键单击（Windows）或者按住 Control 键单击（macOS）平面，在弹出菜单中选择【设置地平面和原点】，如图 13-5 所示。

地平面和原点提供了一个参考点，该参考点的坐标是（0,0,0）。尽管从【合成】面板中看不出有什么变化，但是活动摄像机视角、地平面、原点使得改变摄像机的旋转、位置更容易。

④ 使用鼠标右键单击（Windows）或者按住 Control 键单击（macOS）同一个平面，在弹出菜单中选择【创建文本和摄像机】，如图 13-6 所示。

图 13-5　　　　　　　　　　　　　　　　　　图 13-6

此时，After Effects 在【合成】面板中显示一个较大的平躺着的文本。同时在【时间轴】面板中添加两个图层：【文本】和【3D 跟踪器摄像机】。【文本】图层的 3D 开关处于开启状态，但是 Shoreline.mov 图层仍然是 2D 的。因为文本是唯一需要放置在 3D 空间中的元素，所以没有必要把背景图层（Shoreline.mov 图层）也转换成 3D 图层。

⑤ 沿着时间标尺拖曳【当前时间指示器】，预览视频，可以看到，当摄像机移动时，文本仍然保持在原来的位置上。把【当前时间指示器】拖曳到时间标尺的起始位置。

⑥ 在【时间轴】面板中，双击【文本】图层，如图 13-7 所示，在软件界面右侧打开【字符】面板。

图 13-7

⑦ 在【字符】面板中，设置字体系列为 Impact，字体样式为 Regular，字体大小为 48 像素，描边宽度为 0.5 像素，描边类型为【在填充上描边】。并且，设置填充颜色为白色，描边颜色为黑色（默认颜色），字符间距为 0，如图 13-8 所示。

此时，文本看起来相当不错，但是我们希望它竖起来。接下来，我们将改变它在空间中的位置，然后使用广告文字替换它。

⑧ 在【时间轴】面板中，选择【文本】图层，退出文本编辑模式。然后按 R 键，显示其【旋转】

属性，把【方向】值修改为 12°、30°、350°，使文本垂直，如图 13-9 所示。

图 13-8

💡 **注意** 如果你选了其他地平面，那么输入的值会有所不同。当然，你也可以不输入值，而是使用 3D 变换控件在【合成】面板中调整各个轴。

图 13-9

所有新建的 3D 图层都使用指定的地平面和原点来确定它在场景中的方向。当改变【方向】值时，文本在空间中的方向也会发生变化。

⑨ 在【时间轴】面板中，双击【文本】图层，在【合成】面板中打开它。

此时，文本处于可编辑状态，上面有一个透明的红色矩形覆盖着。

⑩ 在【合成】面板中，在文本处于选中状态时，输入"THE OTHER GUYS"。然后在【时间轴】面板中，单击 THE OTHER GUYS 图层，退出文本编辑模式。

到目前为止，一切进展顺利。接下来，我们要重新设置文本的位置，让其位于场景中间。

⑪ 在文本图层处于选中状态时，按 P 键，显示其【位置】属性，把【位置】属性值修改为 –6270、–1740、1188。或者使用【选取工具】，沿着屏幕向上拖曳文本，使其位于水面之上，如图 13-10 所示。

图 13-10

如果文本一直在同一个位置，那么随着摄像机的运动，文本会变得不可见。下面我们将为文本制作动画，让其可见时间长一点。

⑫ 单击【位置】属性左侧的秒表图标，创建初始关键帧。

⑬ 把【当前时间指示器】拖曳到 2:03 处。然后把【位置】属性修改为 –7115、1800、–1150，如图 13-11 所示，或者使用【选取工具】和【旋转工具】（🔄），让文本位于图像下方。

图 13-11

⑭ 沿着时间标尺拖曳【当前时间指示器】，预览文本动画。然后关闭处于打开状态的所有属性。在菜单栏中依次选择【文件】>【保存】，保存当前项目。

13.5　添加其他文本元素

前面我们已经为广告添加好了一个文本。接下来，我们使用类似步骤继续向合成中添加其他广告文本。添加其他文本时，虽然使用的步骤一样，但是由于各个文本在视频中出现的位置不同，所以还需要在场景中调整各个文本的位置、方向和缩放值。

❶ 把【当前时间指示器】拖曳到 2:03 处。

❷ 在【时间轴】面板中，选择 Shoreline.mov 图层，按 E 键，显示其【效果】属性，然后选择【3D 摄像机跟踪器】，将其激活，如图 13-12 所示。

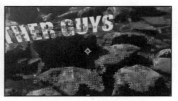

图 13-12

💡 注意　这里我们选的是 Shoreline.mov 图层下的【3D 摄像机跟踪器】效果，而非 3D Tracker Camera 图层。

❸ 在【效果控件】面板中，把【跟踪点大小】值修改为 50%，这样可以更清楚地看到跟踪点。

❹ 在工具栏中选择【选取工具】，然后在【合成】面板中，把鼠标指针放到两块岩石之间，让红色靶标平躺在两块岩石上，接着使用鼠标右键单击（Windows）或者按住 Control 键单击（macOS）红色靶标，在弹出的菜单中选择【创建文本】，如图 13-13 所示。

图 13-13

⑤ 在【时间轴】面板中，选择【文本】图层，按 R 键，显示其【旋转】属性，然后把【方向】值修改为 0°、45°、0°，如图 13-14 所示。

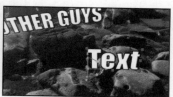

图 13-14

⑥ 双击【文本】图层，进入可编辑状态，然后在【合成】面板中输入"ARE"。单击 ARE 图层，进入文本编辑模式。

⑦ 按 Shift+P 组合键，显示其【位置】属性。然后单击属性左侧的秒表图标，创建一个初始关键帧。

⑧ 把【当前时间指示器】拖曳到 2:29 处。使用【选取工具】移动文本，使其位置与下方的文本类似，如图 13-15 所示。

图 13-15

⑨ 把【当前时间指示器】拖曳到 4:14 处。使用【手形工具】移动合成，以便看到画面之外的文本框。然后使用【选取工具】拖曳，使文本底部显露出来，如图 13-16 所示。当然，你还可以直接修改文本的【位置】属性值。注意，你使用的属性值可能和这里的不一样。

图 13-16

⑩ 隐藏图层属性。如果前面你使用【手形工具】调整了图像的位置，现在请把它移回去。然后，选择【选取工具】，并手动预览文本动画。

⑪ 把【当前时间指示器】拖曳到 4:14 处。在【时间轴】面板中选择 Shoreline.mov 图层，再次激活 3D 摄像机跟踪器的跟踪点，然后在 Shoreline.mov 图层下选择【3D 摄像机跟踪器】，或者在【效果控件】面板中选择【3D 摄像机跟踪器】。

⑫ 使用【选取工具】在右侧大岩石上选择一个目标平面，然后使用鼠标右键单击目标，在弹出菜单中选择【创建文本】，如图 13-17 所示。

⑬ 在【时间轴】面板中，选择【文本】图层，按 R 键，然后按 Shift+P+S 组合键，显示所选图层的【旋转】【位置】【缩放】属性，把【方向】值修改为 0°、45°、10°，把【缩放】值修改为 2000%。

图 13-17

⑭ 双击【文本】图层，然后在【合成】面板中，输入"SCRAMBLING"。

⑮ 把【当前时间指示器】拖曳到 3:10 处，此时文本应该刚出现。使用【选取工具】拖曳文本，使其位于"ARE"之下，从左到右延伸到画面之外。你还可以使用【旋转工具】或 3D 控件进行设置。设置好文本位置之后，单击【位置】属性左侧的秒表图标，创建一个初始关键帧，如图 13-18 所示。

图 13-18

⑯ 把【当前时间指示器】拖曳到 4:21 处。使用【选取工具】移动文本，使其出现在下方图像中。然后在 6:05 和 7:04 做同样的处理，这样文本会继续向左下移动，如图 13-19 所示。

图 13-19

现在，文本位置已经设置好了，我们还想让文本突然出现在屏幕上。接下来，我们整理一下图层，让它们相互错开。

⑰ 把【当前时间指示器】拖曳到 2:03 处。选择 ARE 图层，按 Alt+[（Windows）或 Option+[（macOS）组合键。然后把【当前时间指示器】拖曳到 3:10 处，选择 SCRAMBLING 图层，再次按 Alt+[（Windows）或 Option+[（macOS）组合键。

⑱ 关闭所有图层的属性。在菜单栏中依次选择【文件】>【保存】，保存当前项目。

⑲ 按空格键，预览文本动画，如图 13-20 所示。再次按空格键，停止预览。

图 13-20

13.6　使用实底图层把图像锁定到平面

前面我们已经在 After Effects 中制作好了广告文案，但是螃蟹的赞美词位于会话气泡中，并且以图像形式存在。接下来，我们把这些 PSD 图像文件添加到 After Effects 的实底图层，把它们锁定到指定平面上。

❶ 把【当前时间指示器】拖曳到 6:06 处。在【时间轴】面板中选择 Shoreline.mov 图层，在【效果控件】面板中选择【3D 摄像机跟踪器】效果。

❷ 选择【选取工具】，移动鼠标指针，找一个垂直平面。使用鼠标右键单击平面，在弹出菜单中选择【创建实底】，如图 13-21 所示。

图 13-21

此时，After Effects 创建一个【跟踪实底 1】图层，并且在【合成】面板中出现一个实底方形。

调整摄像机的景深

调整 3D 摄像机的景深可以使计算机生成的元素更自然地融入真实的视频素材中。如果使用摄像机拍摄视频素材时所用的设置参数，那么离摄像机越远的 3D 对象就会因失焦而变得越模糊。

调整景深时，先在【时间轴】面板中选择 3D Tracker Camera 图层，然后在菜单栏中依次选择【图层】>【摄像机设置】，在弹出的【摄像机设置】对话框中设置相应参数即可。

❸ 在【时间轴】面板中，使用鼠标右键单击（Windows）或者按住 Control 键单击（macOS）【跟踪实底 1】图层，在弹出菜单中选择【预合成】，在弹出的【预合成】对话框中，设置【新合成名称】为 Crab Quote 1，然后单击【确定】按钮，如图 13-22 所示。

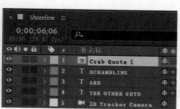

图 13-22

After Effects 创建了一个名为 Crab Quote 1 的合成，其中包含着【跟踪实底 1】图层。

④ 双击 Crab Quote 1 合成，打开它。在【时间轴】面板中，删除【跟踪实底 1】图层。

⑤ 在【项目】面板中，把 Quote1.psd 文件拖入【时间轴】面板中。

⑥ 在菜单栏中依次选择【图层】>【变换】>【适合复合宽度】，效果如图 13-23 所示。

图 13-23

⑦ 返回到 Shoreline 合成的【时间轴】面板中，如图 13-24 所示。

图 13-24

After Effects 在创建实底图层的地方显示出了 Quote1.psd 图像。

⑧ 使用【选取工具】和 3D 控件调整图像的位置和缩放，使其与一群螃蟹产生联系，如图 13-25 所示。

图 13-25

⑨ 把【当前时间指示器】拖曳到 7:15 处，在【时间轴】面板中选择 Shoreline.mov 图层，再次选择【3D 摄像机跟踪器】效果。在【效果控件】面板中，把【跟踪点大小】值设置为 25%，这样可以更清楚地看到跟踪点。然后沿着岩石找一个垂直平面，使用鼠标右键单击平面，在弹出菜单中选择【创建实底】。

⑩ 在【时间轴】面板中，使用鼠标右键单击（Windows）或者按住 Control 键单击（macOS）【跟踪实底 1】图层，在弹出菜单中选择【预合成】，在弹出的【预合成】对话框中，设置【新合成名称】为 Crab Quote 2，然后单击【确定】按钮。

⑪ 双击 Crab Quote 2 合成，打开它。在【时间轴】面板中，删除【跟踪实底 1】图层。在【项目】面板中，把 Quote2.psd 文件拖入【时间轴】面板中。在菜单栏中依次选择【图层】>【变换】>【适合复合】。

⑫ 返回到 Shoreline 合成的【时间轴】面板中，然后根据螃蟹的位置，调整图像的位置、旋转、缩放，如图 13-26 所示。

⑬ 把【当前时间指示器】拖曳到 9:01 处，在【时间轴】面板中，选择 Shoreline.mov 图层，再次选择【3D 摄像机跟踪器】效果。在【效果控件】面板中，把【目标大小】值设置为 50%。使用鼠标右键单击目标，在弹出菜单中选择【创建实底】。

图 13-26

⑭ 在【时间轴】面板中，使用鼠标右键单击（Windows）或者按住 Control 键单击（macOS）【跟踪实底 1】图层，在弹出菜单中选择【预合成】，在弹出的【预合成】对话框中，设置【新合成名称】为 Crab Quote 3，然后单击【确定】按钮。双击 Crab Quote 3 合成，打开它。在【时间轴】面板中，删除【跟踪实底 1】图层。在【项目】面板中，把 Quote3.psd 文件拖入【时间轴】面板中。在菜单栏中依次选择【图层】>【变换】>【适合复合】。

⑮ 返回到 Shoreline 合成的【时间轴】面板中，然后根据螃蟹的位置，调整图像的位置、旋转、缩放，如图 13-27 所示。

图 13-27

⑯ 在菜单栏中依次选择【文件】>【保存】，保存当前项目。

13.7 整理合成

前面我们做了一些复杂的工作，创建了一个场景，把添加的元素与场景中的真实元素融合在一起。接下来，让我们预览一下实际效果。

① 按 Home 键，或者直接把【当前时间指示器】拖曳到时间标尺的起始位置。

② 按空格键，预览影片。第一次播放时速度有点慢，这是因为 After Effects 在缓存视频和声音，一旦缓存完毕，再次播放就是实时播放了。

③ 再次按空格键，停止预览。

整个视频看起来相当不错了，但问题是文本 ARE 在结尾意外出现，还有螃蟹的赞美词是同时出现的。接下来，我们调整一下各个图层，让它们在指定的时间出现。

④ 把【当前时间指示器】拖曳到 5:00 处，选择 ARE 图层，按 Alt+]（Windows）或 Option+]（macOS）组合键。

⑤ 把【当前时间指示器】拖曳到 6:06 处，选择 Crab Quote 1 图层，按 Alt+[（Windows）或 Option+[（macOS）组合键。

⑥ 把【当前时间指示器】拖曳到 7:15 处，选择 Crab Quote 2 图层，按 Alt+[（Windows）或 Option+[（macOS）组合键。

⑦ 把【当前时间指示器】拖曳到 9:01 处，选择 Crab Quote 3 图层，按 Alt+[（Windows）或

Option+[（macOS）组合键，效果如图 13-28 所示。

图 13-28

⑧ 再次按空格键，预览影片。现在，文本和赞美词都在指定的时间出现了。

⑨ 再次按空格键，停止预览。

⑩ 在菜单栏中依次选择【文件】>【保存】，保存当前项目。

13.8 添加公司 Logo

画面中缺少了公司 Logo，没人会知道这是哪家公司打的广告。接下来，我们将使用实底图层在影片末尾加上公司 Logo。

① 把【当前时间指示器】拖曳到 11:15 处，选择 Shoreline.mov 图层，在【效果控件】面板中，选择【3D 摄像机跟踪器】效果，把【跟踪点大小】和【目标大小】修改回 100%。

② 在岩石上找一个相对平坦的平面，然后使用鼠标右键单击平面，在弹出的菜单中选择【创建实底】，如图 13-29 所示。

③ 在【时间轴】面板中，使用鼠标右键单击（Windows）或者按住 Control 键单击（macOS）【跟踪实底 1】图层，在弹出菜单中选择【预合成】，在弹出的【预合成】对话框中，设置【新合成名称】为 Logo，然后单击【确定】按钮。

④ 双击 Logo 合成，打开它。在【时间轴】面板中，删除【跟踪实底 1】图层。在【项目】面板中，把 BlueCrabLogo.psd 文件拖入【时间轴】面板中。在 BlueCrabLogo.psd 图层处于选中状态时，在菜单栏中依次选择【图层】>【变换】>【适合复合】。

图 13-29

⑤ 在【时间轴】面板中，单击【Shoreline】选项卡，然后选择 Logo 图层。

⑥ 按 R 键，显示其【旋转】属性，使用 3D 变换控件旋转 Logo，使【方向】属性值为 0°、60°、0°。使用【选取工具】，向上拖曳 Logo，将其置于岩石之上，如图 13-30 所示。

图 13-30

⑦ 按 Shift+P+S 组合键，同时显示【位置】【缩放】属性，分别单击【位置】【缩放】【方向】属性左侧的秒表图标，创建初始关键帧。

⑧ 把【当前时间指示器】拖曳到 12:03 处，修改【缩放】值为 190.5%。根据下方图像，调整 Logo 的位置和方向。

⑨ 把【当前时间指示器】拖曳到 13:04 处，修改【缩放】值为 249%。根据下方图像，调整 Logo 的位置。

⑩ 把【当前时间指示器】拖曳到 13:25 处，修改【缩放】值为 285.2%。根据下方图像，调整 Logo 的方向（面向前方）和位置，如图 13-31 所示。

图 13-31

⑪ 把【当前时间指示器】拖曳到 14:29 处，调整 Logo 的位置，如图 13-32 所示。隐藏图层的所有属性。

图 13-32

13.9 添加真实阴影

到这里，我们就向画面中添加好了所有元素，但是这些 3D 对象看起来仍然不像真的，因为我们还没有为它们添加阴影。接下来，我们将创建阴影捕手和光，为视图画面增加景深效果。

① 把【当前时间指示器】拖曳到 5:00 处，在【时间轴】面板中，选择 Shoreline.mov 图层，在【效果控件】面板中，选择【3D 摄像机跟踪器】效果。

> ♀ 注意　这里一定要选 Shoreline.mov 图层下的【3D 摄像机跟踪器】效果，而非 3D Tracker Camera 图层。

② 在工具栏中选择【选取工具】。然后在【合成】面板中，找一个平放在岩石上的平面。

③ 使用鼠标右键单击（Windows）或者按住 Control 键单击（macOS）平面，在弹出的菜单中选择【创建阴影捕手和光】，如图 13-33 所示。

此时，After Effects 会在场景中添加一个光源，并应用默认设置，所以你能在【合成】面板中看到有阴影出现。不过，我们还需要根据源素材中的灯光情况调整新增光源

图 13-33

的位置。After Effects 在【时间轴】面板中添加的【阴影捕手 1】图层是一个形状图层，它有自己的材质选项，可以只从场景接收阴影。

④ 在【时间轴】面板中，选择【光源 1】图层，按 P 键，显示其【位置】属性。

⑤ 把【位置】属性修改为 939.6、169.7、23.7，调整灯光位置。

💡 提示　在真实项目中，最好使用拍摄 2D 场景时所用的灯光布局，因为这样可以尽量让 3D 灯光与 2D 场景中的灯光保持一致。

⑥ 在菜单栏中依次选择【图层】>【灯光设置】，打开【灯光设置】对话框。

在【灯光设置】对话框中，可以修改灯光的强度、颜色等各种属性。

⑦ 在【灯光类型】下拉列表中选择【聚光】，修改灯光颜色为白色。然后把【阴影深度】值修改为 15%，【阴影扩散】值修改为 100px，单击【确定】按钮，如图 13-34 所示。

⑧ 在【时间轴】面板中，选择【阴影捕手 1】图层，按 S 键，显示其【缩放】属性。

⑨ 修改【缩放】属性值为 340%。

改变【阴影捕手 1】图层大小将影响阴影显示的区域。

图 13-34

13.10　添加环境光

对光源进行调整之后，阴影看起来好多了，但却使得文本显得有些暗。对于这个问题，我们可以通过添加环境光来解决。与聚光灯不同，环境光能够在整个场景中形成更多散射光。

① 取消选择所有图层，然后在菜单栏中依次选择【图层】>【新建】>【灯光】，打开【灯光设置】对话框。

② 在【灯光类型】下拉列表中选择【环境】，修改灯光强度为 80%，颜色为白色。

③ 单击【确定】按钮，向场景中添加灯光，如图 13-35 所示。

图 13-35

13.11　添加波纹效果

到这里，场景中的 3D 元素、摄像机、灯光照明都制作好了。接下来，再添加一个波纹效果，进一步增加视频的趣味性。

❶ 把【当前时间指示器】拖曳到 6:06 处。

❷ 在菜单栏中依次选择【窗口】>【效果和预设】,打开【效果和预设】面板。在搜索框中,输入"波纹"。

❸ 在 Transitions-Dissolves 类别中,选择【溶解 - 波纹】效果,将其拖曳到【时间轴】面板中的 Crab Quote 1 图层上。

此时,Crab Quote 1 图层会消失不见,视频播放过程中,它会逐渐显示在屏幕上,并出现波纹效果。

❹ 把【当前时间指示器】拖曳到 7:15 处,选择 Crab Quote 2 图层,重复步骤 3。

❺ 把【当前时间指示器】拖曳到 9:01 处,选择 Crab Quote 3 图层,重复步骤 3。

13.12　预览合成

至此,所有画面元素、摄像机、照明、效果全部设置好了。接下来预览合成,查看最终效果。

❶ 按 Home 键,或者直接把【当前时间指示器】移动到时间标尺的起始位置。

❷ 按空格键,预览影片,如图 13-36 所示。首次播放时速度有点慢,因为 After Effects 在缓存视频和声音,一旦缓存完毕,再次播放就是实时播放了。

图 13-36

❸ 按空格键,停止预览。

❹ 在菜单栏中依次选择【文件】>【保存】,保存当前项目。

13.13　复习题

1. 【3D 摄像机跟踪器】效果有何用？
2. 如何让添加到场景中的 3D 元素看上去有后退感？
3. 什么是【果冻效应修复】效果？

13.14　复习题答案

1. 【3D 摄像机跟踪器】效果会自动分析 2D 素材中的运动，获取场景拍摄时摄像机所在的位置和所用的镜头类型，然后在 After Effects 中新建 3D 摄像机来匹配它。【3D 摄像机跟踪器】效果还会把 3D 跟踪点叠加到 2D 画面上，以便你把 3D 图层轻松地添加到源素材中。
2. 为了让添加的 3D 元素看上去有后退感，使其好像在远离摄像机，我们需要调整 3D 元素的【缩放】属性。调整【缩放】属性可以使元素透视和合成的其他部分紧紧绑在一起。
3. 搭载 CMOS 传感器的数码摄像机（包括在电影业、商业广告、电视节目中广受欢迎的 DSLR 相机（带有视频拍摄功能）通常使用的都是卷帘快门，它是通过 CMOS 传感器逐行扫描曝光方式实现的。在使用卷帘快门拍摄时，如果逐行扫描速度不够快，就会造成图像各个部分的记录时间不同，从而出现图像倾斜、扭曲、失真变形等问题。拍摄时，如果摄像机或拍摄主体在快速运动，卷帘快门就有可能引起图像扭曲，如建筑物倾斜、图像歪斜等。After Effects 提供了【果冻效应修复】效果，用来自动解决这个问题。使用时，先在【时间轴】面板中选择有问题的图层，然后在菜单栏中依次选择【效果】>【扭曲】>【果冻效应修复】。

第 14 课

高级编辑技术

本课概览

本课主要讲解以下内容。

- 去除画面抖动
- 使用单点运动跟踪让视频中的一个对象跟踪另一个对象
- 使用内容识别填充从视频中删除不想要的对象
- 创建粒子系统
- 使用【时间扭曲】效果创建慢动作

学习本课大约需要 **2** 小时

项目：特殊效果与编辑技术

    After Effects 提供了高级运动稳定、运动跟踪、高级效果，以及其他高级功能，这些功能几乎可以满足苛刻制作环境下的一切要求。

14.1 准备工作

前面课程中，我们学习了设计动态图形时需要用到的许多 2D 和 3D 工具。除此之外，After Effects 还提供了运动稳定、运动跟踪、高级抠像工具、扭曲变形、重映射素材时间（【时间扭曲】效果）等功能，并支持 HDR 图像、网络渲染等。本课我们将学习如何使用【变形稳定器】效果稳定手持拍摄的视频，如何让一个对象跟踪另一个对象以使它们的运动保持一致，以及如何使用内容识别填充去掉不想要的对象。最后，我们还要讲一讲 After Effects 提供的两种高级数字效果：粒子系统发生器和【时间扭曲】效果。

本课包含多个项目。开始学习之前，让我们先大致浏览一下。

1️⃣ 检查你硬盘上的 Lessons/Lesson14 文件夹中是否包含以下文件。若没有，先下载它们。

* Assets 文件夹：cat.psd、koala.mov、snowday.mov、spinning_dog.mov、ticktock.mov。

* Sample_Movies 文件夹中包含 AVI 和 MOV 两个子文件夹，分别包含以下文件：Lesson14_Content-Aware.mp4、Lesson14_Particles.mp4、Lesson14_Stabilize.mp4、Lesson14_Timewarp.mp4、Lesson14_Tracking.mp4。

2️⃣ 使用 Windows Movies & TV 或 QuickTime Player 播放示例影片，了解本课要创建的效果。

3️⃣ 观看完之后，关闭 Windows Movies & TV 或 QuickTime Player。如果存储空间有限，你可以把这些示例影片从硬盘中删除。

💡 注意　你可以一次性看完所有示例影片。当然，如果你不打算一次学完所有内容，你也可以分开看，要学哪部分就看哪部分的示例影片。

14.2 去除画面抖动

有时我们会手持摄像机进行拍摄，这样拍摄出的画面中会有抖动。除非你想特意制造这种效果，否则就需要去除画面中的抖动，对画面进行稳定处理。

为了消除画面中的抖动，After Effects 为我们提供了【变形稳定器】效果。在使用【变形稳定器】效果对视频画面去除抖动之后，画面中的运动会变得很平滑，因为【变形稳定器】效果会适当地调整图层的缩放和位置，以抵消画面中不想要的抖动。

双立方缩放

在 After Effects 中放大一段视频或图像时，After Effects 必须对数据进行采样，用以补充之前不存在的信息。缩放图层时，你可以为 After Effects 指定要使用的采样方法。更多细节请参考 After Effects 的帮助文档。

双线性采样更适合用来对有清晰边缘的图像进行采样。不过，相比于双线性采样，双立方采样使用了更复杂的算法，在图像的颜色过渡很平缓时（例如接近于真实的摄影图像），使用双立方采样能够获得更好的效果。

在为图层选择采样方法时，先选择图层，再从菜单栏中依次选择【图层】>【品质】>【双立方】或【图层】>【品质】>【双线性】。双线性采样和双立方采样仅适用于品质设为最佳的图层。（在菜单栏中依次选择【图层】>【品质】>【最佳】，可以把图层的品质设为最佳。）此外，你还可以使用【质量和采样】开关在双线性采样和双立方采样方法之间进行切换。

如果你需要放大图像，同时又要保留细节，建议你使用【保留细节放大】效果，该效果会把图像中锐利的线条和曲线保留下来。例如，你可以使用这个效果把 SD 帧大小放大到 HD 帧大小，或者把 HD 帧大小放大到数字电影帧大小。【保留细节放大】效果与 Photoshop 的【图像大小】对话框中的【保留细节】重新采样非常类似。请注意，相比于双线性缩放或双立方缩放，对图层应用【保留细节放大】效果的速度要慢一些。

14.2.1 创建项目

学习本课之前，最好先把 After Effects 恢复成默认设置（参见前言"恢复默认配置文件"中的内容）。你可以使用以下快捷键完成这个操作。

❶ 启动 After Effects 时，立即按 Ctrl+Alt+Shift（Windows）或 Command+Option+Shift（macOS）组合键，弹出一个消息框，询问【是否确实要删除您的首选项文件？】，单击【确定】按钮，即可删除你的首选项文件，恢复默认设置。

❷ 在【主页】窗口中，单击【新建项目】按钮。

此时，After Effects 新建并打开一个未命名的项目。

❸ 在菜单栏中依次选择【文件】>【另存为】>【另存为】，打开【另存为】对话框。

❹ 在【另存为】对话框中，转到 Lessons/Lesson14/Finished_Projects 文件夹下。

❺ 输入项目名称"Lesson14_Stabilize.aep"，单击【保存】按钮，保存项目。

14.2.2 创建合成

下面导入素材，创建合成。

❶ 在【合成】面板中，单击【从素材新建合成】按钮。

❷ 在弹出的【导入文件】对话框中，转到 Lessons/Lesson14/Assets 文件夹下，选择 snowday.mov 文件，然后单击【导入】按钮，如图 14-1 所示。

此时，After Effects 会使用所选素材的尺寸、长宽比、帧速率、时长新建一个同名的合成。

❸ 在【预览】面板中，单击【播放 / 停止】按钮，预览视频。预览完成后，按空格键，停止播放。

这是一段使用智能手机手持拍摄的视频。视频中小狗向拍摄者跑来，同时拍摄者也在动，所以最终拍出的视频画面不稳定。做稳定处理之前，要删除视频中不必要的片段，例如小狗跑出画面之外的部分。

❹ 把【工作区域结尾】移动到 5:00 处。

❺ 在菜单栏中依次选择【合成】>【将合成裁剪到工作区】，然后保存项目。

图 14-1

【变形稳定器】效果的各个参数

下面大致介绍一下【变形稳定器】效果的各个参数，帮助你初步了解【变形稳定器】这个效果。如果你想了解更多细节，学习更多使用技巧，请阅读 After Effects 的帮助文档。

· 结果：指定想要的结果，包括【平滑运动】和【无运动】两个选项。其中，【平滑运动】会让摄像机运动得更平滑，而非消除运动，此时【平滑度】选项可用，用来控制平滑程度；【无运动】会试图消除摄像机的所有运动。

· 方法：指定【变形稳定器】使用何种方法做稳定处理，包括【位置】【位置、缩放、旋转】【透视】【子空间变形】4 个选项。其中，【位置】指定【变形稳定器】仅依据位置数据做稳定处理；【位置、缩放、旋转】指定【变形稳定器】使用位置、缩放、旋转这 3 种数据做稳定处理；【透视】可以有效地对整个帧做边角定位；【子空间变形】是默认方法，它会尝试对帧的各个部分进行变形，以稳定整个帧。

· 边界：指定稳定视频时对画面边缘的处理方式。【取景】控制着画面边缘在稳定结果中的呈现方式，以及是否采用其他帧的信息对边缘进行剪裁、缩放或合成，包含【仅稳定】【稳定、裁剪】【稳定、裁剪、自动缩放】【稳定、人工合成边缘】4 个选项。

· 自动缩放：显示当前自动缩放量，允许你对自动缩放量进行限制。

· 高级：允许你更好地控制【变形稳定器】效果的行为。

14.2.3 应用【变形稳定器】效果

一旦向视频应用【变形稳定器】效果，After Effects 就开始分析视频。稳定处理是在后台进行的，这期间你可以做其他处理工作。至于稳定处理所需要的时间，则取决于你的系统配置。After Effects 在分析视频素材时会显示一个蓝色条，做稳定处理时会显示一个橙色条。

❶ 在【时间轴】面板中，选择 snowday.mov 图层。在菜单栏中依次选择【动画】>【变形稳定器 VFX】，这时在视频画面中出现一个蓝色条。

❷ 当【变形稳定器】完成稳定处理后，橙色条从画面中消失，如图 14-2 所示。按空格键，预览视频，观看稳定前后的变化。

图 14-2

③ 再次按空格键，停止预览。

可以发现视频画面仍然有晃动，但是要比稳定前平滑得多。

④ 在菜单栏中依次选择【窗口】>【效果控件】，打开【效果控件】面板。

稳定过程中，【变形稳定器】会使用默认设置移动并重新调整视频位置。通过【效果控件】面板中的各个参数，可以看到稳定前后有什么不同。例如，视频边界被放大到了142%，用以消除稳定过程中图像位置变化所产生的黑色空隙。接下来，我们调整【取景】设置，了解在不缩放的情况下稳定对视频画面所产生的影响。

⑤ 在【效果控件】面板中，从【变形稳定器】下的【取景】下拉列表中选择【仅稳定】，如图14-3所示。

⑥ 按空格键，预览视频。在视频播放过程中，画面边缘一直在动，如图14-4所示。再次按空格键，停止预览。

图 14-3

图 14-4

⑦ 从【取景】下拉列表中选择【稳定、裁剪、自动缩放】。

消除运动模糊

在对视频做稳定处理之后，如果画面中出现运动模糊问题，你可以尝试使用【相机抖动去模糊】效果来解决这个问题。【相机抖动去模糊】效果会分析模糊帧前后的帧，获取锐度信息，然后再把锐度信息应用到模糊帧，从而在一定程度上消除运动模糊。

这个效果特别适合用来消除那些由风或由摄像机碰撞所引起的运动模糊。

14.2.4　调整【变形稳定器】设置

下面在【效果控件】面板中调整【变形稳定器】设置，使视频画面更加平滑。

❶ 在【效果控件】面板中，从【结果】下拉列表中选择【无运动】。

此时，【变形稳定器】会尝试固定摄像机的位置，这需要对视频画面做更多缩放处理。当选择【无运动】时，【平滑度】选项呈现为灰色不可用状态。

【变形稳定器】立即开始稳定画面，并且不需要再分析视频，因为第一次的分析数据已经存储在了内存之中。

❷ 当橙色条从画面中消失后，再次预览视频，观看稳定前后的变化，如图14-5所示。按空格键，停止预览。

这次的稳定效果比上次好多了，但付出的代价是，【变形稳定器】必须把视频画面放大，导致视频画面发生一些扭曲。接下来，我们做一些手动调整，以实现更多控制。

图 14-5

❸ 在【效果控件】面板中，从【结果】下拉列表中选择【平滑运动】，然后把【平滑度】调整为100%，如图14-6所示。

图 14-6

此时，【变形稳定器】立即开始稳定画面。

④ 稳定完成后，再次预览视频。

14.2.5　细调稳定效果

大多数情况下，使用【变形稳定器】的默认设置就能获得很好的稳定效果。但是，有时可能需要我们进一步调整相关参数以得到更好的稳定效果。下面我们将更改【变形稳定器】使用的方法来得到更好的稳定效果。

① 在【效果控件】面板中，从【方法】下拉列表中选择【位置】。

② 在【取景】下拉列表中选择【稳定、裁剪】，然后把【其他缩放】值设置为155%，如图14-7所示。

图 14-7

> 💡 **注意**　放大视频画面会降低图像质量。放大量不宜过大，只要能消除做稳定处理时画面周围产生的黑边即可。

③ 再次预览视频画面，预览结束后，按空格键，停止预览，如图14-8所示。

图 14-8

④ 在菜单栏中依次选择【文件】>【保存】，保存当前项目。然后依次选择【文件】>【关闭项目】，关闭当前项目。

如你所见，对视频做稳定处理有副作用。为了补偿应用到图层的运动和旋转数据，必须对画面进行缩放，而这会降低图像的质量。如果你的项目必须使用一段有抖动的视频，那么在使用【变形稳定器】做稳定处理的过程中，调整各个参数时必须考虑图像的质量，一定要在稳定效果和图像质量之间做适当的权衡。

14.3 使用单点运动跟踪

越来越多的项目需要把数字元素融入真实的拍摄场景中，创作人员迫切需要一种简便易行的方法把计算机生成的元素真实地合成到影片或视频背景中。针对这一需求，After Effects 提供了相关功能，允许创作者跟踪画面中的特定区域，并把这个区域的运动应用到其他图层上，这些图层可以包含文本、效果、图像或其他视频素材，它们会精确地跟随着指定区域做同步运动。

在 After Effects 中，当对一个包含多个图层的合成进行运动跟踪时，默认跟踪类型是【变换】。这种类型的运动跟踪会跟踪目标区域的位置、旋转，并将跟踪数据应用到另外一个图层上。跟踪位置时，After Effects 会创建一个跟踪点，并生成位置关键帧；跟踪旋转时，After Effects 会创建两个跟踪点，并生成旋转关键帧。

接下来，我们会让一个猫脸随着钟摆运动。这做起来有一点难度，因为摆锤本身没有明显的特征。

14.3.1 创建项目

如果你刚做完第一个项目，并且 After Effects 当前正处于打开状态，请直接跳到第 3 步。否则，让我们先把 After Effects 恢复成默认设置（参见前言"恢复默认配置文件"中的内容）。你可以使用以下快捷键完成这个操作。首先，我们导入资源并创建合成。

❶ 启动 After Effects 时，立即按 Ctrl+Alt+Shift（Windows）或 Command+Option+Shift（macOS）组合键，弹出一个消息框，询问【是否确实要删除您的首选项文件？】，单击【确定】按钮，即可删除你的首选项文件，恢复默认设置。

❷ 在【主页】窗口中，单击【新建项目】按钮。

此时，After Effects 新建并打开一个未命名的项目。

❸ 在菜单栏中依次选择【文件】>【另存为】>【另存为】。

❹ 在弹出的【另存为】对话框中，转到 Lessons/Lesson14/Finished_Projects 文件夹下。

❺ 输入项目名称"Lesson14_Tracking.aep"，单击【保存】按钮，保存项目。

❻ 在【合成】面板中，单击【从素材新建合成】按钮。

❼ 在【导入文件】对话框中，转到 Lessons/Lesson14/Assets 文件夹下，选择 ticktock.mov 文件，单击【导入】按钮，效果如图 14-9 所示。

After Effects 新建一个名称为 ticktock 的合成，其尺寸、长宽比、帧速率、时长与 ticktock.mov 文件一样。

❽ 在【预览】面板中，单击【播放 / 停止】按钮，预览视频素材。接着按空格键，停止预览。

❾ 在【项目】面板中双击空白区域，打开【导入文件】对话框，然后转到 Lessons/ Lesson14/ Assets 文件夹下。

❿ 选择 cat.psd 文件，然后单击【导入】按钮。

⓫ 把 cat.psd 文件拖入【时间轴】面板中，并将其放到其他所有图层之上，如图 14-10 所示。

图 14-9

图 14-10

⑫ 在【时间轴】面板中，选择 cat.psd 图层，按 S 键，显示出【缩放】属性，把【缩放】值设置为 50%，如图 14-11 所示。

图 14-11

14.3.2　设置跟踪点

After Effects 在做运动跟踪时会把一个帧中所选区域的像素和每个后续帧中的像素进行匹配。你可以创建跟踪点来指定要跟踪的区域。一个跟踪点包含一个特征区域、一个搜索区域和一个连接点。跟踪期间，After Effects 会在【图层】面板中显示跟踪点。

下面我们要跟踪运动的钟摆，跟踪之前，需要先设置好跟踪区域，供另外一个图层跟随。决定跟踪是否成功的关键是，你能否把特征区域定位在一个具有明显特征的区域上。在此合成中，cat.psd 图层位于 ticktock.mov 图层之上，接下来，我们设置跟踪点。

❶ 按 Home 键，或者把【当前时间指示器】拖曳到时间标尺的开头。

❷ 选择 ticktock.mov 图层，在菜单栏中依次选择【动画】>【跟踪运动】，打开【跟踪器】面板，调整面板尺寸，显示出其中所有的选项。

移动和调整跟踪点大小

做运动跟踪时，经常需要调整跟踪点的特征区域、搜索区域和连接点来进一步调整跟踪点。我们既可以使用【选取工具】分别移动和调整它们，也可以一起移动和调整它们。不同操作可以通过鼠标指针形状和位置体现出来，如图 14-12 所示。

跟踪点各组成部分（左图）与选取工具图标（右图）
A 搜索区域　B 特征区域　C 连接点　D 移动搜索区域　E 同时移动搜索区域和特征区域　F 移动整个跟踪点
G 移动连接点　H 移动整个跟踪点　I 调整区域大小
图 14-12

• 在【跟踪器】面板菜单（位于面板标题右侧）中，选择或取消选择【在拖动时放大功能】，可以打开或关闭特征区域放大功能。若该选项旁边有选取标志，则表明处于打开状态。

• 使用【选取工具】拖曳搜索区域边框，可以仅移动搜索区域。此时，鼠标指针显示为【移动搜索区域】图标（▯ᵖ）（参见 D）。

• 把【选取工具】放在特征区域或搜索区域上，同时按住 Alt（Windows）或 Option（macOS）键拖曳，可以同时移动特征区域和搜索区域。此时鼠标指针显示为【同时移动搜索区域和特征区域】图标（⊹ᵖ）（参见 E）。

• 使用【选取工具】拖曳连接点，将仅移动连接点。此时鼠标指针显示为【移动连接点】图标（▹ᵖ）（参见 G）。

• 使用【选取工具】拖曳边框顶点，可以调整特征区域或搜索区域的大小（参见 I）。

• 把【选取工具】放在跟踪点上（不要放在区域边框和连接点上）并拖曳，可以同时移动特征区域、搜索区域和连接点。此时鼠标指针显示为【移动整个跟踪点】图标（⊹ᵖ）。

有关跟踪点的更多内容，请阅读 After Effects 的帮助文档。

After Effects 在【图层】面板中打开所选图层,【跟踪点 1】出现在画面中心位置,如图 14-13 所示。

图 14-13

请注意【跟踪器】面板中的设置:【运动源】选择的是 ticktock.mov,【当前跟踪】显示的是【跟踪器 1】,【运动目标】显示的是 cat.psd,After Effects 自动把源图层上方的图层设置成【运动目标】。

接下来设置跟踪点。

③ 在【合成】面板底部的【放大率弹出式菜单】中选择 200%,以便看清跟踪点。

④ 选择【手形工具】,向上拖曳画面,确保同时看到摆锤和跟踪点。为此,你可能还得调整一下【合成】面板的尺寸。

⑤ 选择【选取工具】,然后向下移动【跟踪点 1】(拖曳内框中的空白区域),使其位于连杆与摆锤的结合处。

⑥ 扩大搜索区域(外框),把整个摆锤和部分连杆包含进去,如图 14-14 所示。

图 14-14

14.3.3 分析和应用跟踪

到这里,搜索区域和特征区域都已经指定好了。接下来,就可以分析并应用跟踪数据了。

① 在【跟踪器】面板中,单击【向前分析】按钮。观察分析过程,确保跟踪点始终跟着摆锤运动。若做不到这一点,请按空格键停止分析,然后重新调整特征区域(请参考"校正跟踪点漂移"中的内容)。

💡 注意　跟踪分析可能需要耗费较长时间。搜索区域和特征区域越大，需要的跟踪分析时间就越长。

② 当分析完成后，单击【应用】按钮，如图 14-15 所示。

图 14-15

③ 在【动态跟踪器应用选项】对话框中，把【应用维度】设置为【X 和 Y】，单击【确定】按钮。

运动跟踪数据被添加到了【时间轴】面板中，你可以在 ticktock.mov 图层中看到它们。同时这些运动跟踪数据也被应用到了 cat.psd 图层的【位置】属性上。

④ 在【合成】面板底部的【放大率弹出式菜单】中选择【适合】，将其恢复成原来的大小。此时，【合成】面板再次激活。

⑤ 把【当前时间指示器】移动到时间标尺的起始位置，按空格键，预览影片，可以看到猫脸在跟着钟摆运动，但是有点高了。我们希望它能够盖住摆锤，接下来，调整 cat.psd 图层的锚点。

⑥ 在【时间轴】面板中，选择 cat.psd 图层，然后从工具栏中选择【向后平移（锚点）工具】。

⑦ 把锚点拖曳到猫前额中间。

⑧ 选择【选取工具】，移动猫脸，使其盖住摆锤，如图 14-16 所示。

图 14-16

⑨ 再次预览视频。此时，猫脸已经把摆锤完全盖住，如图 14-17 所示。设置锚点位置时，请一定要参照跟踪点的位置。钟摆摆动过程中，若出现猫脸盖不住摆锤的情况，请撤销第 7 步与第 8 步，重新调整锚点的位置。

⑩ 在【时间轴】面板中，隐藏两个图层的属性。然后从菜单栏中依次选择【文件】>【保存】，保存项目，再依次选择【文件】>【关闭项目】，关闭项目。

图 14-17

校正跟踪点漂移

　　随着拍摄画面中的对象不断移动，周围的灯光、对象，以及被摄主体的角度也在发生变化，这使得一些明显的特征在亚像素级别不再具有可识别性，因此选取一个可跟踪的特征就成了一件不太容易的事。有时你即使做了精心规划和多次尝试，还是会发现自己指定的特征区域会偏离期望目标。所以，做跟踪时，经常需要不断调整特征区域、搜索区域，更改跟踪选项，并且不断进行尝试。如果遇到跟踪点漂移的问题，请按照如下步骤处理。

❶ 按空格键，立即停止分析。

❷ 把【当前时间指示器】移回到最后一个正常的跟踪点。你可以在【图层】面板中找到它。

❸ 重新调整特征区域和搜索区域的位置、大小，这个过程中请务必小心，千万不要移动连接点，否则会在被跟踪的图层中导致图像出现明显的跳动。

❹ 单击【向前分析】按钮，继续往下跟踪。

▌14.4　移除画面中多余的对象

　　有时，从视频画面中移除某些多余的对象不是易事，尤其是移除画面中有运动的对象时更是如此。为了解决这个难题，After Effects 特意为我们提供了【内容识别填充】功能。借助这个功能，我们可以轻松地从视频画面中移除一些多余的对象，如麦克风、拍摄设备、不和谐的元素，甚至人物。使用【内容识别填充】功能时，After Effects 会先移除你选择的区域，然后分析相关视频帧，从其他帧中合成新像素。你可以在【内容识别填充】面板中做一些设置，使新的填充像素能够与画面中其余的部分无缝融合在一起。有关【内容识别填充】面板中各个选项的介绍，以及针对不同类型视频的用法，请阅读 After Effects 的帮助文档。

　　下面我们将从一段考拉视频画面中移除树上的螺钉，这样可以让考拉周围的环境看上去更加自然。首先观看一下考拉视频，然后往下做。

14.4.1　创建项目

　　启动 After Effects，新建一个项目。

❶ 启动 After Effects 时，立即按 Ctrl+Alt+Shift（Windows）或 Command+Option+Shift（macOS）

组合键，弹出一个消息框，询问【是否确实要删除您的首选项文件？】，单击【确定】按钮，即可删除你的首选项文件，恢复默认设置。在【主页】窗口中，单击【新建项目】按钮。

此时，After Effects 新建并打开一个未命名的项目。

②	在菜单栏中依次选择【文件】>【另存为】>【另存为】，打开【另存为】对话框。

③	在【另存为】对话框中，转到 Lessons/Lesson14/Finished_Project 文件夹下。

④	输入项目名称"Lesson14_Content-Aware.aep"，单击【保存】按钮，保存项目。

⑤	在【项目】面板的空白区域中双击，打开【导入文件】对话框，然后转到 Lessons/Lesson14/Assets 文件夹下。

⑥	选择 koala.mov 文件，然后单击【导入】按钮。

⑦	在【项目】面板中，把 koala.mov 文件拖到【新建合成】图标上。

⑧	在【时间轴】面板中，拖曳【当前时间指示器】，浏览视频，注意观察树上螺钉的位置。

⑨	按 Home 键，或者把【当前时间指示器】移动到时间标尺的起始位置。

14.4.2 创建蒙版

首先我们要找出待填充的区域。你可以使用任意一种方法来创建一个透明区域，但这里，创建与跟踪蒙版是最简单的一种方法。

①	放大画面，以便你能清晰地看见树上的螺钉。

②	在【时间轴】面板中，选择 koala.mov 图层，确保你绘制的是蒙版，而非一个形状，如图 14-18 所示。

图 14-18

③	在工具栏中选择【椭圆工具】，该工具与【矩形工具】在同一个工具组中。

④	拖曳鼠标指针，绘制一个椭圆，使其完全覆盖住螺钉且比螺钉稍大一些，如图 14-19 所示。

图 14-19

⑤	在【时间轴】面板中，从【蒙版模式】菜单中选择【相减】，如图 14-20 所示。

⑥	使用鼠标右键（Windows）或者按住 Control 键（macOS）单击 Mask 1，在弹出菜单中选择【跟踪蒙版】。

After Effects 打开【跟踪器】面板。

图 14-20

⑦ 在【跟踪器】面板中，从【方法】下拉列表中选择【位置】，然后单击【向前跟踪所选蒙版】按钮，如图 14-21 所示。

图 14-21

⑧ 把【当前时间指示器】拖曳到时间标尺的开头，按空格键，预览蒙版。再次按空格键，停止预览。若蒙版从螺钉上"溜走"，请根据需要做相应调整。

⑨ 在菜单栏中依次选择【文件】>【保存】，保存当前项目。

14.4.3 应用【内容识别填充】

接下来，我们使用【内容识别填充】功能替换被遮罩区域的内容。

① 在【时间轴】面板中，选择 koala.mov 图层。

② 在菜单栏中依次选择【窗口】>【内容识别填充】，After Effects 在右侧面板组中打开【内容识别填充】面板。

③ 在【内容识别填充】面板中，做如下设置。

· 把【阿尔法扩展】值设置为 10。

· 在【填充方法】下拉列表中选择【对象】。

· 在【范围】下拉列表中选择【整体持续时间】。

【阿尔法扩展】会增加待填充区域的大小。当所选区域包含待移除对象周边的像素时，【内容识别填充】的效果会更好。【填充方法】控制着像素采样和适应运动的方式。【范围】控制着仅针对工作区域还是整个合成渲染填充图层。

④ 单击【生成填充图层】按钮，如图 14-22 所示。

After Effects 分析每一个视频帧，并填充透明区域。在【时间轴】面板中，After Effects 会把分析过的图像序列放入一个填充图层中，这个填充图层的名称中包含着序列中图像的编号。

⑤ 取消选择任何一个图层，在【放大率弹出式菜单】中选择【适合】，这样你才能看到整个视频。

⑥ 把【当前时间指示器】移动到时间标尺的起始位置，预览影片，检查填充效果是否理想，如图 14-23 所示。

图 14-22

图 14-23

⑦ 按空格键，停止预览。

⑧ 隐藏图层属性，保持【时间轴】面板整洁。然后从菜单栏中依次选择【文件】>【保存】，保存当前项目。

⑨ 在菜单栏中依次选择【文件】>【关闭项目】，关闭当前项目。

Mocha AE

前面的学习中，我们在几个视频中使用了【跟踪器】面板来跟踪点，最终得到的跟踪效果都不错。但在许多情况下，使用 Boris FX 的 Mocha AE 插件，能够让你得到更好、更精确的跟踪效果。在【动画】下拉列表中选择【Track In Boris FX Mocha】，即可使用 Mocha 进行跟踪。你还可以在菜单栏中依次选择【动画】> Boris FX Mocha > Mocha AE，启动 Mocha AE，打开完整的控制界面。

使用 Mocha AE 的优点之一是，你不必精确地设置跟踪点就能得到较好的跟踪效果。Mocha AE 不使用跟踪点，它使用的是平面跟踪，也就是基于用户指定平面的运动来跟踪对象的变换、旋转和缩放数据。与单点跟踪、多点跟踪工具相比，平面跟踪能够为计算机提供更多详细信息。

使用 Mocha AE 时，需要在视频剪辑中指定若干平面，这些平面与你想跟踪的对象同步运动。平面不一定是桌面或墙面，例如，当有人挥手告别时，你可以将他的上下肢作为两个平面。对平面进行跟踪之后，你可以把跟踪数据导出，以便在 After Effects 中使用。

有关 Mocha AE 的更多内容，请阅读 After Effects 的帮助文档。

14.5　创建粒子仿真效果

After Effects 提供了几种效果，它们可以很好地模拟粒子运动，其中包括 CC Particle Systems II 和 CC Particle World，它们基于同一个引擎，两者的主要区别是，CC Particle World 能够让你在 3D 空间（而非 2D 图层）中移动粒子。

接下来，我们将学习如何使用 CC Particle Systems II 效果来制作超新星爆炸动画，这样的动画可以用在科学节目的片头或作为一个动态背景使用。开始动手制作之前，请先观看示例影片，了解我们要制作的效果。

14.5.1　创建项目

启动 After Effects，新建一个项目。

① 启动 After Effects 时，立即按 Ctrl+Alt+Shift（Windows）或 Command+Option+Shift（macOS）组合键，弹出一个消息框，询问【是否确实要删除您的首选项文件？】，单击【确定】按钮，即可删除你的首选项文件，恢复默认设置。在【主页】窗口中，单击【新建项目】按钮。

此时，After Effects 新建并打开一个未命名的项目。

② 在菜单栏中依次选择【文件】>【另存为】>【另存为】，打开【另存为】对话框。

③ 在【另存为】对话框中，转到 Lessons/Lesson14/Finished_Project 文件夹下。

④ 输入项目名称"Lesson14_Particles.aep"，单击【保存】按钮，保存项目。

制作本项目虽然不需要使用其他视频素材，但是必须创建合成。

⑤ 在【合成】面板中，单击【新建合成】按钮。

⑥ 在【合成设置】对话框中，做如下设置，如图 14-24 所示。

- 设置【合成名称】为 Supernova。
- 在【预设】下拉列表中选择【HDTV 1080 29.97】。
- 设置【持续时间】为 10:00。

单击【确定】按钮，新建一个合成。

图 14-24

14.5.2 创建粒子系统

下面将使用纯色图层来创建粒子系统。

① 在菜单栏中依次选择【图层】>【新建】>【纯色】，新建一个纯色图层。

② 在【纯色设置】对话框中，设置【名称】为 Particles。

③ 单击【制作合成大小】按钮，使纯色图层和合成尺寸一样大。然后单击【确定】按钮，如图 14-25 所示。

④ 在【时间轴】面板中，选择 Particles 图层，在菜单栏中依次选择【效果】>【模拟】> CC Particle Systems II。

⑤ 把【当前时间指示器】拖曳到 4:00 处，观看粒子系统，如图 14-26 所示。

图 14-25

图 14-26

此时，有一大股黄色粒子流出现在【合成】面板中。

了解 Particle Systems II 的各个属性

粒子系统有些特有的属性，下面介绍几个供大家参考。我们将按照它们在【效果控件】面板中的出现顺序来介绍。

Birth Rate（产生率）：控制每秒产生的粒子数量。该数值是个估计值，不是实际产生的粒子数。但该数值越大，粒子密度就会越大。

Longevity（寿命）：控制粒子存活的时间。

Producer Position（发射器位置）：控制粒子系统的中心点或源点。该位置是通过 x、y 坐标指定的。所有粒子都从这个点发射出来。通过调整 x 和 y 半径可以控制发射器的大小，x、y 半径越大，发射器越大。若 x 半径很大，y 半径为 0，则发射器将变为一条直线。

Velocity（速度）：控制粒子移动的速度。该值越大，粒子移动得越快。

Inherent Velocity %（固有速率百分比）：控制当 Producer Position（发射器位置）改变时传递到粒子的速度。若该值为负值，粒子会反向运动。

Gravity（重力）：决定粒子下落的速度。该值越大，粒子下落得越快。设为负值时，粒子会上升。

Resistance（阻力）：模拟粒子和空气、水的交互作用，它会阻碍粒子运动。

Direction（方向）：控制粒子流的方向。该属性和 Direction Animation 类型一起使用。

Extra（追加）：向粒子运动引入随意性。

Birth/Death Size（产生 / 衰亡大小）：控制粒子创建时或衰亡时的大小。

Opacity Map（透明度贴图）：控制粒子在生存期内不透明度的变化。

Color Map（颜色贴图）：该属性与 Birth Color、Death Color 一起使用，控制粒子亮度随时间的变化。

14.5.3　更改粒子设置

接下来，在【效果控件】面板中修改粒子设置，把粒子流转化成一颗超新星。

❶ 在菜单栏中依次选择【窗口】>【效果控件】，打开【效果控件】面板。

❷ 在【效果控件】面板中，展开 Physics 属性组。在 Animation 下拉列表中选择 Explosive，把 Gravity 值修改为 0，让粒子从中心向四周喷射而出，如图 14-27 所示。

❸ 隐藏 Physics 属性组，展开 Particle 属性组。然后在 Particle Type 下拉列表中选择 Faded Sphere。现在，粒子看起来有点像星系了。接下来继续修改相应设置。

图 14-27

④ 把 Death Size 改为 1.50，Size Variation 改为 100%。

这样可以随机修改粒子产生时的大小。

⑤ 把 Max Opacity 改为 55%，使粒子半透明，如图 14-28 所示。

图 14-28

⑥ 单击 Birth Color 框，把颜色修改为 R=255、G=200、B=50，使粒子产生时为黄色。

⑦ 单击 Death Color 框，把颜色修改为 R=180、G=180、B=180，使粒子淡出时呈现浅灰色，如图 14-29 所示。

图 14-29

⑧ 把 Longevity（sec）修改为 0.8，减少粒子在屏幕上的显示时间，如图 14-30 所示。

图 14-30

> **注意** 虽然 Longevity 和 Birth Rate 两个属性都位于【效果控件】面板顶部，但是建议你先调整完其他粒子属性，然后再调整它们，这样做起来会更简单。

Faded Sphere 类型的粒子看上去很柔和，但是粒子形状还是太清晰了。为了解决这个问题，接下来，我们应用【高斯模糊】效果对图层进行模糊。

⑨ 隐藏 CC Particle Systems II 效果的所有属性。

⑩ 在菜单栏中依次选择【效果】>【模糊和锐化】>【高斯模糊】。

⑪ 在【效果控件】面板下的【高斯模糊】效果中，把【模糊度】值修改为 10。然后，勾选【重复边缘像素】，防止边缘的粒子被裁剪掉，如图 14-31 所示。

图 14-31

14.5.4　创建太阳

下面创建一个太阳，放在粒子之后，形成光晕效果。

❶ 把【当前时间指示器】拖曳到 7:00 处。

❷ 按 Ctrl+Y（Windows）或 Command+Y（macOS）组合键，新建一个纯色图层。

❸ 在【纯色设置】对话框中，做如下设置，如图 14-32 所示。

· 设置【名称】为 Sun。

· 单击【制作合成大小】按钮，使纯色图层与合成大小相同。

· 单击颜色框，设置颜色为黄色（R=255、G=200、B=50），使之与粒子的 Birth Color 一样。

单击【确定】按钮，关闭【纯色设置】对话框。

图 14-32

❹ 在【时间轴】面板中，把 Sun 图层拖曳到 Particles 图层之下。

❺ 在工具栏中选择【椭圆工具】，该工具隐藏于【矩形工具】之下。在【合成】面板中，按住 Shift 键，拖绘一个半径约为 100 像素（或合成宽度的 1/4）的圆形。这样就创建好了一个蒙版。

❻ 使用【选取工具】单击蒙版形状，然后将其拖曳到【合成】面板中心，如图 14-33 所示。

❼ 在【时间轴】面板中，选择 Sun 图层，按 F 键，显示其【蒙版羽化】属性，修改蒙版羽化值为 100、100 像素，如图 14-34 所示。

图 14-33

图 14-34

⑧ 按 Alt+[（Windows）或 Option+[（macOS）组合键，把图层入点设置为当前时间，如图 14-35
所示。

图 14-35

⑨ 隐藏 Sun 图层的所有属性。

14.5.5　照亮周围黑暗区域

太阳制作好之后，在其照射下，周围的黑暗区域应该变得亮起来。

① 确保【当前时间指示器】仍然位于 7:00 处。

② 按 Ctrl+Y（Windows）或 Command+Y（macOS）组合键，打开【纯色设置】对话框。

③ 在【纯色设置】对话框中，设置【名称】为 Background，单击【制作合成大小】按钮，使其
与合成大小相同，然后单击【确定】按钮，新建一个纯色图层。

④ 在【时间轴】面板中，把 Background 图层拖曳到底部。

⑤ 在 Background 图层处于选中状态时，在菜单栏中依次选择【效果】>【生成】>【梯度渐变】，
效果如图 14-36 所示。

图 14-36

【梯度渐变】效果会生成一个颜色渐变，并将其与原图像相混合。你可以把渐变形状更改为线性渐变或径向渐变，还可以修改渐变的位置和颜色。通过【渐变起点】和【渐变终点】，可以设置渐变的起始和结束位置。借助【渐变散射】，可以使渐变颜色散开，消除条纹。

⑥ 在【效果控件】面板的【梯度渐变】效果中，做如下设置，如图 14-37 所示。

- 修改【渐变起点】为 960、538，【渐变终点】为 360、525。
- 在【渐变形状】下拉列表中选择【径向渐变】。
- 单击【起始颜色】框，设置起始颜色为深蓝色（R=0、G=25、B=135）。
- 单击【结束颜色】框，设置结束颜色为黑色（R=0、G=0、B=0）。

图 14-37

⑦ 按 Alt+[（Windows）或 Option+[（macOS）组合键，把图层入点设置为当前时间。

14.5.6　添加镜头光晕

下面添加一个镜头光晕，模拟爆炸效果，把所有元素结合在一起。

① 按 Home 键，或者直接把【当前时间指示器】拖曳到时间标尺的起始位置。

② 按 Ctrl+Y（Windows）或 Command+Y（macOS）组合键，打开【纯色设置】对话框。

③ 在【纯色设置】对话框中，设置【名称】为 Nova，单击【制作合成大小】按钮，使其与合成大小相同，设置【颜色】为黑色（R=0、G=0、B=0），然后单击【确定】按钮，新建一个纯色图层。

④ 在【时间轴】面板中，把 Nova 图层拖曳到顶层。在 Nova 图层处于选中状态时，在菜单栏中依次选择【效果】>【生成】>【镜头光晕】，效果如图 14-38 所示。

图 14-38

⑤ 在【效果控件】面板的【镜头光晕】效果中，做如下设置。

- 修改【光晕中心】为 960、538。
- 在【镜头类型】下拉列表中选择【50–300 毫米变焦】。
- 把【光晕亮度】修改为 0%，然后单击左侧的秒表图标，创建初始关键帧。

⑥ 把【当前时间指示器】拖曳到 0:10 处。

⑦ 把【光晕亮度】修改为 240%。

⑧ 把【当前时间指示器】拖曳到 1:04 处，把【光晕亮度】修改为 100%，如图 14-39 所示。

图 14-39

⑨ 在 Nova 图层处于选中状态时，按 U 键，显示其【镜头光晕】属性。

⑩ 使用鼠标右键单击（Windows）或者按住 Control 键单击（macOS）【光晕亮度】的最后一个关键帧，在弹出的菜单中依次选择【关键帧辅助】>【缓入】。

⑪ 使用鼠标右键单击（Windows）或者按住 Control 键单击（macOS）【光晕亮度】的第一个关键帧，在弹出的菜单中依次选择【关键帧辅助】>【缓出】，如图 14-40 所示。

图 14-40

接下来，需要把 Nova 图层之下的图层在合成中显示出来。

⑫ 按 F2 键，取消选择所有图层，在【时间轴】面板菜单中依次选择【列数】>【模式】，然后在 Nova 图层的【模式】下拉列表中选择【屏幕】，如图 14-41 所示。

图 14-41

⑬ 按空格键，预览影片。再次按空格键，停止预览。

⑭ 在菜单栏中依次选择【文件】>【保存】，保存当前项目。然后选择【文件】>【关闭项目】，关闭当前项目。

关于 HDR（高动态范围）素材

After Effects 支持 HDR（高动态范围）颜色。

现实世界中的动态范围（明暗比值）远远超出人类视觉范围以及打印的或显示在显示器上的图像的范围。人眼能够识别的亮度范围很大，但是大部分摄像机和计算机显示器只能捕获或再现有限的动态范围。摄影师、动态影像艺术家，以及其他从事数字影像处理的人员必须对场景中哪些是重要元素做出抉择，因为他们使用的动态范围是有限的。

HDR 素材为我们开辟了一片新天地，它使用 32 位浮点数，能够表示非常宽的动态范围。相比于整数（定点数），在相同位数下，浮点数表示的范围要大得多。HDR 值可表示的亮度级别（包括蜡烛和太阳这么亮的对象）远超 8-bpc（每个通道 8 位）和 16-bpc（非浮点）模式可表示的亮度级别。低动态范围下的 8-bpc 和 16-bpc 模式只能表示从黑到白这样的 RGB 色阶，这只能表现现实世界中很小的一段动态范围。

After Effects 通过多种方式支持 HDR 图像。例如，你可以创建用来处理 HDR 素材的 32-bpc 项目，也可以在处理 HDR 图像时调整其曝光度或光亮度。更多相关内容，请阅读 After Effects 的帮助文档。

14.6 使用时间扭曲效果调整播放速度

在 After Effects 中调整图层的播放速度时，你可以使用【时间扭曲】效果精确控制多个参数，如插值方法、运动模糊、源裁剪（删除画面中不需要的部分）。

接下来，我们将使用【时间扭曲】效果改变一小段影片的播放速度，使其产生慢速播放与加速播放效果。开始制作之前，请先观看示例影片，了解一下最终要制作的效果。

14.6.1 创建项目

启动 After Effects，新建一个项目。

❶ 启动 After Effects 时，立即按 Ctrl+Alt+Shift（Windows）或 Command+Option+Shift（macOS）组合键，弹出一个消息框，询问【是否确实要删除您的首选项文件？】，单击【确定】按钮，即可删除你的首选项文件，恢复默认设置。在【主页】窗口中，单击【新建项目】按钮。

此时，After Effects 新建并打开一个未命名的项目。

❷ 在菜单栏中依次选择【文件】>【另存为】>【另存为】，打开【另存为】对话框。

❸ 在【另存为】对话框中，转到 Lessons/Lesson14/Finished_Project 文件夹下。

❹ 输入项目名称"Lesson14_Timewarp.aep"，单击【保存】按钮，保存项目。

❺ 在【合成】面板中，单击【从素材新建合成】按钮。在【导入文件】对话框中，转到 Lessons/Lesson14/Assets 文件夹下，选择 spinning_dog.mov 文件，单击【导入】按钮。

After Effects 使用源素材名新建一个合成，并在【合成】和【时间轴】面板中将其显示出来。

❻ 在菜单栏中依次选择【文件】>【保存】，保存当前项目。

14.6.2　应用【时间扭曲】效果

在本小节的视频素材中，有一只狗边转着圈边从一个房间到另外一个房间。在 4 秒左右，把狗的动作放慢到 10%，然后加速到原速度的两倍，再逐步恢复至原来的速度。

❶ 在【时间轴】面板中，选择 spinning_dog.mov 图层，在菜单栏中依次选择【效果】>【时间】>【时间扭曲】。

❷ 在菜单栏中依次选择【窗口】>【效果控件】，打开【效果控件】面板。

❸ 在【效果控件】面板的【时间扭曲】效果中，从【方法】下拉列表中选择【像素运动】，从【调整时间方式】下拉列表中选择【速度】，如图 14-42 所示。

图 14-42

选择【像素运动】后，【时间扭曲】会分析邻近帧的像素运动和创建运动矢量，并以此创建新的帧。【速度】指定按照百分比而非指定帧来调整时间。

❹ 把【当前时间指示器】拖曳到 2:00 处。

❺ 在【效果控件】面板中，把【速度】设置为 100，单击左侧的秒表图标，设置一个关键帧，如图 14-43 所示。

图 14-43

【时间扭曲】效果将在两秒标记之前一直保持 100% 的播放速度。

❻ 在【时间轴】面板中，选择 spinning_dog.mov 图层，按 U 键，显示其【时间扭曲】属性。

❼ 把【当前时间指示器】拖曳到 5:00 处，把【速度】设置为 10。After Effects 自动添加一个关键帧，如图 14-44 所示。

图 14-44

⑧ 把【当前时间指示器】拖曳到 7:00 处，把【速度】设置为 100。After Effects 自动添加一个关键帧，如图 14-45 所示。

图 14-45

⑨ 把【当前时间指示器】拖曳到 9:00 处，把【速度】设置为 200。After Effects 自动添加一个关键帧，如图 14-46 所示。

图 14-46

⑩ 把【当前时间指示器】拖曳到 11:00 处，把【速度】设置为 100。After Effects 自动添加一个关键帧，如图 14-47 所示。

图 14-47

⑪ 按 Home 键，或者直接把【当前时间指示器】移动到时间标尺的起始位置。然后按空格键，预览效果。

通过预览，你会发现画面中狗动作速度的变化很生硬，并不平滑，跟我们见过的酷炫的慢动作效果不一样。这是因为关键帧动画是线性的，并不是平滑的曲线。接下来，我们将解决这个问题。

> 💡 **注意**　制作过程中一定要保持耐心。第一次播放时效果不太正常，这是因为 After Effects 需要把相关信息缓存到 RAM 中，等到第二次播放时，效果就正常了。

⑫ 再次按空格键，停止预览。

⑬ 在【时间轴】面板中，单击【图表编辑器】按钮，显示出图表编辑器。确保 spinning_dog.mov 图层的【速度】属性处于选中状态，图表编辑器显示其图表，如图 14-48 所示。

图 14-48

⑭ 选择第一个速度关键帧（在 2:00 处），然后单击图表编辑器底部的【缓动】图标，如图 14-49 所示。

图 14-49

这会改变对关键帧出、入点的影响，使变化不再突如其来，变得十分平缓。

💡提示　关闭【时间轴】面板中显示的列，可以看到图表编辑器中的更多图标。你还可以按 F9 键，快速应用【缓动】效果。

⑮ 对于其他几个速度关键帧（分别位于 5:00、7:00、9:00、11:00 处），重复步骤 14，如图 14-50 所示。

图 14-50

💡提示　你可以通过拖曳贝塞尔曲线控制手柄来进一步调整运动曲线。有关使用贝塞尔曲线控制手柄的内容，请阅读第 7 课中的"编辑蒙版"一节。

⑯ 再次预览影片，如图 14-51 所示。这次，慢动作效果平滑多了。

图 14-51

⑰ 在菜单栏中依次选择【文件】>【保存】，保存当前项目。然后选择【文件】>【关闭项目】，关闭当前项目。

到这里，我们已经学习了 After Effects 中的一些高级功能，包括运动稳定、运动跟踪、粒子系统、内容识别填充、【时间扭曲】效果。项目制作完成后，接下来就该渲染和导出项目了，这部分内容我们将在第 15 课 "渲染和输出" 中讲解。

14.7 复习题

1. 什么是【变形稳定器】? 什么时候使用它?
2. 跟踪图像时，发生漂移的原因是什么?
3. 粒子效果中的【产生率】是什么?
4. 【时间扭曲】效果有什么用?

14.8 复习题答案

1. 有时我们会手持摄像机进行拍摄，这样拍摄出的画面中会有抖动。除非这正是你想要的效果，否则就需要去除画面中的抖动，对画面进行稳定处理。为此，After Effects 为我们提供了【变形稳定器】效果，该效果会分析目标图层的运动和旋转，然后做相应调整。在使用【变形稳定器】效果对视频画面去除抖动之后，画面中的运动会变得很平滑，因为【变形稳定器】效果会适当地调整图层的缩放和位置，以抵消画面中不想要的抖动。你可以通过修改设置调整【变形稳定器】裁剪、缩放和执行其他调整的方式。

2. 当跟踪点的特征区域跟丢目标特征时，就会发生漂移问题。随着拍摄画面中的对象不断移动，周围的灯光、对象，以及被摄主体的角度也在发生变化，这使得一些明显的特征在亚像素级别不再具有可识别性，因此选取一个可跟踪的特征就成了一件不太容易的事。有时你即使做了精心规划和多次尝试，还是会发现自己指定的特征区域偏离期望目标。所以，做跟踪时，经常需要不断调整特征区域、搜索区域，更改跟踪选项，并且不断进行尝试。

3. 粒子效果中的【产生率】控制着新粒子产生的频率。

4. 在 After Effects 中调整图层的播放速度时，你可以使用【时间扭曲】效果精确控制多个参数，如插值方法、运动模糊、源裁剪（删除画面中不需要的部分）。

第 15 课

渲染和输出

本课概览

本课主要讲解以下内容。

* 使用渲染队列输出影片
* 渲染完成时接收通知
* 为交付文件选择合适的编码器
* 在 Media Encoder 中创建自定义编码预设
* 为最终合成渲染和输出 Web 版本

* 为渲染队列创建模板
* 使用 Media Encoder 输出影片
* 为合成创建测试版本

学习本课大约需要 *1* **小时**

学习本课所需要的总时间受所用计算机处理器的速度和用于渲染的 RAM 大小的影响，但只从文字内容来看，学习本课大约需要 1 小时。

项目：根据不同用途把项目输出成不同版本

制作好一个项目之后，无论是将其用在 Web 上还是用在广播电视上，都应该根据用途将其输出为合适的格式，这是决定项目最终能否获得成功的关键。使用 After Effects 和 Media Encoder 可以轻松地把最终合成以多种格式和分辨率进行渲染、输出。

15.1　准备工作

前面几课中我们讲解了如何使用 After Effects 提供的各种功能和工具制作一个项目，当项目最终制作完成之后，接下来就应该渲染和输出项目了。本课中，我们将讲解如何设置渲染队列和 Media Encoder 中的功能选项，把最终合成输出成不同的格式。本课使用的是第 1 课的项目文件。

① 检查你硬盘上的 Lessons/Lesson15 文件夹中是否包含以下文件。若没有，请先下载它们。

- Assets 文件夹：movement.mp3、swimming_dog.mp4、title.psd。
- Start_Project_File 文件夹：Lesson15_Start.aep。
- Sample_Movies 文件夹：Lesson15_Draft_RQ.avi、Lesson15_Draft_RQ.mov、Lesson15_Final_Web.mp4、Lesson15_HD-test_1080p.mp4、Lesson15_Lowres_YouTube.mp4。

② 打开并播放第 15 课的示例影片，这些示例影片只是第 1 课中创建的影片的不同版本（它们采用不同的品质设置渲染得到）。（如果你使用的是 Windows 操作系统，请观看 Lesson15_Draft_RQ.avi 示例影片；如果你使用的是 macOS，请观看 Lesson15_Draft_RQ.mov 示例影片。）观看完示例影片之后，关闭 Windows Movies & TV 或 QuickTime Player。如果你的存储空间有限，你就可以把示例影片从硬盘中删除。

> 💡 注意　Lesson15_HD_test_1080p.mp4 文件只包含影片的前三秒。

学习本课之前，最好先把 After Effects 恢复成默认设置（参见前言"恢复默认配置文件"中的内容）。你可以使用以下快捷键完成这个操作。

③ 启动 After Effects 时，立即按 Ctrl+Alt+Shift（Windows）或 Command+Option+Shift（macOS）组合键，弹出一个消息框，询问【是否确实要删除您的首选项文件？】，单击【确定】按钮，即可删除你的首选项文件，恢复默认设置。

④ 在【主页】窗口中，单击【打开项目】按钮。

> 💡 注意　若弹出缺失字体（Arial Narrow Regular）提示信息，请单击【确定】按钮。如果出现素材缺失，使用鼠标右键单击素材项，在弹出菜单中选择【替换素材】，再转到 Lesson15/Assets 文件夹下，双击要用的素材文件。

⑤ 在【打开】对话框中，转到 Lessons/Lesson15/Start_Project_File 文件夹下，选择 Lesson15_Start.aep，单击【打开】按钮。

⑥ 在菜单栏中依次选择【文件】>【另存为】>【另存为】，打开【另存为】对话框。

⑦ 在【另存为】对话框中，转到 Lessons/Lesson15/Finished_Project 文件夹下。

⑧ 输入项目名称"Lesson15_Finished.aep"，单击【保存】按钮，保存项目。

15.2　关于渲染和输出

渲染合成就是把组成合成的各个图层、设置、效果，以及其他相关信息渲染成一段可持续播放的影片。在 After Effects 中，每次预览合成时，After Effects 都会渲染合成的内容，不过这不是本课要讲的内容。本课要讲的是合成制作好之后，如何把它渲染并输出，以便分享出去。我们可以使用 After Effects 中的【渲染队列】面板或 Media Encoder 来输出最终影片。（事实上，After Effects 中的【渲染队列】面板使用的是一个内嵌版的 Media Encoder，它支持绝大多数编码格式，但并不包含 Media Encoder 独立软件提供的所有功能。）

使用【渲染队列】面板输出影片时，有以下两个步骤：After Effects 先渲染合成，然后再把渲染结果编码成指定的格式进行输出。在【渲染队列】面板中，第一步由你选择的渲染设置控制，第二步由所选的输出模块控制。

Adobe 官方推荐大家使用 Media Encoder 来创建高品质的影片，以方便大家把影片制成 Web、DVD、蓝光光盘。

15.3　使用渲染队列面板导出影片

无论是制作样片、创建低分辨率版本，还是创建高分辨率版本，你都可以使用 After Effects 的【渲染队列】面板来导出影片。影片用途不同，需要做的输出设置也不同，但是基本的输出流程都是一样的。

下面我们使用【渲染队列】面板为 "On the Move" 影片导出一个草稿。

❶ 在【项目】面板中，选择 Movement 合成。在菜单栏中依次选择【合成】>【添加到渲染队列】，效果如图 15-1 所示。

> 💡 提示　你还可以直接把合成从【项目】面板拖入【渲染队列】面板中。

图 15-1

此时，After Effects 会打开【渲染队列】面板，并且 Movement 合成也出现在了渲染队列之中。请注意，在【渲染设置】和【输出模块】的默认设置下，After Effects 会创建一个全尺寸、高质量的影片。接下来，我们将修改相关设置，创建一段低分辨率的测试影片，这时的渲染速度会非常快。

❷ 单击【渲染设置】右侧的箭头图标，从下拉列表中选择【草图设置】，然后单击【草图设置】文本，如图 15-2 所示。

图 15-2

此时，After Effects 会打开【渲染设置】对话框。这里，我们会采用【草图设置】模板中的大部分默认设置，但是要把分辨率降低一些，以加快整个合成的渲染速度。

③ 在【渲染设置】对话框中，在【分辨率】下拉列表中选择【三分之一】。

选择【三分之一】后，After Effects 会渲染合成中 1/9 的像素：1/3 行和 1/3 列。

④ 在【时间采样】区域中，在【时间跨度】下拉列表中选择【合成长度】，如图 15-3 所示。

图 15-3

⑤ 单击【确定】按钮，关闭【渲染设置】对话框。

⑥ 在【输出模块】下拉列表中选择【无损】。如果你使用的是 Windows 操作系统，请继续往下做第 7 步。如果你使用的是 macOS，请单击【无损】，然后在【输出模块设置】对话框中，单击【格式选项】，从【视频编解码器】下拉列表中选择【DV25 NTSC】，单击【确定】按钮。再次单击【确定】按钮，关闭【输出模块设置】对话框。

> 💡 注意   在默认渲染队列设置（高品质）下，渲染后会得到一个 MOV 文件，这种文件在大多数 Windows 计算机中无法打开。如果你希望在 Windows 操作系统下观看渲染后的影片文件，请选择【无损】，生成 AVI 文件，也可以使用 Media Encoder 生成 H.264 文件。如果你需要把渲染后的文件发送给另外一个人，渲染之前你最好先跟那个人沟通一下使用哪种格式渲染比较合适。

⑦ 单击【输出到】右侧的蓝色文本，打开【将影片输出到】对话框，如图 15-4 所示。

图 15-4

⑧ 在【将影片输出到】对话框中，转到 Lessons/Lesson15 文件夹下，新建一个名为 Final_Movies 的文件夹。

- 在 Windows 操作系统下，单击【新建文件夹】按钮，然后输入名称。

- 在 macOS 下，单击【新建文件夹】按钮，输入文件夹名称，然后单击【创建】按钮。

⑨ 双击 Final_Movies 文件夹，进入其中。

⑩ 输入文件名"Draft_RQ.avi"（Windows）或"Draft_RQ.mov"（macOS），然后单击【保存】按钮，返回到【渲染队列】面板，如图 15-5 所示。

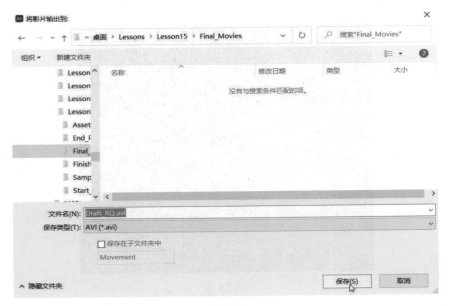

图 15-5

⑪ 在【渲染队列】面板中，勾选【通知】。

勾选【通知】后，在 Creative Cloud Desktop（Windows 与 macOS）、Creative Cloud Mobile（iOS 与 Android）、Apple Watch，以及其他连接设备中都会收到通知信息。

> 💡 提示　在【渲染队列】面板右下角，勾选【队列完成时通知】，当队列中的所有任务渲染完成后，你会收到一个通知。

⑫ 在【渲染队列】面板中，单击【渲染】按钮，如图 15-6 所示。

图 15-6

After Effects 开始渲染影片。如果渲染队列中还有其他等待渲染的影片（或者有着不同设置的同一段影片），After Effects 也会逐个渲染它们。

> 💡 注意　在相同渲染设置下把同一段影片导出为不同格式时，不需要进行多次渲染，你只需要在【渲染队列】面板中根据需要的格式添加多个输出模块即可。

⑬ 转到 Lessons/Lesson15/Final_Movies 文件夹下，找到渲染好的影片，然后双击预览。

如果需要对影片做调整，此时可以再次打开合成，做相应调整。调整完成后，保存项目，然后再次使用合适的设置输出测试影片。接下来，我们准备使用全分辨率输出影片。

> ♀ 提示 把影片制作成 GIF 动画很简单，只需要把合成添加到 Media Encoder 队列，然后选择 Animated GIF 输出格式即可。

为移动设备制作影片

在 After Effects 中，你可以轻松制作在移动设备（例如平板计算机、智能手机）上播放的影片，只需要把合成添加到 Media Encoder 队列，选择针对指定设备的编码预设进行渲染即可。

为了得到最佳结果，拍摄素材以及在 After Effects 中处理素材时，都要充分考虑移动设备自身的特点。对于小屏设备，拍摄时应该注意光照条件，并且输出时要使用低帧率。更多相关内容，请阅读 After Effects 的帮助文档。

▌ 15.4 为渲染队列创建模板

输出合成时，你可以手动选择各种渲染设置和输出模块设置。除此之外，我们还可以直接使用模板来快速应用预设。当你需要以相同格式渲染多个合成时，你就可以把这些相同的渲染设置定义成模板，然后同时指定给多个合成使用。模板一旦定义好，它就会出现在【渲染队列】面板中相应的列表中（渲染设置和输出模块）。渲染某个合成时，你只需要根据工作要求从相应的列表中选择合适模板，所选模板中的设置即可自动应用到目标合成的渲染中。

15.4.1 创建渲染设置模板

在 After Effects 中，我们可以针对不同情况创建不同的渲染设置模板。例如，我们可以通过创建及选用不同模板，把同一段影片渲染成草图版本和高分辨率版本，或使用不同帧速率渲染同一段影片。

创建渲染设置模板时，先从菜单栏中依次选择【编辑】>【模板】>【渲染设置】，在【渲染设置模板】对话框中，在【设置】区域中单击【新建】按钮，新建一个模板。然后为模板选择合适的设置。在【设置名称】中输入一个名称（例如 "Test_lowres"），用来描述模板的用途。然后单击【确定】按钮。

这时，我们刚创建好的渲染设置模板就会出现在【渲染队列】面板中的【渲染设置】列表中。

15.4.2 为输出模块创建模板

我们可以使用上面类似的步骤为输出模块创建模板。每个输出模块模板包含一组特定的设置组合，用来实现特定类型的输出。

在为输出模块创建模板时，先从菜单栏中依次选择【编辑】>【模板】>【输出模块】，打开【输出模块模板】对话框。在【设置】区域中，单击【新建】按钮，新建一个模板。然后为模板选择合适的设置，根据要生成的输出为模板命名。单击【确定】按钮，关闭对话框。

这时，刚创建好的输出模块模板就会出现在【渲染队列】面板中的【输出模块】列表中。

15.5 使用 Media Encoder 渲染影片

在最终输出影片时，建议你使用 Media Encoder，它会在你安装 After Effects 时一同安装到你的系统中。Media Encoder 支持多种视频编码，借助它，你可以把影片输出成各种不同格式，包括 YouTube 等当下流行的视频服务网站的格式。

> ♀ 注意 如果你的系统当前还没有安装 Media Encoder，请从 Creative Cloud 安装它。

15.5.1 渲染广播级影片

选择相应设置，渲染出适合广播电视播出的影片。

❶ 在【项目】面板中，选择 Movement 合成，在菜单栏中依次选择【合成】>【添加到 Adobe Media Encoder 队列】。

此时，After Effects 会打开 Media Encoder，并把所选的合成添加到渲染队列中，并使用默认渲染设置。你的默认设置可能和这里的不同。

> ♀ 提示 你还可以把合成拖入【渲染队列】面板，单击【AME 中的队列】按钮，将其添加到 Media Encoder 队列。

❷ 在【预设】一栏中，单击蓝色文本，如图 15-7 所示。

图 15-7

此时，Media Encoder 会连接动态链路服务器，这可能需要花点时间。

> ♀ 提示 如果你不需要在【导出设置】对话框中修改任何设置，可以从【队列】面板的【预设】列表中选择已有的预设。

❸ 在【导出设置】对话框中，在【格式】下拉列表中选择【H.264】，然后在【预设】下拉列表中选择【High Quality 1080p HD】，如图 15-8 所示。

图 15-8

使用【High Quality 1080p HD】预设渲染整个影片可能得花好几分钟。下面我们将更改设置，只渲染影片前三秒，用以预览影片质量。【导出设置】对话框底部有一个时间标尺，你可以通过拖曳其上的入点和出点滑块，指定要渲染的区域。

④ 把【当前时间指示器】拖曳到 3:00 处，然后单击【设置出点】按钮（），该按钮位于【选择缩放级别】下拉列表左侧，如图 15-9 所示。

图 15-9

⑤ 单击【确定】按钮，关闭【导出设置】对话框。

⑥ 在【输出文件】栏中，单击蓝字，在打开的【另存为】对话框中，转到 Lessons/ Lesson15/ Final_Movies 文件夹下，输入文件名称 "HD-test_1080p.mp4"，然后单击【保存】按钮，效果如图 15-10 所示。

图 15-10

到这里，输出影片的准备工作就完成了。但是，在开始渲染之前，让我们再向队列中添加几个输出设置项。

关于压缩

为了减少影片尺寸，我们必须对影片进行压缩，这样才能高效地存储、传输、播放影片。在为特定类型的设备导出和渲染影片文件时，我们要选择合适的压缩器 / 解压缩器（又叫编码器 / 解码器）或 codec（编解码器）来压缩信息，生成能够在指定设备上以特定带宽播放的文件。

编解码器有很多种，但没有哪种编解码器能够适用于所有情况。例如，用来压缩卡通动画的最佳编解码器通常不适合用来压缩真人视频。压缩电影文件时，我们要认真调整各种压缩设置，以使其在计算机、视频播放设备、Web、DVD 播放器上呈现出最好的播放质量。有些编解码器允许我们移除影片中妨碍压缩的部分（例如摄像机随机运动、过多胶片噪点）来减小压缩文件。

你选用的编解码器必须适用于所有观众。例如，如果你使用视频采集卡上的硬件编解码器，那么观众就必须安装有同样的视频采集卡，或者安装了用来模拟视频采集卡硬件的软件编解码器。

关于压缩和编解码器的更多内容，请阅读 After Effects 的帮助文档。

15.5.2　向队列添加其他编码预设

Media Encoder 内置有多种预设，这些预设可以用来为广播电视、移动设备、Web 输出影片。接下来，我们将为影片添加一个输出 YouTube 格式的预设，以便将其发布到 YouTube 上。

💡 提示 如果你经常渲染文件，建议你创建一个监视文件夹。每当你把一个文件放入监视文件夹中时，Media Encoder 就会自动使用你在【监视文件夹】面板中指定的设置对文件进行编码。

❶ 在【预设浏览器】面板中，依次选择【Web 视频】>【社交媒体】>【YouTube 480p SD 宽屏】，如图 15-11 所示。

图 15-11

❷ 把【YouTube 480p SD 宽屏】预设拖曳到【队列】面板中的 Movement 合成上，如图 15-12 所示。此时，Media Encoder 在队列中添加 YouTube 输出格式选项。

图 15-12

❸ 对于刚刚添加的输出格式，在其【输出文件】栏中，单击蓝字。在打开的【另存为】对话框中，转到 Lessons/Lesson15/Final_Movies 文件夹下，输入文件名称"Final_Web.mp4"，单击【保存】按钮。

15.5.3 渲染影片

此时，在 Media Encoder 队列中有影片两个输出版本的设置。接下来，我们就可以渲染和观看它们了。渲染会占用大量系统资源，可能会花一些时间，这取决于你的系统配置、合成的复杂度和长度，以及你选择的设置。

❶ 单击【队列】面板右上角的【启动队列】按钮（▶）。

💡 提示 编码时可能需要耗费一段时间，这具体取决于你的系统配置。

此时，Media Encoder 同时执行队列中的两个编码任务，并显示一个状态条，报告预计剩余时间，如图 15-13 所示。

图 15-13

② 在 Media Encoder 对影片编码完成后，转到 Final_Movies 文件夹下，双击播放它们。

💡 提示　如果忘记了影片的保存位置，可以单击【输出文件】栏中的蓝字，Media Encoder 会直接打开保存着影片的文件夹。

15.5.4　为 Media Encoder 自定义预设

　　大多数情况下，使用 Media Encoder 自带的预设就能满足各种项目的常见需求。但是，如果你有特殊需求，那么你可能得自己创建编码预设。接下来，我们将自己定义一个预设，用来为影片渲染一个低分辨率版本，以便上传到 YouTube 上，这比上面的渲染速度要快很多。

① 单击【预设浏览器】面板顶部的【新建预设组】按钮（   ），为新建组指定一个唯一的名称，例如你的名字。

② 单击【新建预设】按钮（   ），在下拉列表中选择【创建编码预设】，如图 15-14 所示。

图 15-14

③ 在【预设设置"新建预设"】对话框中，做如下设置，如图 15-15 所示。

· 设置【预设名称】为 Low-res_YouTube。

- 在【格式】下拉列表中选择【H.264】。
- 在【基于预设】下拉列表中选择【YouTube 480p SD 宽屏】。
- 单击【视频】选项卡。
- 在【帧速率】中，取消勾选【基于源】，如图 15-16 所示。

图 15-15   图 15-16

- 在【配置文件】下拉列表中选择【基线】。（你可能需要往下拉右侧的滑动条，才能看到这个选项。）
- 在【级别】下拉列表中选择【3.0】，如图 15-17 所示。
- 在【比特率编码】下拉列表中选择【VBR，1 次】，如图 15-18 所示。

图 15-17   图 15-18

- 单击【音频】选项卡，在【采样速率】下拉列表中选择【44100 Hz】，如图 15-19 所示。

图 15-19

④ 单击【确定】按钮，关闭【预设设置"新建预设"】对话框。

⑤ 把 Low-res_YouTube 预设拖曳到【队列】面板中的 Movement 合成之上。

⑥ 对于刚添加的输出格式，在其【输出文件】栏中，单击蓝字。在打开的【另存为】对话框中，转到 Lessons/Lesson15/Final_Movies 文件夹下，输入文件名称"Lowres_YouTube"，单击【保存】按钮。

⑦ 单击【队列】面板右上角的【启动队列】按钮。

此时，Media Encoder 使用新预设中的设置，很快地渲染出了影片。不过，渲染质量并不高。

❽ 当 Media Encoder 对影片编码完成后，转到 Final_Movies 文件夹下，双击播放它们。

现在，我们已经为最终合成渲染并输出了两个版本，一个是 Web 版本，另一个是广播电视版本。

为广播电视准备影片

本课最终渲染得到的影片是高分辨率的，并且适合广播电视播出。不过，有时你可能还需要调整其他设置才能得到想要的发布格式。

修改合成尺寸时，首先根据想要的目标格式，设置好相应参数，新建一个合成，然后再把项目合成拖入新合成中。

在把合成从方形像素长宽比转换为非方形像素长宽比（广播电视播出时使用这种格式）时，【合成】面板中的素材看起来会比原来宽。此时，为了准确查看视频影像，我们需要开启【像素长宽比校正】功能。在视频监视器上显示图像时，【像素长宽比校正】会轻微挤压合成的视图。默认情况下，这项功能是关闭的，单击【合成】面板底部的【切换像素长宽比校正】按钮即可开启该功能。在【首选项】对话框的【预览】选项卡中，有一个【缩放质量】选项，修改该选项会影响预览时【像素长宽比校正】的质量。

恭喜你！到这里，你已经学完了本书的全部课程。

本书的目标是讲解 After Effects 的基础知识，帮助大家学习使用 After Effects 这款强大的软件。但是，限于篇幅，本书无法涵盖 After Effects 的全部内容。如果你想学习更多有关 After Effects 的知识，请参考本书前言中提到的学习资源。

15.6　复习题

1. 什么是压缩？压缩文件时应该注意什么？
2. 如何使用 Media Encoder 输出影片？
3. 请说出在【渲染队列】面板中你能创建的两种模板，并说明何时以及为何使用它们。

15.7　复习题答案

1. 为了减少影片尺寸，我们必须对影片进行压缩，这样才能高效地存储、传输、播放影片。在为特定类型的设备导出和渲染影片文件时，我们要选择合适的压缩器 / 解压缩器（又叫编码器 / 解码器）或 codec（编解码器）来压缩信息，生成能够在指定设备上以特定带宽播放的文件。编解码器有很多种，但没有哪种编解码器能够适用于所有情况。例如，用来压缩卡通动画的最佳编解码器通常不适合用来压缩真人视频。压缩电影文件时，我们要认真调整各种压缩设置，以使其在计算机、视频播放设备、Web、DVD 播放器上呈现出最好的播放质量。有些编解码器允许我们移除影片中妨碍压缩的部分（例如摄像机随机运动、过多胶片噪点）来减小压缩文件的尺寸。

2. 使用 Media Encoder 输出影片时，先在 After Effects 的【项目】面板中选择要输出的合成，然后从菜单栏中依次选择【合成】>【添加到 Adobe Media Encoder 队列】。在 Media Encoder 中，选择编码预设，以及其他设置，为输出文件命名，单击【启动队列】按钮。

3. 在 After Effects 中，我们可以为渲染设置和输出模块设置创建模板。当你需要以相同格式渲染多个合成时，你可以把相同的渲染设置定义成模板，然后把模板同时指定给多个合成使用。模板一旦定义好，就会出现在【渲染队列】面板中相应的列表中（渲染设置和输出模块）。渲染某个合成时，你只需要根据工作要求从相应的列表中选择合适的模板，所选模板中的设置即可自动应用到目标合成的渲染中。